U0330809

大厦维修保养使用手册

柳 涌 主编

中国建筑工业出版社

图书在版编目（CIP）数据

大厦维修保养使用手册/柳涌主编. —北京：中国建
筑工业出版社，2006
ISBN 7-112-08215-3

Ⅰ. 大 . . .　Ⅱ. 柳 . . .　Ⅲ. 高层建筑-维修-技术手册

Ⅳ. TU978-62

中国版本图书馆 CIP 数据核字（2006）第 024092 号

本书全面介绍了香港大厦维修保养方法。全书共分 20 章，包括供电、
给排水、通风空调、电梯、消防、游泳池、停车场、智能建筑、建筑结
构、吊船、斜坡、维修工程招标程序及项目管理、突发事件的处理程序、
职业安全等章节，附录中列明了一般大厦设施维修保养周期表等数据，方
便读者查阅。

本书读者为广大物业管理人员、酒店管理人员、工程人员、维修技术
人员等，也可作为学习楼宇设施专业及物业管理专业学生学习用参考书。

*　*　*

责任编辑：胡明安
责任设计：董建平
责任校对：张树梅　张　虹

大厦维修保养使用手册
柳　涌　主编
*
中国建筑工业出版社出版、发行（北京西郊百万庄）
新　华　书　店　经　销
霸州市顺浩图文科技发展有限公司制版
北京市彩桥印刷有限责任公司印刷
*
开本：787×1092 毫米　1/16　印张：21½　字数：524 千字
2006 年 6 月第一版　　2006 年 6 月第一次印刷
印数：1—3 000 册　　定价：45.00 元
ISBN 7-112-08215-3
（14169）

本社网址：http://www.cabp.com.cn
网上书店：http://www.china-building.com.cn

前　言

香港私人物业由每个业主拥有，但大厦的公众地方，如大堂、走廊、外墙及各种公共设施及设备，则不能分清楚每个业主所拥有的业权，这些公用部分必须由大厦内所有业主共同拥有及共同负责管理。香港的物业管理只负责公用部分的管理（公用部分的定义在书中及附录中有说明）；而业主单位内的私人地方，则要由业主自行负责管理及维修。

香港是一个法制社会，大厦维修保养必须根据法律要求进行。本书主要介绍了香港大厦设施的维修保养方法。希望可以给大厦业主、业主立案法团（简称法团）的管理委员会委员、业主委员会的委员、经理人、建筑物管理代理人、管理公司和其他负责管理大厦公用部分的人员和组织，在大厦维修保养工作时提供些帮助。由于社会的发展，每年都有新的法规出台，请读者留意，并按新的法规执行。

本书主要介绍了大厦日常维修保养的方法，内容包括介绍了大厦常用设备的工作原理、常见问题、保养方法、保养周期、保养时应注意的事项及工作安全等。全书共分20章，包括供电、给排水、通风空调、电梯、消防、游泳池、停车场、智能建筑、建筑结构、吊船、斜坡、维修工程招标程序及项目管理、突发事件的处理程序、职业安全等章节，附录中列举了一般大厦的设施维修保养周期表等数据，方便读者查阅。

本书由柳涌主编，刘忠华审稿。参加编写的还有罗建忠、许永明、罗建阳、何穗澄、沈鸣、文杰恒、索军利、胡永基、陈柏城、罗锐、萧耀权、吴科宇、柳立新、蔡泽民、王春刚、张健、高耀民等。作者常年在香港工作，在编写过程中，作者参考了大量香港政府及相关部门的法律文件、资料、工作指引等，参考了大量书籍、文献，并参考了香港大厦管理资源中心的大量资料，在此对有关部门及作者表示衷心的感谢；特别要感谢香港中国海外集团有限公司的领导及同事们，在本书编写过程中给予的支持及帮助。由于水平有限，不足之处，希望广大读者指正。

本书读者为广大物业管理人员、酒店管理人员、工程人员、维修技术人员等，也可作为学习楼宇设施专业及物业管理专业等学生学习用参考书。

由于香港使用广东话，部分语言及词汇与普通话有所不同，为了方便读者阅读，现将部分词汇及用语加以解释及说明：

(1) 公共契约（简称大厦公契、公契）

公契是一份具有法律约束效力的文件，是一份大家共同遵守的契约。对签约的各方及其承让人或继承人均有约束力。订立公契的目的是要清楚订明各项规则，使得大厦各业主、住户、租客及物业管理公司，在使用及管理大厦的公共设施及私人地方时或在成立法团时有章可循，从而明白本身的权利和责任。

大厦内的公众地方不能清楚划分每个业主所拥有的业权。这些公用部分必须由大厦内所有业主共同拥有及共同负责管理，因此有必要设立一个公契，以界定每个业主对每个单位及公用部分的权责。根据现时做法，大厦公契会由发展商准备妥当，当第一个买实签署

3

买卖契约时同时签署，公契便已生效，以后所有业主均需遵守。

（2）业主立案法团（简称法团）

业主立案法团是根据《大厦公契》及《建筑物管理条例》规定成立的独立法人组织，具有诉讼权力。法团在法律上代表所有业主管理该建筑物的公共地方，照顾他们的利益和承担责任，并有权任免物业管理公司及监督其工作。法团与其他较常见的大厦居民组织的最大分别在于法团乃是一个法人团体，有诉讼的权力，同时法团所通过的决议对全部业主均具约束力。

在法团成立时选出管理委员会委员，同时在委员中委任管理委员会主席、副主席、秘书、会计、委员等职位，业主立案法团的管理委员会代表业主履行在大厦管理上的权责。

（3）合约→合同；

（4）屋苑→住宅小区、大厦；

（5）承判商→承包商；

（6）管工→施工员、工长；

（7）水喉匠→水暖工；

（8）花王→花匠、园艺工；

（9）小童→儿童；

（10）长者→老人；

（11）出粮→发工资；

（12）双粮→两个月工资；

（13）花红→奖金；

（14）利市→春节发放的红包、压岁钱；

（15）升降机→电梯；

（16）自动梯→自动扶梯；

（17）铁闸→防盗门；

（18）防盗窗花→安装在室内窗上的防盗栏杆，通常由铝合金或不锈钢方管制成；

（19）防盗铁枝→防盗栏杆；

（20）走火通道→消防疏散通道；

（21）防烟门→防火门；

（22）灭火筒→灭火器；

（23）纸皮石→陶瓷锦砖；

（24）火水→煤油；

（25）天拿水→香蕉水；

（26）棚架→脚手架；

（27）地盘→建筑工地。

柳涌
2006 年元月于香港

4

目　录

5

第一章 概　　论

第一节　香港私人大厦现状

香港目前有近 700 万人口，已建成的私人大厦大约有 50000 幢，有半数人口居住在私人大厦。其中约有半数的楼龄都已经超过 20 年，现在约有 6500 幢大厦的楼龄达 40 年或以上。这些大厦如果缺乏适当的保养和维修，便会出现大厦结构受损、消防疏散通道阻塞和消防装置失灵等各种问题，不但会影响居民的正常生活，还会给社会造成危害，例如大厦檐篷倒塌、大厦外墙混凝土松脱而造成行人受伤等，因此大家应重视大厦管理及维修保养工作。

香港的钢筋混凝土大厦的使用年限一般约为 50~80 年，但大厦的使用年限往往会因大厦的损坏速度加快而大为缩短。所以大厦维修保养工作十分重要。

较新的大厦虽然未必有很多大厦维修问题，但因为市民生活水平不断提升，他们对大厦管理水平的期望也越来越提高。如果在管理上未能达到成本效益及优质管理水平，便会产生各类的管理问题和纠纷。因此，无论是新建的或旧的大厦，都会面对不同程度或类型的大厦维修管理问题。

第二节　大厦维修保养的内容及目的

为了确保大厦的正常运作及使用者的安全，大厦内的各项设施和设备应有适当的维修保养。大厦设备是大厦内部附属设备的简称，它是构成大厦建筑实体的有机组成部分，大厦要有实际价值和使用价值，就离不开水、电、煤气等。在进行物业维修保养时，管理公司及专业保养商必须注意大厦各公共设施的维修保养。要保养好大厦，就必须要对其各项设施有所认识，以确保大厦的正常运行及使用者的安全，避免事故的发生。

一、大厦维修保养内容

大厦维修保养内容包括以下两部分：

1. 建筑及装修部分

包括大厦结构、外墙、内墙、屋顶、装修、围墙、地面及斜坡等。

2. 机电部分

包括供电系统、给水排水系统、消防设施、电梯、发电机、安防系统、电视系统及燃气供应系统等。这些设备均应经常检查保养，如有损坏也应立即维修。

二、大厦维修保养的目的

定期检查和维修保养大厦有助于延长大厦的使用寿命、保持其价值，提早发现及处理潜在危机。适时的大厦维修保养，不但能避免发生结构损坏或服务中断而酿成严重事故，而且也能减低维修成本，提高大厦的使用期限。

保持大厦设施运行完好可提高物业管理公司的形象。管理公司必须定期检查大厦设施，为机械活动部分添加润滑油，更换损耗的零件，重新油漆大厦墙身及金属件，修补爆裂的混凝土。大厦维修保养的目的见表1-1。

大厦维修保养的目的 表1-1

序 号	目 的	举例说明
1	维持功能	大厦结构及设施随着使用时间的延长而老化及自然损耗。在大厦设施上这种现象尤为显著。适当的保养及维修能保持其效能或至少减低其老化及损耗的速度，延长其使用寿命，例如水泵、电梯的维修保养
2	保持美观	适当的保养及维修能保持及提升大厦的美观，例如内外墙、大堂的重新油漆
3	确保安全	例如进行闭路电视及防盗系统的保养
4	环保卫生	例如修补污水管、屋顶、外墙、窗户等
5	结构完整	例如破损混凝土维修及其他地基和结构等的维修保养
6	经济效益	适当的保养及维修大厦能保持或至少减低设施老化及自然损耗的速度，使设施的使用成本降低。但要保养及维修所用的费用少于设施使用成本的节省，此项保养及维修才有经济效益，否则完全更换该设施还会更合适。良好的大厦保养，升值及保值的能力都比没有计划维修保养的大厦高
7	法规要求	大厦管理是一个看似简单，其实是一项十分复杂的管理工作。它的难度并不仅在于日常繁杂的管理工作，而且它还要遵守很多香港法规和政府部门的条例。而此法规和政府部门的条例，对大厦管理的有效运作，对大厦的结构安全，对居住者的生命财产安全、环境要求和员工的保障都息息相关

第三节 大厦维修保养的责任

大厦管理及大厦设施维修保养是所有大厦业主及业主立案法团（简称法团）的责任，业主的管理委员会代表业主执行大厦管理的权力及责任。最好的大厦管理方法应该是聘请专业物业管理公司负责大厦管理事务，业主及法团的管理委员会负责监督和决策。

当大厦设施出现问题时，大家应该同心协力与管理公司及维修承包商商讨及积极参与去解决，切不可只顾减少管理费，不顾业主及公众人士的安危，而忽略了公众设施保养维修的重要性。

私人大厦业主有责任管理和维修他们的物业。政府的目标是协助业主自行管理大厦。政府采取的措施包括提供法律纲领，通过民政事务总署提供意见给业主立案法团，给业主立案法团的成员提供培训等。

第四节 大厦维修保养与管理的关系

大厦维修保养与管理的关系非常密切。大厦的管理工作除了日常保安及清洁外，还有一项重要工作就是大厦的维修保养。观察大厦的运行情况及其所需维修保养的工作，可与日常管理及保安巡逻工作互相配合，以达到共同的目的。管理公司在安排保安管理员的工作时，应要求同一员工同时进行以上两类工作，会更为合理有利。

　　维修工作在大厦管理中是相当重要的一环，它占了日常运作开销的很大比例。维修既是大厦管理中经常会遇到，但也是最难解决及处理的问题。要求大厦管理人员除了具有一般的管理知识外，还要有丰富的工程技术知识及经验。随着市民生活水平普遍提高，大厦维修保养知识的普及及旧大厦的数目增加，要求业主及管理公司必须定期为大厦进行维修。管理公司要妥善安排维修工作，选择合适的工程顾问及承包商，做好招标及工程监管工作，合理安排施工工期及处理施工期间各类问题。

　　维修及保养是一项很重要的工作，更加要配合好大厦的财务安排，及时处理有关维修的一切费用。

第五节　结　论

　　现在的大厦管理的范围很广，不仅包括大厦的居住环境、保安、清洁，还包括公共设施的维修保养。这些设施有供电、给水排水、电梯、消防、停车场、游泳池、儿童游乐场、网球场等。设施的管理、维修保养及大厦安全在香港都有不同的法规规范。如果一旦发生事故，证实是由于管理不善或监管不足，法团便会被检控或要求赔偿。由于大厦的公共地方和公共设施是所有大厦业主共同拥有，因此，责任是大家的。所以，管理公司应代表业主全力管理好大厦公共设施。

　　物业作为一项资产，为保持物业的价值，必须重视大厦维修保养工作，为住户提供一个良好的居住环境。预防胜于治疗，大厦的损毁可能造成严重或致命的意外。大多数这类意外的成因，都可通过明显可见或可观察到的现象及早发现，这些现象若能及早重视和使用妥善方法处理，便会避免可能导致严重的后果，所以要妥善维修保养大厦。

　　此外，大厦维修保养是一门涉及各专业的工作，维修保养必须有专业人员参与策划，通过专业人士服务，大厦的寿命得以延长，住户可享受良好的居住环境，不但业主受益，租户也从经济角度可享受一个更安全、美丽、卫生的居住或工作环境。保养妥善的大厦给人提供一种舒适及安全的居住环境。而保养良好的大厦，其物业的价值也会提高。

第二章 大厦维修保养方法

大厦是耐用消费品,大厦外部暴露在天然环境中,日晒雨淋使其自然损耗,若缺乏适当的维修保养,便很容易出现损坏的情况,随着年代增长,大厦结构的各部分构件,由于自然损坏和人为损坏因素,其强度会大大削弱,有些构件损坏到一定程度,就会产生危险,如果不及时修理或加固,就会发生构件坠落等伤人事故。大厦的设备由于长期运行,也会出现磨损及损坏,须定期维修保养,确保运行正常。有时原属一般损坏的大厦,若不进行及时维修保养,也会向严重损坏方面转化。实行定期维修保养,可及早察觉损坏的情况。因此,大厦维修保养就成为物业管理工作中的一项重要任务。

根据香港法律规定,法团及管理公司只负责公用部分的维修保养,业主须自行负责单位内的保养。业主委员会及管理公司须遵守政府及行业标准,定期对大厦公共地方进行维修保养。维修保养标准包括建筑物管理、建筑物安全、消防、斜坡安全、电梯及自动扶梯、建筑物公共部分的设施及其他装置有关法规及安全守则等。

第一节 大厦图纸资料

为了便于大厦的维修保养工程有效进行,必须先清楚了解该大厦的设备及结构。管理公司应妥善保存一套完整的大厦图纸及设备数据资料,使维修保养工作更准确及容易进行。

一、图纸

保存的大厦图纸包括:

(1) 最后批准的建筑图,楼宇结构及地基结构图;

(2) 供电系统及管线布置图;

(3) 给水系统及管道布置图;

(4) 排水系统及管道布置图;

(5) 中央空调、通风系统及管道安装图;

(6) 消防系统及管线布置图;

(7) 电视和公共广播系统及线路布置图;

(8) 安防系统及线路布置图;

(9) 燃气供应系统及管道布置图等。

二、记录及证明

保存的大厦记录及证明包括:

(1) 获建筑事务监督批准的建筑、结构、排水设施、工地平整、改建或加建等图纸及批核有关的文件,如计算资料、契约、证明书、许可证及更改有关大厦个别部分用途并获建筑事务监督接纳的记录等；

(2) 符合《消防（装置及设备）规定》要求的有效测试记录及证明书；

(3) 符合《建筑物（通风系统）规定》要求的有效测试记录及证明书；

(4) 符合《电梯及自动扶梯（安全）条例》要求的有效测试记录及证明书；

(5) 符合《电力（线路）规定》要求的有效测试记录及证明书；

(6) 维修记录及有关证书、法定表格、设备安装及更换的记录；

(7) 大厦设施、机械设备及装置的测试及操作手册；

(8) 特定物料及组件（例如防水物料及其安装工程）的规格证明书，专业承包商或供货商提供的保用证书等。

三、技术数据及使用手册

此外，各楼宇设施所采用的设备、技术指标及使用手册皆需保存。

很多新建大厦的设施，例如电梯、扶梯、空调系统、消防系统、供电系统、发电机组、水泵等的供应及安装合同都附带一定时期的保修及系统功能担保，这些资料也应齐备。当免费保养及系统功能保修期满后，某类大厦设施也要由认可或专业的承包商以合同形式进行维修保养，有关保养合同文件及安装合同也须妥善保管，以备参考。

管理公司可以从有关工程师或其物业发展商存放的建筑物图纸及记录中寻求关于大厦地下排水道及给水设施的详细资料。倘若未能找到所需数据，则可以向屋宇署、渠务署、水务署等政府部门寻求协助。

四、检查测试证书

大厦设施，如公用电力装置、消防系统、电梯、自动扶梯等，应聘用有保养资格的承包商根据现行法规进行定期检查测试。检查测试后需要发放有效证书，证书由管理公司交有关政府部门签署，也可委托保养承包商代为办理，费用由业主承担。管理公司也应将证书妥善保存或按规则要求适当张贴，以便有关部门核查。

五、结论

大厦的发展商、有关的专业人员或设计顾问有以上全部或大部分的资料及记录。管理公司可要求取得这些资料及记录的副本，以便日后备查。

至于落成已久的大厦，发展商或上述人员可能已经没有保存这些记录。管理公司可向有关政府部门索取这些记录。屋宇署备存有建筑事务监督于1945年后批核的图纸，供市民阅览或复印。

屋宇署也有保存发给私人大厦的占用许可证（即"入伙纸"）。此证概略说明了有关大厦的资料及其核准用途。市民如欲查询大厦某部分的核准用途，应参考最新核准建筑图纸。

第二节　大厦常见的设施问题及成因

一、大厦外部常见问题

楼宇外部由于暴露于天然环境，日晒雨淋，损坏速度会高于楼宇的其他部分。实行定期检验及保养，可及早察觉发现问题，防止毛病蔓延。否则情况恶化才进行维修，将要花费昂贵的费用，更重要的是若对那些欠妥之处置之不理，将会导致外墙的抹灰、陶瓷锦砖、混凝土挡雨檐棚等松脱下坠，伤及住客或行人，业主需要负上赔偿责任。大厦外部常见的问题包括：

（1）水泥抹灰

水泥抹灰破裂及隆起，以致失去粘着力及脱落。

（2）外墙陶瓷锦砖

陶瓷锦砖破裂及墙面陶瓷锦砖的抹灰脱落。更严重的损毁情况是抹灰连瓷砖鼓起，摇摇欲坠。

（3）混凝土构件

如窗檐、窗台及建筑装饰破裂及脱落，主要与钢筋锈蚀有关，最终导致失去支承力。

（4）金属窗框

金属窗框锈蚀以致失去固定力及导致窗边渗水。

二、大厦内部常见问题

缺乏保养的楼宇内部，常见的毛病是渗水和混凝土脱落。这些欠妥现象在超过 20 年楼龄的楼宇尤其显著。问题出现主要原因包括：

（1）施工质量欠佳，导致混凝土密度不足，呈现蜂窝状；

（2）防水层受损或自然老化，多见于屋顶；

（3）水管破损漏水或非法连接；

（4）在浴室进行不合规格的改动导致漏水；

（5）钢筋不断受到湿气侵蚀导致生锈，使混凝土脱落和混凝土构件失去强度；

（6）改变楼宇用途及违章搭建。如存放大量重型货物；

（7）私人住宅未经批准改作工厂或货仓；

（8）机器运行时产生振荡，以致楼宇负荷过重，使横梁、支柱及楼板均出现裂缝。

三、大厦建筑及装修部分常见的问题

（1）混凝土破裂及脱落，墙身出现裂缝或钢筋外露；

（2）屋顶及外墙渗水；

（3）墙身抹灰及陶瓷锦砖破裂、隆起及失去粘着力以致脱落；

（4）天台及厕所地台漏水；

（5）违章搭建物；

（6）油漆脱落；

（7）防烟门损坏；

（8）装修顶棚损坏等。

四、大厦设备常见的问题

大多数大厦机械设备的使用寿命均比大厦结构本身的寿命短，这些机械设备如出现问题很容易造成故障。因此，管理公司应预先编制设备维修保养工作时间表，列出更换及维修每台机械设备或组件的时间，不要让设备不停地运行导致磨损直至毁坏为止，以避免发生突然故障导致不便情况。大厦常见的设备问题有：

（1）电线受损、短路、发热导致火警；

（2）水泵及阀门漏水；

（3）水管生锈及水质变黄；

（4）排水管生锈堵塞；

（5）消防设备损坏；

（6）电梯损坏；

（7）空调系统保养欠佳使室内空气质量下降等。

五、造成大厦损坏的原因

造成大厦损坏的原因是多方面的，大致可归纳为以下几种：

1. 自然因素

大厦建筑物因在自然界中，经常受到日晒雨淋、风雨侵袭及干湿冷热等气候变化的影响，使其构件发生风化脱落和老化等侵蚀，使质量引起变化。例如屋面防水层老化、木材的腐烂蛀朽、砖瓦的风化、金属件的锈蚀、钢筋混凝土的胀裂、塑料的老化等。尤其是构件的外露部分更加容易损坏。

2. 设计和施工质量低劣

大厦在建筑或修理时，由于设计不适当，施工质量差或者用料不符合要求等因素，影响了大厦的正常使用，加速了大厦的损坏。常见的问题包括：

（1）屋顶坡度不符合要求，下雨时排水慢造成漏水；

（2）建筑施工上的错误或做工低劣，例如混凝土保护层厚度不足，密度不足，呈现蜂窝状；

（3）砖墙砌筑质量低劣，影响墙体承重能力而损坏变形；

（4）木结构所用的木材质量或制作不合格，安装使用后不久造成变形、断裂、腐烂；

（5）因施工时用料不当或不慎导致大厦构件的强度降低；

（6）有些物料易受虫害（白蚁等）和菌类（霉菌等）破坏等。

3. 构件和设备老化及维修保养不善

有的大厦构件和设备，由于没有适当地采取预防保养措施或修理不及时，造成不应产生的损坏或提前损坏，以致发生大厦破损或倒塌事故。如电线老化漏电、水泵未能维修而出现漏水损坏、金属设备未能油漆保养、门窗合页松动等。

4. 错误使用大厦

由于使用和生产过程中，使用方法不当而造成的大厦损坏和房屋结构提前破损。例如负荷过重、违章搭建物等。

5. 天灾

主要是指人们无法预料的突发性天灾人祸造成的损坏，如火灾、地震、洪水、台风、战争等。针对气候特点，着重对危险大厦、严重损坏大厦进行特别检查。

要预防以上的问题，平时要对大厦进行适当的维修保养，必要时聘请具备专业知识的人员进行适当勘察及测试，从各种症状判断毛病的成因，建议使用可行的根治方案，务求提供一个有效经济的方案及减低在施工时对居民的影响。

第三节 大厦常见的维修项目

大厦常见的维修项目包括：

1. 屋面防水层老化

防水层的寿命大约有 10 年，之后就会有地方出现渗漏。到时逐处修补的方法已不能彻底解决问题及不合算，需要整个更换。

2. 混凝土剥落

混凝土随着楼宇的落成开始接受环境（水分、二氧化碳及其他有害物质）的侵蚀，混凝土内的钢筋便会生锈及胀大，形成混凝土爆裂及剥落。若剥落发生在外墙会同时危害街上的行人和车辆。这些问题若不及时维修会影响楼宇的结构。修补要彻底地进行，否则问题会在原有地方复发。

3. 外墙抹灰松脱

外墙的抹灰或陶瓷锦砖经过一段时间（一般 5 年左右）便有可能松脱，需要进行修补。外墙经各种维修后会出现很多修补的痕迹，业主可加以利用外墙的棚架为外墙进行粉饰。

4. 外墙或窗边渗水

这些多数是由于外墙或窗边有裂缝所致。若不及时维修，不但使雨水渗入室内损坏装修，还会影响楼宇的结构。

5. 供电系统

楼宇的供电系统会随着年代的增加而老化，同时若用电量长期超负荷运行会加速线路老化引起火灾。楼宇大型维修策划时应重新评估楼宇的用电需求，从而决定在更新供电系统之余是否要加大供电量，以适合家庭电器的使用量。大厦的应急发电机需要定期测试及运行。

6. 给水水管漏水

大部分的旧楼宇都是使用镀锌钢管做给水管。这些水管使用了一段时间后，便会在内壁或接口处生锈及内壁积聚铁锈及沉淀物，导致饮用水变黄、有杂质、水流减慢、水管漏水及爆裂等现象。现在香港法律规定饮用水管已不允许使用镀锌钢管，业主可选择铜管、内有保护层的镀锌铁管、塑料管或不锈钢管等。

7. 冲厕所水给水管漏水

香港大多数楼宇使用海水冲厕所，所用的塑料管在使用一段时间后，接口的胶水便会老化，形成渗漏。同时以前所使用的铁制管卡会被渗出的咸水侵蚀，所以更换水管时也应该一起更换不锈钢材料的管卡。

8. 水泵的定期维修保养

大厦的饮用水、冲厕水及消防水泵及控制系统需要定期维修保养。

9. 消防系统问题

消防系统也会受侵蚀而损坏需要更换。同样应对楼宇作评估是否需要加装其他消防设备，以保障人身及财物安全。

10. 排水管漏水

以前建成的楼宇都是采用铸铁管做排水管。这些排水管经海水侵蚀后会生锈及渗漏。

渗出的锈水会侵蚀水管的铁管卡及弄污外墙。更换时应在条件许可情况下尽量使用塑料管及不锈钢管卡，以减少将来的维修。

11. 大堂的美化

业主在大厦维修时，可同时考虑把现有的大堂加以美化，从而提升大厦的整体美观。

12. 挡土墙与斜坡

大厦业主是有责任维修在地界以内的挡土墙与斜坡，及地契列明地界以外的斜坡及挡土墙。

第四节　大厦维修保养方法

若对年久失修或欠妥的大厦外墙置之不理，会导致外墙抹灰及陶瓷锦砖脱落、混凝土爆裂或脱落，更会危及公众安全。此外，一些易耗损的设备，如水泵设施等，也须定期维修保养，确保它们操作正常及安全。管理公司应参照法律的要求、有关设施供货商的建议、使用的需要、使用的频率及程度，制订日常的维修保养工作计划。

一、大厦维修保养工作分类

大厦维修保养大致可分为以下几种工作：保养、维修、更换及改善提升效能标准。见表 2-1。

大厦维修保养工作分类

表 2-1

序　号	分　类	工　作　内　容
1	保养	定期对大厦设施加以检查、清洁及润滑机械部分。这些工作有减低损耗及防止故障发生的作用，以确保大厦的各项设施安全运行
2	维修	大厦设施虽然获妥善保养，但有关设施在经过一段时间的使用，仍难免有所损耗或发生故障而需要进行维修
3	更换	当大厦的部分用料或设施因自然损耗而到了无法修理或修理不符合经济效益的时候，该部分的用料或设施便需要更换
4	改善	维修保养除了把大厦的结构、设施和装饰恢复到本来的面目及功能外，有时还可在物料和设计方面加以改善，使大厦的装修和设施更能符合实际需要，以使大厦内的住户住得更加舒适及安全

二、经常巡视及检查大厦

有效的大厦管理应包括经常巡视及检查大厦的公用部分，例如楼梯间、大堂、天台、外墙、私家路等，特别是那些人较少去的地方，如通向后面的楼梯间或其他隐蔽地方。另外也须防止闲人擅闯、滥用及损毁大厦装置及违规搭建等。

定期的巡查有助于及早发现大厦结构、设施及设备存在的问题，以便有充裕的时间计划及进行修缮工作。定期测试重要设备或装置，可确保它们在任何时候（特别是紧急情况下）都能操作正常。管理公司应拟定有关的巡查及维修保养计划。

三、定期安全检查

定期检查和维修保养大厦有助于延长大厦的使用寿命，保持其价值，以及提早发现及处理潜在问题以减少日后维修费用。适当的保养便可保障大厦的安全及环境卫生，更可以避免问题的恶化。

楼龄超过 5 年以上的大厦，便应聘请专业建筑测量师为该大厦作详细检查及勘察，以观察是否有毛病及决定维修。斜坡及挡土墙也需由土力工程师作定期的安全检查。此外，消防系统以及电力装置也需定期测试及领取证明书，以确保符合政府规定的条例。

四、大厦维修保养方法

1. 建筑及装修保养

大厦的一般设施，如外墙、玻璃幕墙、内墙、石材装修、顶棚的维修保养，都要安排定期的巡查及保养。

2. 机电设备的维修保养

机电设备的保养方法可分为两类：一是分包形式保养（即将维修保养工作分包给其他专业公司或人员完成）；另一是由管理公司自聘人员的保养。

（1）分包形式的维修保养

这些项目通常包括消防设备、电梯系统、中央空调系统、安防系统、吊船等。由于这些工作都是需要专门技术，一些专业需要政府认可的注册公司及工程人员方可进行维修保养工程。管理公司通常都会将保养工作对外分包给专业公司负责。如中央空调系统是外包项目之一，因为该项大型设备保养专业知识要求高；所需的零件在市面上不易购买，而配件也比较昂贵，因此分包比较合乎经济效益。管理公司应每年定期与专业保养公司签订保养合同，并应监管保养工作的进行。通常分包合同 1～2 年签署一次。

（2）管理公司自聘人员形式的维修保养

水电设备的保养、简单的维修，由于这些工作比较琐碎及繁杂，管理公司可自聘工程人员自行维修保养，更为方便合理。

如果一些大厦设施在进行维修工程时需要暂停服务，例如供电或给水装置等，管理公司应于事前有足够时间通知各住户，有关的通告须张贴于大厦的明显处。

五、大厦维修保养计划

由于维修保养是保持物业价值最重要的一环，所以应采取积极主动的态度，为配合大厦的众多维修保养项目，要制订一份维修保养计划，合理安排人力、物力及财力。

制订各阶段的维修保养工作计划，为将来更换老化的大厦设施作好准备。任何维修及翻新工程，若能在毛病尚未严重恶化之前进行，不但可减少对住户带来突如其来的不便外，更可以减少有关工程的费用及其对住户的影响。"故障后的维修保养"及"有计划或预防性的维修保养"在方法、管理和成效方面有很大的不同。

大厦维修保养主要分为三种：

1. 各种保养工作的关系

各种保养工作的关系如图 2-1 所示。

2. 计划性维修保养

事先计划的维修保养，能让业主及管理公司有较充裕的时间去筹备工程及其所需的经费。通常首先进行大厦状况的全面勘测及评估后，找出所需维修工程范围，然后定下目标。还需要考虑制订工程的优先次序等因素，包括用料及设备设施的效能标准及可靠性，

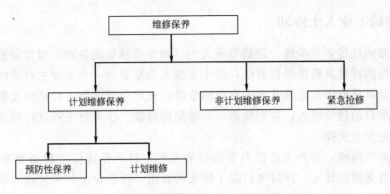

图 2-1　各种保养工作的关系图

以及维修保养策略、财政预算、设施的使用年限等。

大厦的维修保养是一个长期性的服务，一般来说保养计划可分为以下两个阶段：

（1）每年维修工程计划

这类的维修工程项目通常是可以预见的，例如重铺破烂混凝土地面、更换破损的栏杆等。

（2）周期性维修工程计划

这些工程是若干年后才需进行的，例如更换水泵，估计有 5 年寿命。

这两个阶段的工程需要管理公司订立一份维修保养的计划。按照公司订立的维修保养计划，合理分配资源，包括资金及人力等。

3. 非计划性维修保养

大厦经常会发生一些小的问题，如灯管损坏、水龙头漏水等。管理公司应储备一些常用配件，以便随时维修使用。

4. 紧急抢修

平时大厦要做好紧急抢修的准备。管理公司应有有关专业保养公司的紧急联络电话，存有易损设备的备件，发生设备故障时及时抢修，使得对用户的影响降到最低。当设备不能及时修理好时，管理公司应及时发出通告告知住户。

六、建筑维修工程的考核标准

建筑维修工程的考核标准是根据物业的不同等级类别和维修的分项工程而分别制订的。建筑维修工程的考核标准见表 2-2。

建筑维修工程的考核标准　　　　　　　　　　　　　　　　　　　　　表 2-2

序号	项　目	考 核 标 准
1	主体工程	主要指屋架、梁、柱、墙、屋面、基础等主要承重构件的维修。当主体工程损坏严重时,不论哪一等级或类别的物业维修,要求牢固、安全,不留隐患
2	门窗及装修工程	这种维修工程的考核标准是门窗开关灵活、不松动、不透风。装修牢固、平整、美观、接缝严密
3	地面工程	地面工程的维修牢固、安全、平整、不起砂、拼缝严密,不空鼓开裂及地坪不出现泛水的现象
4	屋面工程	经维修后的屋面必须确保安全,不渗漏,排水畅通
5	抹灰工程	抹灰工程应做到接缝平整,避免出现开裂、空鼓、起泡、松动、剥落
6	油漆粉饰工程	油漆粉饰工程要求不起壳、不剥落、色泽均匀,尽可能保持与原色一致。对木构件和各类金属构件要进行周期性油漆保养。各种油漆、各内外墙涂料和地面材料,应制订养护周期进行保养
7	金属构件	经维修后金属构件应保持牢固、安全、不锈蚀。损坏严重的应更换

七、聘请专业人士协助

大厦维修须经过多重步骤。聘请专业人士（如专业建筑测量师）对大厦进行全面性的勘察、科学性的评估及提供维修方法，这个步骤尤为重要。一方面业主可及时知道大厦的安全程度，及早采取防范措施，除去存在的危险；又可全面掌握工程范围及费用预算。业主可按工程项目的轻重缓急，鉴别所需，安排集资筹款，也可在工程进行时适当地分期支付费用，避免开支失控。

在工程进行期间，专业人员担当着监督的角色，目的是确保工程质量及进度符合要求，避免浪费无谓的开支。同时他们起了桥梁的作用，改善业主与承包商的联系，解决双方的争执，最后对工程进行验收，发出完工证明及监察保养期间责任的执行。

大厦聘请的工程专业人员应具备下列专业知识及工作经验，包括：

（1）大厦的构造知识；

（2）大厦的各种缺陷、起因及改善方法；

（3）大厦的保养及维修管理；

（4）招标和施工监理；

（5）工程成本分析及控制等。

八、管理公司与法团及住户之间的沟通合作

管理公司和法团在楼宇维修事务上经常发生争执。解决方法是需要双方忠诚合作，管理公司要增加工程的透明度，详细列出所需的工程项目，与法团坦诚相对。法团也必须以合理和考虑其他业主长远利益的态度，解决双方分歧。如果忽视维修工程，只顾短期得益，便会导致日后维修费用增加。所以必须听取专家意见，制订全盘维修大计。

管理公司与住户之间必须建立有效的沟通渠道，这包括向住户传达信息及听取他们的意见。管理公司一方面要向住户阐述各项政策及措施，以便得到他们的支持。例如设立大厦基金，管理公司可用通告、信件或大厦通信方式向住户解释基金的作用及运营方式；另一方面，管理公司也要听取住户的意见，鼓励回应。并拟定定期开会，听取意见及建议，处理好双方关系，才可改善服务质量。

九、业主单位内保养

业主须负责单位内的保养，若有损毁，应及时修缮妥当。业主可自行雇用承包商承接单位内工程或请管理公司协助安排。有关费用全由业主负责。

上层业主如因坐便器漏水、浴缸或水管失修等而导致下层或邻居单位或公众地方受损，上层业主须负责赔偿；业主应定期对空调机进行保养，以免因滴水而触犯卫生条例或支架松脱造成意外；切勿随意将垃圾废物丢进坐便器，若因此而导致排水道堵塞，业主须支付修理费用。

第五节　大厦维修工程分类

一、大厦维修工程按性质分类

大厦维修工程按性质可分为自发性维修工程和法令性维修工程两种。根据大厦公约及

《建筑物管理条例》的规定。法团须负责大厦公共地方及公共产业的维修保养。在有需要时对大厦公共部分进行翻新、改善或装饰。大厦维修保养工程是通过大厦维修管理人员的巡查走访，随时报修来收集取得的。法团及管理公司应使各业主了解大厦实际状况，并做出维修和财务承担的建议。大厦维修工程按性质可分为以下两类：

1. 自发性质维修

自发性维修保养是大厦业主法团及管理公司根据大厦的需要而决定进行的维修项目。在进行自发性维修工程前，法团及管理公司应使各业主了解大厦的实际情况及作出维修上的建议，以供各业主在业主大会上作出表决。

2. 法令性质维修

大厦如果因日久失修导致结构产生安全问题，例如外墙混凝土松脱爆裂，钢筋生锈外露问题，屋宇署会根据《建筑物条例》对大厦业主发出修缮令，要求业主在一段期限内完成维修工程。为公众利益着想，大厦业主必须从速商讨如何进行此项维修工程，应根据修缮令所指定项目进行维修及在指定日期内完成。大厦业主如果在修缮令期限届满后没有进行维修工程，又无合理解释，屋宇署可对其提出检控。一经定罪，可处罚款五万元及监禁一年。屋宇署也有权找承包商进行有关维修工程，一切费用（包括监理费用）则由该署于完工后向大厦业主征收。

二、大厦维修工程按规模分类

大厦维修工程按规模可分为小修工程、中修工程、大修工程、翻修工程及综合维修工程。大厦维修工程可按工程大小及管理公司的人手分别进行分配及处理。小型的工程可由管理公司负责派出技工及有关人员进行；较大型的工程则可聘用专业承包商负责完成。可通过一般招投标选定合适的承包商，在工程过程中管理公司需进行监管，以确保工程顺利进行及按期完成。

（一）小修工程

小修工程是经常进行物业的养护工程，可以维护物业使用功能，又能使损坏及时得到修复，不致扩大造成较大的损失。小修工程是要确保物业正常使用或对较小损坏进行及时修复的预防性养护工程。这种工程用工少，具有很强的服务性，要求经常持续地进行。小修工程的主要特点是项目简单、零星分散、量大面广、时间紧迫。

1. 小修工程施工程序

施工程序主要包括工程概况、维修性质和内容、维修预算造价、安全及质量技术措施、旧料利用等内容。

2. 小修工程范围

小修工程范围主要包括以下内容：

（1）屋面修补、补漏；

（2）钢、木门窗的整修、拆换五金、配玻璃、换纱窗、油漆；

（3）修补大厦局部地面；

（4）修补内外墙抹灰、窗台、腰线；

（5）水、电、空调等设备的故障及零部件的修换；

（6）排水管道的疏通，修补明沟、暗渠、排水管；

（7）大厦检查发现的危险构件的临时加固、维修等。

3. 编制小修工程计划

应分轻重缓急情况作出维修安排。对室内照明、给水排污等部位发生的故障及大厦险情，及影响正常使用的项目应及时安排维修。对暂不影响正常使用的小修项目均由管理人员统一收集安排维修。

小修工程可由管理公司发放工程任务单的形式完成。在小修工程施工中，管理人员应每天到小修工程现场解决工程中出现的问题，监督检查当天小修工程完成的情况。

（二）中修工程

1. 中修工程范围

中修工程范围一般包括以下一些内容：

（1）部分结构构件形成危险的大厦维修；

（2）一般损坏大厦的维修，如整幢大厦的门窗维修、楼地面、楼梯的维修、抹灰修补、油漆保养、大厦管线的维修和配件的更换；

（3）整幢大厦的公用设备的局部更换、改善或改装、新装工程以及单项工程的维修，如下水管道重做、整幢大厦围墙的拆砌翻新等。

2. 中修工程施工方案

中修工程的施工方案包括：

（1）工程概况；

（2）重要分项工程的主要施工方法及雨期施工技术措施，以及保证维修质量及安全技术措施；

（3）准备工程施工进度计划；

（4）施工现场平面图等。

中修工程可采用工程报价或招标的形式完成。

（三）大修工程

1. 大修工程范围

大修工程范围一般包括以下内容：

（1）修复严重损坏大厦的主体结构工程；

（2）对整幢大厦的公用管线更换、改善或新装工程；

（3）对大厦进行局部改建的工程；

（4）对大厦主体结构进行专项抗震加固工程等。

2. 大修工程施工组织设计程序

施工组织设计是指导施工准备的技术文件，主要部分包括施工图、施工方案、技术措施、安全措施、工程进度表等。编制施工组织设计程序的内容包括：

（1）了解和熟悉维修工程概况，包括维修工程地点、名称、工程规模、工期和预算费用等；

（2）根据维修设计图纸，划分施工阶段，正确选择施工机械和各种预制构件的加工方案，确定冬雨期施工技术方案，编制维修施工质量和安全的技术措施；

（3）制订施工进度和工程预算。

大修工程采用招标方式进行。

（四）翻修工程

翻修工程是指原来的物业需要全部拆除，另行设计，重新建造或利用少数主体构件在原地或移动后进行更新改造的工程。这类工程具有投资大、工期长的特点。由于翻修工程可尽量利用原有构件和旧料，因此其费用应低于该物业同类结构的新建造价。一般翻修后的物业都会达到完好的标准。

（五）大修及翻新工程的工作程序

管理公司协助法团组织召开业主大会讨论通过维修工程项目。根据《建筑物管理条例》第44条有关守则进行公开招标及甄选标书。维修工程必须由注册承包商负责进行，并由一位认可人士（包括建筑师、结构工程师或建筑测量师）负责工程的统筹及监理，直至获屋宇署发出满意纸为止。另一方面，法团可通过聘用认可人员代为策划维修项目及评估费用，并代为招标及监管施工过程。此外，法团也可借此机会，一并进行其他改善工程，以提高维修的经济效益。法团可委托管理公司代为完成上述工作。

当业主大会通过维修工程决议，工程费用由大厦维修基金支付，若费用不够时，则业主应在投标有结果后，于指定期间内缴纳应付的维修分摊费用。分摊方法应参照大厦公契有关规定，如公契未有列明分摊办法则应按业权份数分摊。款项可由法团、管理公司收取或委托律师代收及支付维修费用。

由于一般的大厦维修计划所包括的工作范围相当广泛，所以法团可组织成立一个维修工作小组，以配合管理公司完成维修计划。工作小组的工作包括协助管理公司收集业主的意见、制订工程项目、审阅合同内容、批选维修标书、收集及管理维修费用、处理工程中所出现的问题、监督承包商及验收工程项目等。管理公司应定期向业主报告工作进度，以增加透明度，再加上专业人员的统筹和意见，相信大厦维修必能顺利推行。

第六节　大厦大型维修工程流程

大厦大型维修工程流程如下：

1. 召开特别业主大会

管理公司组织召开特别业主大会，会议将讨论及决定以下工作：

（1）讨论维修项目及决议；

（2）讨论是否需要聘请专业建筑测量师或认可人士统筹维修工程；

（3）讨论维修费用分摊办法；

（4）讨论决定维修费用分摊收款及追收方法；

（5）讨论是否需要成立维修小组。

2. 聘请专业建筑测量师或认可人士

在统筹维修方面，专业建筑测量师或认可人士会提供以下的服务：

（1）建议维修项目。如维修涉及结构工程，结构工程师须在展开该项工程之前，呈交修缮工程建议书，供建筑事务监督审批及在工程完成后证明该工程是根据《建筑物条例》规定进行；

（2）选择工程材料；

（3）草拟招标建议书；

(4) 处理招标程序；

(5) 协助法团选定承包商；

(6) 编制合同细则；

(7) 监督工程质量及协调工程进度；

(8) 核定工程完成及工程费用等。

3. 草拟标书

标书应清楚列明：

(1) 维修项目细则；

(2) 技术标准；

(3) 完工日期；

(4) 付款形式；

(5) 维修期内保险条款；

(6) 过期罚款；

(7) 保修期等。

4. 招标

(1) 应根据大厦公共契约及参考《建筑物管理条例》第 44 条有关（供应、物料及服务的采购及选用事宜守则）去进行；

(2) 可向屋宇署查阅注册承包商名单。

(3) 可以在报纸上刊登招标广告。

5. 开标

(1) 全部标书应在截标时限过后，尽快开标；

(2) 应有最少三名管理委员会委员联同管理公司人员一起开标，并在每份标书上签署确认及写上日期。

6. 召开特别业主大会

法团或管理公司在分析过所有收回的标书后，向大会作出报告及建议，由大会通过决议去选定承包商。

7. 签订维修合同

法团或管理公司代表业主与承建商代表签订合同，通常在合同签订后 7 天为开工日期。

8. 进行维修工程

法团或管理公司（通过专业建筑测量师，认可人士或维修小组）进行维修工程的管理，工作包括：

(1) 统筹施工细节；

(2) 监督质量及进度；

(3) 传达业主投诉；

(4) 按合同发放工程款项等。

9. 工程完成验收

在工程完成后，按合同要求，组织有关人员完成工程验收。验收的内容包括：

(1) 所用材料是否符合合同要求；

(2) 工程质量是否符合标准；

（3）工期是否按时完成等。

验收合格后，扣除保修金（通常为工程款的 3%～5%），发放其他工程款项。

10. 工程保修期

一般工程保修期为一年，防水工程保修期可根据需要签订 3～5 年。在保修期满后，修补有关工程缺陷，发放合同余款。

第七节　大厦维修及管理的相关法律

法规上有明文规定各业主必须负责维修其大厦，使其安全，不对其他人士及大众构成危险。大厦维修及管理的相关法律很多，常见的法律介绍如下：

1. 建筑物管理条例

《建筑物管理条例》是政府特别为大厦的有效管理而订立的法规，是要方便建筑物的业主成立法团，并就管理及由此相关的事宜订立条文。规定各业主法团有责任为大厦公共地方进行定期维修，以确保大厦公共地方安全。

2. 建筑物条例

香港所有私人大厦及私人建筑工程均受《建筑物条例》的监管，以确保他们的设计、建造、用途及维修保养，均达到基本的安全及卫生标准。

《建筑物条例》赋予建筑物事务监督权力，向有危险或失修的大厦公共及私人地方（包括斜坡）拥有者，发出维修通知、修缮令、勘察令或封闭令。

3. 电力条例

《电力条例》规定电力装置负荷量超过 100A，须每 5 年由注册电气工程人员及注册电气承包商安排一次检查、测试及领取证书。

4. 消防条例

根据《消防条例》规定，消防装置及设备每年最少须由认可消防设备保养公司检查及测试一次。这条条例对大厦的公共防火设施，如消防通道的畅通，消防管道及灭火器，防火门装置都有严格管制。法团及大厦管理公司，一定要严格执行及遵守此条例，保障业主及住户的生命财产安全。

5. 电梯

《电梯及自动扶梯（安全）条例》规定检查保养方法如下：

（1）每月一次检查、清洁、上油及调校；

（2）每年一次测试安全设备及检验；

（3）每 5 年一次安全设备满载、超载感应器和制动器测试；

（4）保存和更新工作记录簿以备机电工程署查阅。

6. 斜坡

业主须负责保护土地范围内的斜坡或挡土墙的维修保养。

7. 劳工法例

《雇佣条例》规定为大厦管理而需要聘请的人士，如管理人员、大厦保安、清洁工人及维修技工，无论他们是法团自己聘请或由管理公司聘请，都要有劳工假期，退休金保障，劳工伤亡保险赔偿等法定保障。

法团和管理公司应该清楚雇佣条例等法规及其重要性，否则，很容易日后会有劳资纠纷，甚至会招致金钱的损失。

8. 大厦保险

法规规定大厦强制性购买保险，内容包括公众责任保险（第三者保险）及雇员补偿保险（俗称劳工保险）。虽然法律没有强制规定大厦一定要购买公共产业保险（如大厦的水火保险），但大厦也应购买来保障业主。一旦大厦不幸有事故发生，不需要招致金钱上的负担。

9. 道路交通

《道路交通（私家路上停车）规定》订立了私家路上停车的处理方法及收费标准。

10. 其他

除了上述各项，香港还有其他与物业管理相关的法规，例如气体安全条例、市政及卫生条例、危险物品条例、噪声管制条例、水质管制条例、环保条例、泳池（市政局）附例等等。都和大厦管理息息相关。法团和管理公司都要熟悉和遵守。

第八节　屋宇署大厦安全计划

屋宇署联同五个政府部门，包括民政事务总署、消防处、机电工程署、食物环境卫生署及水务署，在全港各区推行"屋宇维修统筹计划"，目的是协助业主和业主法团解决大厦的管理及维修问题，推行"一站式"服务，藉此加强对私人大厦业主的支持。

屋宇署推行的房屋维修统筹计划负责下列工作：

（1）联系其他有关部门勘察大厦，定出大厦所需的改善工程范围和性质；

（2）通过该区民政事务处的安排，与业主或法团开会，向他们说明大厦勘察的结果，详细解释为符合《大厦管理与维修守则》而须进行的维修保养工程和当中涉及的技术问题；

（3）协助有需要的业主根据"大厦安全贷款计划"申请低息贷款，以进行所需的改善工程；

（4）假如业主或法团未能在一段合理时间内展开指定的工程，有关部门会按照现行法例采取联合行动。

此外，民政事务总署也会为各大厦的业主及法团，提供法团运作及大厦管理方面的意见，协助他们解决管理问题，使大厦维修改善工程能顺利完成。

第三章 供电系统

第一节 电力装置拥有人及责任

任何拥有或控制电力装置、使用电力装置所在房产的人员，均属该电力装置拥有人，包括大厦的业主、住户、租户、业主立案法团及物业管理公司。法规规定这些人员须安排定期检查和测试其电力装置及领取证书。具体工作包括：

（1）采取妥善措施安排适当保养维修，以防止电力装置发生电力意外。包括住宅、商铺、办公室及大厦公用电力装置（包括供电给各单位的干线电缆、总配电开关以及其他公用设施，如电梯、水泵、走廊照明等供电）；

（2）确保电力装置没有违法的加装或改装；

（3）聘请注册电气承包商进行电力工作，例如加装、改装、检查、测试及维修保养电力装置。电气承包商会安排适当级别的注册电业工程人员从事该项工作；

（4）安排定期检查及测试电力装置。

第二节 大厦供电方法介绍

一、电力的传输方法

为了节省输电用的导线材料及电能损耗，发电厂一般都采用高压输电至大厦的变压器房。电力传输的方法如图 3-1 所示。高压电力经过高压开关柜内的高压开关接到变压器，由变压器把一般为 11kV 的高压电降低为 380V 的电压，通过每台变压器引出四条母线穿墙而过进入大厦的总配电房，供大厦使用。如图 3-2 所示。

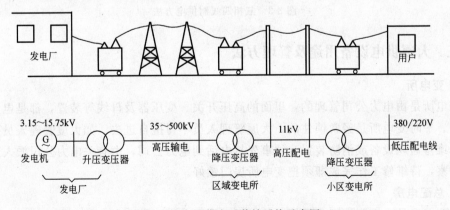

图 3-1　发电厂供电及传输系统示意图

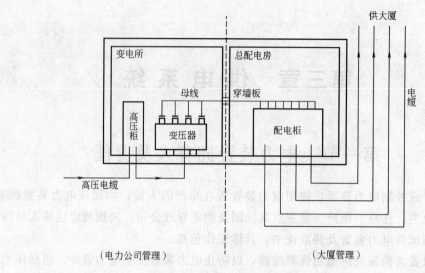

图 3-2 变电所及配电所布置图

二、大厦供电方法

由变压器引出四条母线穿墙而过进入大厦的电压为 380V 的三相交流电压。每一单相交流电可作独立的用途,如供电给电灯、家用电器及小型电动机等。其他如水泵、电梯等大型电动机用电,则须三相交流电供应。香港的市电电源采用三相四线制的接法,其中三线叫做相线(也称火线),另一线则叫中性线(也称零线)。相线之间的电压为 380V,相线与中性线之间的电压为 220V。三相四线制供电方法如图 3-3 所示。

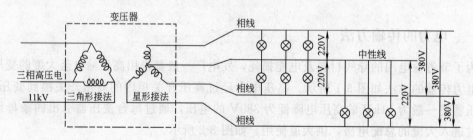

图 3-3 三相四线制供电方法

三、大厦供电设备用途及管理方法

1. 变电所

变电所是由电力公司管理的,里面的高压开关、变压器及母线等装置,都是电力公司的财产。平时变电所是经常锁住的,大厦管理人员不得擅自进去。如大厦管理人员要进入变电所维修通风设备或消防装置,须事先打电话到电力公司,由有关电力公司派人到场开门及监察,待维修工作完成即须把变电所房门锁好。

2. 总配电房

总配电房是由大厦管理公司管理的,里面除了电度表是电力公司的财产外,其他一切都是大厦的财产，电力公司是不负责修理的，要大厦管理公司自己负责保养维修。总配电房中的总开关设有过载保护装置，它要调整到比变电所中高压开关的过载保护装置的限值电流为低，其反应时间也要更快，当发生事故时，使总配电房的总开关先行跳闸。不然，就会导致不必要的麻烦，因为如果变电所的高压开关先跳闸，这就一定要叫电力公司的人员前来开变电所门入内恢复开关原位。所花的时间就要长，会引来诸多不便与住户的投诉。

由变电所引入总配电房的母线被接到总开关柜上。总开关柜上有总开关及许多分开关，多属空气断路器。总开关额定电流可高达几千安培，而分开关也可高达几百安培，供大厦中所有电气设备的开关用途。通过在总配电房安装的电缆及母线接到大厦各楼层，而各楼层分设有配电箱，从干线的电缆或母线取电。各配电箱都配有过载保护，以便某层电力有故障时，不影响其他各层的用电。大厦供电方法见图 3-4 及图 3-5 所示。

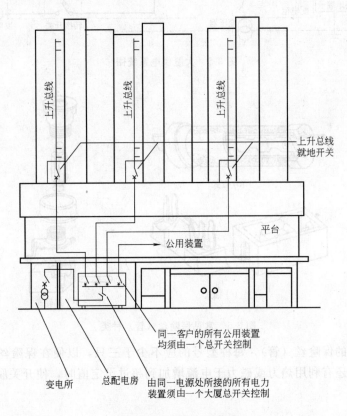

图 3-4　大厦供电示意图

3. 开关及保护装置

从输送电源到消耗电能的电气设备所经过的电路中，须在适当的位置设有开关及过载保护装置。开关有许多种，其工作原理都一样，在开的时候利用机械力使两个触点接触把电路接通。在关的时候，使两个触点离开切断电路。

过载保护装置以保险丝（管）最为普通，它也叫熔丝（图 3-6），是由易熔的铅锡合金丝做成的，保险丝一般藏在隔热的绝缘材料内，当有过量电流通过保险丝时，所产生的热量会使保险丝熔断，电路因而断开，从而保护了导线及电气设备安全。大厦的配电房内

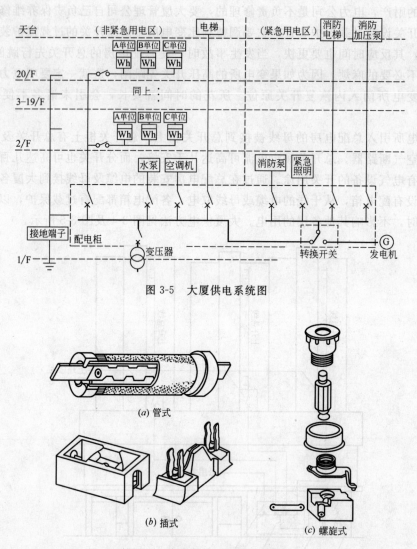

图 3-5 大厦供电系统图

(a) 管式

(b) 插式

(c) 螺旋式

图 3-6 常见保险丝（管）种类

应备存各种型号的保险丝（管），每种型号的应不少于三只，以便在保险丝（管）损坏时及时更换。另外还有利用热力或磁力于电流增加到超过设定值时，使开关脱扣的自行跳闸装置。

4. 电度表

无论是总配电房使用的三相电度表或住户单位使用的单相电度表，均是由电力公司供应与安装的，并加上铅封，大厦管理人员不可变动它。大厦管理公司如对电度表的准确性产生怀疑时，可要求电力公司检查。

5. 单位供电

每一单位用户的电度表旁设有一专用的开关，俗称表尾开关，由此表尾开关用导线接到用户室内。到了室内，用户室内装有过载保护的配电箱，再由配电箱接线到各用电设备，如图 3-7 所示。目前用户多用小型断路器作为其小型配电箱的过载保护，保护用电设备的安全。小型断路器的优点是一目了然，一看配电箱就知道哪一个开关跳闸。在故障解

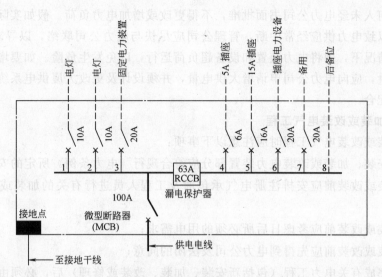

图 3-7 用户配电箱供电系统图（八路供电）

除后，只要把跳闸的开关向上拨，就可复位，非常方便。插座等用电设备须经过电流式漏电保护器连接到用电设备进行保护。

第三节 供电系统的安装

一、聘用注册电气承包商及工程人员

供电系统的安装及维修保养应由注册电气承包商及工程人员进行。对注册电气承包商及工程人员要求如下：

（1）注册电气承包商应于其营业地址的显眼处，展示注册证明书；

（2）注册电气工程人员应于从事电力工作时随身携带注册证明书；

（3）电气工程人员电气的操作必须按照牌照分类进行，牌照分类见表3-1。

低压电气的操作牌照分类表 **表 3-1**

序号	牌照等级	可 从 事 工 作
1	A 牌	可完成不超过 400A 电流的低压电气工作
2	B 牌	可完成不超过 2500A 电流的低压电气工作
3	C 牌	可完成任何安培的低压电气工作
4	R 牌	包括下列任何一项或多项：(1)霓虹灯招牌装置；(2)低压空气调节装置；(3)低压发电设施装置等
5	H 牌	可完成高压电气工作

（4）注册电气承包商及工程人员应确保电气装置能够安全运行，要特别注意电力装置，切勿超过电力公司核准的最高用电负荷。

二、新安装、加装或改装电气工程

电力负荷受变压器、总开关的电力负荷值、电缆的大小以及电力公司核准的最高负荷所限制。任何人未经电力公司书面批准，不得更改或增加电力负荷。假如实际用电量超过最高负荷，以致电力供应经常中断，管理公司应尽快与电力公司联络，以寻求解决办法。无论在任何情况下，勿将电力装置和设备超负荷运行，以免发生危险。如要增加大厦电力负荷及供电量，应向电力公司申请增大供电量，并须设计及更改大厦供电系统设备及更换电缆等加以配合。

1. 大厦加装或改装电气工程

进行加装或改装电气工程时应注意以下事项：

(1) 新安装、加装或改装电力装置部分应符合现行《电力条例》所定的安全标准；

(2) 加装或改装前应安排注册电气承包商及工程人员进行有关的加装或改装可行性评估；

(3) 加装或改装前应考虑日后所必须的用电需求；

(4) 加装或改装前应先得到电力公司及法团的同意；

(5) 在完成有关电力工程（包括新安装、加装、改装或修理）后，必须由注册电气承包商在通电前作检查及测试；

(6) 注册电气承包商及工程人员须于检查及测试后签发完工证明书（表格 WR1），以确认该部分装置符合电力条例所定的安全标准；

(7) 用户应妥善保存完工证明书（表格 WR1），以供日后参考之用，但用户无须呈交该完工证明书（表格 WR1）到机电工程署。

2. 电气工程工作指引

电气工程施工时，应注意以下事项：

(1) 电力装置应连接有效的接地线；

(2) 新安装的入墙电线，必须有导线管保护；

(3) 配电箱应有识别标贴，显示每组电路的用途；

(4) 室内应装有足够数目的插座，以独立供应用电量大的电器；

(5) 插座线路必须装有电流式漏电保护器；

(6) 插座不应安装在水龙头、气体开关或炉具附近，以免出现短路或火警的危险；

(7) 除电动剃须刀插座外，浴室内不应安装其他插座；

(8) 若浴室内装设有电热水器，其开关应安装在浴室外；

(9) 安装在户外的插座或开关，应有防水设施；

(10) 应使用配备三脚安全插头的电气产品。

第四节 供电系统的维修保养

供电系统是大厦管理公司的主要维修保养项目之一。电力供应是非常复杂的系统，管理公司要非常小心处理。管理公司负责维修保养的范围包括总配电房、电力供应系统及公共照明系统等。大厦公用部分的电力装置，须按照有关法规规定，由机电工程署署长所颁布或批核的实务守则加以维修保养。供电系统的修理及保养，应由注册电气承包商及工程人员进行。

一、大厦电力装置常见问题及成因

根据以往的经验，大厦的电力装置容易出现下列问题：

（1）大厦总配电房的通道经常受到杂物阻塞，出现紧急事故时，未能及时进入配电房内切断电源；

（2）总开关无定期保养测试。开关的额定电流量未能配合电力负荷量的需求，引起不必要的跳闸；

（3）老化的零件未能及时更换，容易导致损坏，甚至无法修理，延误恢复供电的时间，增加额外修理费用；

（4）干线电缆或支线电缆的大小未能配合电力需求量的增加，容易引起导线发热，令绝缘体损坏，导致触电或火警的危险；

（5）电线松脱或凌乱地铺设，没有维修，容易发生故障；

（6）大厦供电常见故障及原因见表 3-2 所示。

大厦供电常见故障及原因 表 3-2

序号	问 题	可 能 成 因
1	供电中断、系统停顿	保险丝或漏电断路器故障
2	保险丝或断路器突然或经常切断，令电力供应中断	漏电或负荷过重
3	开关及电线过热	负荷过重
4	耗电量大，经常或突然出现电力中断	用电安排分布不平均
5	出现火花，触电	地线连接不足

二、电气装置的日常保养

1. 管理人员日常巡楼时要注意的问题

（1）各处公共照明有否损坏；

（2）电线是否裸露出金属导线、脱落悬吊或电线过热；

（3）总配电房、分配电房、发电机房及其他配电房有否出现异常情况，房门是否关好，房内是否清洁干净；

（4）电器用品是否有漏电的现象出现等。

若发现问题应及时通知管理人员安排维修或更换。如属跳闸问题，可先尝试将开关回位，无效时须安排维修人员维修。

2. 如有住户投诉电力供应有问题，须先查看该住户的表尾开关是否正常。如属正常，则通知该住户是否其单位内的电力设施有故障或跳闸，要住户自行维修。如是表尾开关跳闸，则管理公司须派维修人员进行维修。

3. 要在总配电房储备各种规格的保险丝（管），以便有过载出现烧断保险丝（管）时，维修人员可及时更换，尽快恢复电力供应。

4. 经常检查公共地方照明系统，要储备充足的各式灯泡与日光灯管，以便损坏时能随时更换。有些灯泡或日光灯管位置较高，须装备安全的高梯或高空工作台，以方便更换工作。所须灯泡与日光灯管等物料则由大厦财务实报实销。

5. 管理公司更加要留意大厦的电力负荷，要经常注意大厦用户是否擅自更改或增加电力负荷，以致超越电力公司核准的最高负载。这会对大厦其他用户造成影响，严重时可导致火灾及电力中断。发生问题时，管理公司必须与有关用户及电力公司联系，寻求解决的方法。

6. 漏电保护器设有测试按钮，以检查是否操作正常。在配电箱的漏电保护器上方张贴有告示牌，样式如下：

```
┌─────────────────────────────┐
│ O    PRESS TO TEST AT    O  │
│      LEAST QUARTERLY        │
│       最少每三个月          │
│         按钮测试            │
└─────────────────────────────┘
```

业主应每三个月测试一次电流式漏电保护器，以确定保护器妥善运行。方法是按下内置测试按钮。按下测试按钮后，电流式漏电保护器应会转到"关"的位置。重新启动时，只要把电流式漏电保护器转回"开"的位置，电力供应便恢复。若不能恢复电力供应，说明电流式漏电保护器等有问题，应安排及时修理或更换。

7. 电力装置要有适当的接地导线，接地导线上安装有接地标志牌，样式如下：

```
┌──────────────────────────────────────┐
│ O  SAFETY ELECTRICAL CONNECTION   O  │
│         DO NOT REMOVE                 │
│      安全接地终端 - 切勿移去          │
└──────────────────────────────────────┘
```

8. 配电柜（箱）等电力装置应张贴"危险"字样的标志，样式如下：

```
┌─────────────────────┐
│ O     危险      O   │
│      DANGER          │
└─────────────────────┘
```

三、电气设备检查周期

以下列出电气设备检查周期（表3-3）供参考。

电气设备检查周期表　　　　　　　　　　　　　　　　　　表 3-3

序号	位置	工作内容	周期	承包商要求	备　注
1	总配电房	除尘清洁、更换老化配件	每年检查一次	注册电气工程人员	
2	母线	加固工作	每年做一次检查	注册电气工程人员	因母线随季节及用电量变化，会热胀冷缩，使母线接口产生松脱现象
3	开关箱	除尘清洁	每半年一次检查	注册电气工程人员	
4	大厦	防雷接地装置及避雷针	每年进行一次检查	注册电气工程人员	

四、5 年电力装置测试

大厦公共部分的电力装置，须按照有关法规规定的原则加以维修保养。范围包括系统内的各项设施及应急发电机组，以保证各方面运行正常。检查各处连接是否稳妥，发电机是否能在需要时立刻启动。为确保电力装置的安全，用户必须安排注册电气承包商定期为

大厦电力装置作检查、测试及维修。测试完成后,在大厦总配电房内张贴告示说明测试日期,样式如下:

```
┌─────────────────────────────────┐
│                                 │
│ O   This installation must be tested   O │
│     and certified by a grade ____ electrical │
│            worker before _____      │
├─────────────────────────────────┤
│  本装置须于 ___(日期)___ 前由___级___  │
│         电气工程人员测试及发出证明书       │
└─────────────────────────────────┘
```

电力装置定期检查及测试时要注意的地方包括连接螺丝是否稳固,电气设备的绝缘问题,开关是否清理尘污,过载保护装置是否作出调整,导线是否断路及短路的现象等。

1. 5 年电力装置检查及测试

法规规定某些类别的电力装置必须每 5 年最少进行一次检查、测试及领取定期测试证明书,以确保安全。如不履行此项规定即属触犯电力(线路)规定有关条例,有可能会被检控。而且,不作定期检查,电力装置极有可能造成火灾、触电、停电或被截断电力供应等后果。这肯定会给用户带来不便,严重的更会造成经济损失或人命伤亡。5 年电力装置检查、测试的项目见表 3-4 所示。

5 年电力装置检查、测试的项目表 　　　　　　　表 3-4

序号	项 目	工作内容	周期	承包商要求	备注
1	(1)酒店、医院、学校或幼儿中心; (2)允许负载量若超逾 100A,住宅、商铺、办公室; (3)所有大厦内允许负载量超逾 100A 的公用电力装置; (4)电力装置允许负载量超逾 200A 的工厂	检查、测试及领取定期测试证明书	每 5 年最少进行一次	注册电气承包商	法规规定
2	(1)公众娱乐场所(如电影院); (2)制造或储存危险品的地方(如危险品仓库); (3)设有固定高压电力装置(超逾 1kV)的地点	检查、测试及领取定期测试证明书	每年进行一次	注册电气承包商	法规规定
3	其他电力装置	维修保养,确保操作安全	定期	注册电气承包商	法规规定

2. 电力装置检查及测试工作流程

电力装置检查及测试工作流程如下:

(1)聘请注册电气承包商对其电力装置进行检查及测试;

(2)若测试时发现有不妥善之处,应及时请注册电气承包商及工程人员检查及维修。在完成检查、测试及所须维修后,用户须要求注册电气承包商于测试后一个月内签发定期测试证明书,以确认该装置符合电力条例所规定的安全标准;

(3)用户须在定期测试证明书签发的日期起两周内,将该证明书呈交机电工程署署长加签。机电工程署会在加签前抽样检查已经检定为合格的电力装置。用户可采用邮寄、亲自递交或派代表递交方式向机电工程署呈交证明书,并同时缴纳加签费用;

（4）机电工程署在证明书上加签后，会寄还给用户。用户须妥善保存该证明书，以备将来可作参考之用及日后机电工程署人员查验；

（5）为确保电力装置符合有关法规的安全标准，机电工程署会作例行巡查全港各大厦的固定电力装置，核查用户最近期的定期测试证明书，以确保其装置曾依照法规规定作定期检查、测试及加签。请把证书妥善保存，并于有关人员巡查时提交审阅。

3. 递交电力装置定期测试证明书须提供的资料

注册电气承包商、工程人员在递交电力装置定期测试证明书时，需要提供的资料及文件包括：

（1）详细的电路图（包括由主电路至最终电路）；

（2）所有经测试装置的测试结果及记录；

（3）电力装置的核对表；

（4）若部分装置的定期测试由其他注册电气承包商、工程人员进行，主要的注册电气承包商、工程人员必须已经收到由其他注册电气承包商、工程人员所发出的定期测试（部分装置）证明书（表格 WR2（A）），并确定有关检测已经完成及对其检测结果感到满意。有关的表格 WR2（A）也必须连同表格 WR2 一起递交；

（5）表格 WR2 的加签费支票；

（6）若注册电气承包商、工程人员认为有其他资料可协助机电工程署复核有关装置。

第五节　应急发电机组的维修保养

应急发电机组是指发电量足够为各项必要服务供电的发电机。由于消防处的规定，香港新建的建筑物都有自己的发电机组作为后备电源，当大厦万一发生火警时电力中断，有后备电源供应用来开动消防电梯、消防水泵及供电给大厦楼梯与走廊的紧急照明设备；以便消防人员扑灭火灾及大厦住户逃离火灾现场。同时，也可于电力公司供电发生故障时，

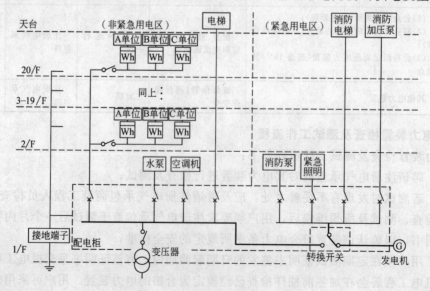

图 3-8　大厦应急发电机组供电方法

大厦有后备的电源用来维持最基本的服务。大厦应急发电机组供电方法如图3-8所示。

不论是何种原因导致大厦停电，应急发电机组的自动开车装置便会开启发电机，接入大厦的供电系统，维持其有限的供电服务。当大厦停电终止而市电恢复供应后，发电机组仍会运转几分钟，待大厦的供电系统自动切断与发电机组的联系，接回到市电电源时，发电机组就会自动停车，恢复原来的静止状态。

一、发电机组组成及规格

1. 发电机组组成

发电机组由柴油机、发电机、供油系统、排烟系统、通风冷却系统、电池、启动电机、控制系统等组成。见图3-9所示。

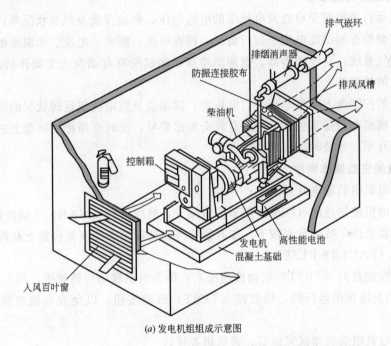

(a) 发电机组组成示意图

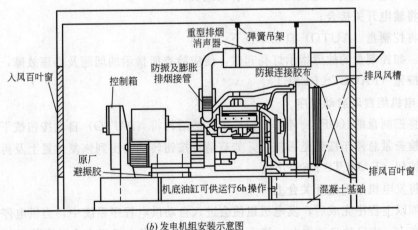

(b) 发电机组安装示意图

图 3-9　发电机组组成图

2. 发电机组规格

发电机组须能在冷却的情况下启动，并能在启动后的 15s 内提供达到最高设计基本负荷的必要电力。其最低连续总负荷定额不能低于连接发电机组的所有消防装置及消防电梯同时运行的耗电量。

在任何负荷状况下，须保持输出电压及频率稳定，使所有消防装置顺利操作。其燃料储存系统须足够以维持所有电力供应不少于 6h。运行时所排出的废气不可对环境造成污染，并须按照环境保护署署长的要求排出废气。

二、发电机组的运行

1. 发电机组运行前准备

发电机组运行前需要先检查发电机组的电池电压、燃油存量及机油状况等，在发电机组运行时，需要检查测试发电机组运行情况，检查电压、频率、电流、水温及油温；检查散热系统、排气系统、空气滤净器、燃油滤净器，测试所有自动及人工操作的启动装置，以及安全装置的性能等。

发电机组的控制盘上装有电流表、电压表、频率表及发电机组运转状况的各种信号灯等。如果发电机组自动开车失灵，控制盘就会发出警号，此时必须把控制盘上的自动控制开关转入手动开车，并及时进行维修跟进。

2. 发电机组空载操作程序

（1）将发电机组的输电开关关上；

（2）将发电机控制盘的（OFF）停车按钮按下，然后再将（MAN）手动按钮按下；

（3）检查紧急停车按钮是否按下，如有请将按钮转动拉出到恢复位置上及再按控制盘故障复位按钮（FAULTS RESET）；

（4）请将控制盘的（TEST）启动按钮按下，待发电机启动后便放手，约 3s 钟时间；

（警告：当发电机组运行时，切勿按（TEST）启动按钮，以免发电机组的启动马达损坏。）

（5）当发电机组空载测试完成后，将机组关掉；

（6）将输电开关接合；

（7）将控制盘（AUTO）自动车按下。

备注：如控制盘的故障指示灯亮起时，便应检查所指示的问题及修理故障，然后再按故障恢复按钮（FAULTS RESET）。

3. 发电机组自动启动程序

（1）将控制盘的（OFF）停车按钮按下，然后再将（AUTO）自动按钮按下；

（2）检查紧急停车按钮是否按下，如有请将按钮转动拉出到恢复位置上及再按控制盘故障复位按钮（FAULTS RESET）；

（3）将发电机组供电开关合上；

（4）如以上程序完成后，发电机组便会进入自动供电程序系统中，当供电停电后，发电机将会在 15s 内启动自动供电。待市电供电恢复后，发电机组会自动空载运行几分钟后自动停机。

4. 发电机组运行记录

发电机组在每次保养及开动运行时，应作好记录。每次保养完成后，承包商须提供保养报告给用户。报告内容应包括日期、时间、表上的读数、检查员及主管签署等。记录簿内容包括发电机组数据、保养数据及每次运行情况，如电池电压、供电电压、频率、出现的故障及补救方法、日常保养工作及定期运行等。应将记录簿保存在大厦发电机房或管理处，并由管理公司确定记录簿所载的是最新资料。记录簿的格式如表3-5、表3-6所示。

发电机组及保养商的基本数据表　　　　　　　　　　　　表 3-5

序号	内　　容
一、	发电机组资料
1	品牌：
2	机组型号：
3	输出功率：　　　kW　（　　　　kVA）
4	输出电压：　　　V　（频率：　　Hz）
5	电池电压：
6	油箱容积：
7	投入使用日期：
8	机组编号：
二、	保养商资料
1	公司名称：
2	公司地址：
3	联系电话：
4	联系人：

发电机组保养及运行记录表　　　　　　　　　　　　表 3-6

大厦名称：　　　　　　　　　　　　　　　　　　　　编号：

发电机组开始运行时间：　　　　　发电机组结束运行时间：

发电机组总运行时间：　　　　　运行性质：□空载运行　□负载运行

序号	项　目		记录结果	备　注
一、	发电机组运行前检查			
1	检查发电机组周围环境			
2	检查水箱冷却水量			
3	检查润滑机油油量			
4	检查燃油箱燃油存量			
5	检查电池电压(包括补充电池水)		（V）	
6	检查空气滤净器			
7	检查燃油滤净器			
8	检查皮带			
9	关闭发电机输电开关			
二、	发电机组运行时检查及记录			
1	蓄电池电压		（V）	
2	输出电压频率		（Hz）	
3	输出电压	A 相	（V）	
	输出电压	B 相	（V）	
	输出电压	C 相	（V）	
4	输出电流	A 相	（A）	
	输出电流	B 相	（A）	
	输出电流	C 相	（A）	

续表

序号	项　目	记录结果	备　注
5	冷却水温度表指示		
6	油压表指示		
7	检查散热系统		
8	检查排气系统		
9	测试所有自动及人手操作的启动装置		
10	测试安全装置的性能		
三、	关闭发电机组后检查		
1	补足发电机燃油存量		
2	将发电机调整为自动启动状态		

存在问题：

处理结果：

检查员签名：＿＿＿＿＿＿＿＿　　工程主管签名：＿＿＿＿＿＿＿＿

日　　期：＿＿＿＿＿＿＿＿　　日　　期：＿＿＿＿＿＿＿＿

管理处签名：＿＿＿＿＿＿＿＿

日　　期：＿＿＿＿＿＿＿＿

5. 发电机组运行时注意事项（表3-7）

发电机组运行时注意事项表 表3-7

序号	发电机状态	注　意　事　项
1	启动前	(1)检查发电机组周围环境,以免操作受影响; (2)检查水箱冷却水量; (3)检查润滑机油油量; (4)检查燃油箱燃油存量; (5)关闭发电机组输电开关。 检查以上事项处于正常状态,就可以启动发电机组
2	启动后	(1)检查水温表的指示; (2)检查油压表的指示; (3)检查电池充电表的指示; (4)检查输出电压值; (5)检查输出电压的频率指示。 以上检查均属正常时,即可合上输电开关供电
3	运行时	(1)发电机组水温保护系统如超过103℃会自动停机; (2)油压保护系统如油压低于12(PSI)会自动停机; (3)超速保护系统如频率超过56Hz会自动停机; (4)运行发电机组时,不要打开冷却水水箱入水盖; (5)运行发电机组时,不要打开润滑机油入油盖及燃油缸入油盖
4	关闭前	(1)关闭发电机组输电开关; (2)让发电机组在无负荷情况下运行5min; (3)关上发电柴油机; (4)关上控制盘总开关
5	关闭后	(1)将发电机组调整为自动启动状态; (2)补足发电机燃油存量

三、发电机组保养

发电机组应按时进行保养测试，保养测试的周期如表 3-8 所示。

发电机组运行保养测试周期表　　　　　　　　　　　表 3-8

序号	保养项目	周　期	要　　求	备　注
1	年检测试	每年一次	须配合注册消防装置承包商进行	法规规定
2	运行测试	每月一次	运行时间不少于 30min	法规规定

1. 发电机组年检

应急发电机组须时刻保持有效运作状态，而且每隔 12 个月，须由注册消防装置承包商联同发电机保养商最少每年一次测试。测试供电系统的联动状态。

2. 发电机组的定期测试运行

要定时及最少每月一次安排合格承包商检查测试大厦应急发电机组，检查内容包括发电机燃油是否足够，蓄电池的水量是否符合要求，并应每月开动发电机运行一次，开动时间不能少于 30min，测试运行时须做好记录。还须在每次发电机完成运行测试后再注满燃油到油箱内。

3. 发电机组保养守则

表 3-9 列出一般发电机保养守则，用户可根据需要选择。

发电机组保养守则　　　　　　　　　　　　表 3-9

序号	项　目	时　间	保养内容	备　注
1	发电机房	随时	保持清洁	
2	机油油量和冷却水水量	定时检查	存量是否足够	
3	机油过滤器及机油	每运行 250h	更换	
4	空气过滤器	每运行 100h	更换	需要使用压缩空气清理
		每运行 300h 或有堵塞时	清洁	如机组四周空气较好,过滤器可使用约 1000h,视情况而定
5	水箱及散热网	每运行 500h	清理	
6	电池水量	每星期	检查	
7	皮带	每运行 500h	检查各皮带及调整松紧度	

四、发电机组保养时注意事项

由于发电机平时处于自动启动状态，会因为突然停电而随时自行启动，所以应特别注意以下事项：

（1）发电机组上及附近不要摆放任何物品，以免影响发电机启动；

（2）平时人员不要接近发电机组，以免自动启动时发生危险；

（3）发电机组在检修时，一定要转为手动启动状态及关闭发电机组输电开关；

（4）须为每部应急发电机组安装告示牌，并悬挂在应急发电机房内的明显位置，以标明连接应急发电机组的消防装置及消防电梯的负荷。告示牌上的英文及中文字体大小、高度最少分别为 8mm 及 15mm，详情如下：

EMERGENCY GENERATOR
应急发电机
LOADING OF FIRE SERVICE INSTALLATIONS AND
FIREMAN′S LIFT(S)
消防装置及消防电梯负荷
＿＿＿＿kVA／＿＿＿＿kV
WARNING: DO NOT OVERLOAD THE GENERATOR
警告：切勿引致发电机过量负荷

第六节　防雷装置

　　不同用途的房屋建筑（构筑）物，应有不同的防雷等级要求。一般建筑物的防雷设施包括避雷针、避雷网、避雷带、引下线和接地极等。避雷针又可分为单支、双支、多支保护等形式。避雷针、带、引下线和接地极等防雷部分，都要按规范的具体要求安装，才能防止雷击的危害。防雷接地装置及避雷针通常每年进行一次检查。建筑物防雷设施如图3-10 所示。

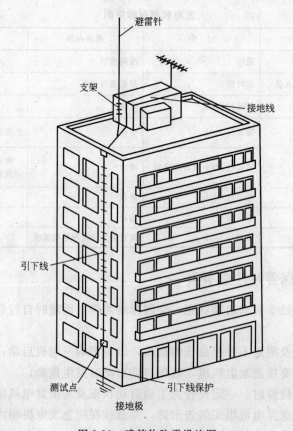

图 3-10　建筑物防雷设施图

第七节 安全及节约用电

一、常见的不正确的用电

1. 大厦内电线凌乱残旧，缺乏维修保养。
2. 电线带电部分外露，易生危险。
3. 接地线路因老化或缺乏维修保养，使电力装置未能有效接地。
4. 擅自加装线路导致总负荷超过允许负载量。
5. 电力装置没有作识别及警告用的告示。
6. 废弃的电线未有被拆除。
7. 大厦配电房用作杂物房。
8. 有杂物阻挡开关或配电箱。

二、安全用电指引

1. 若怀疑电力装置有可能导致危险，如漏电或经常跳闸，须立即安排注册电气承包商及工程人员检查及修理妥当。
2. 在任何停电的情况下，都应该将所有电器关掉，避免在电力供应恢复时，全部电器同时启动，造成启动电流负荷过大。
3. 所有插座必须连接到配电箱内的电流式漏电保护器，以防止漏电危险。电线或插座损坏应立即更换。
4. 身体或手上沾了水，应避免触碰任何插座或开关。
5. 每个插座只可使用一个万能插座或拉线板，以防电力负荷过重。
6. 为安全起见，切勿令电力负荷过量。
7. 任何电器及电线安装工程必须由注册电气承包商进行。

三、节约用电

节约用电等于节省资金，爱惜地球资源。我们使用的电能主要由煤发电产生，而煤在地球上的藏量有限，故此我们耗用越多电能，可以留在未来使用的能源就越少。反过来说，如果我们在日常生活中能有效地用电，不仅能节省资金，也有助于保护环境，并保障我们未来的社会。

1. 节约用电守则

（1）关闭无人使用的电灯、电视机和空调机等电器；

（2）不要开启冰箱门来乘凉；

（3）洗衣机应于储足一机最大容量才使用，而且不使用热水；

（4）在办公时间后关掉电灯、空调及公共设备（复印机等）。

2. 保持电器有效地发挥功能

（1）经常清洁窗户、灯泡、灯罩；清理空调机、干衣机的隔尘网以及冰箱的散热网。

（2）冰箱内的食物应排列有序，让冷空气可流通无阻。

（3）冰箱应避免被日光直射，也不要紧靠墙壁或接近微波炉，要注意通风良好。热的东西要放凉了才放进去，开启的次数尽可能减少，开启时间越短越好。

（4）空调机的隔尘网要定期清洁（可节省电量30％），温度应调校至25℃（每降低一度会多耗电量10％），并配合低风速、放下窗帘或百叶窗，以及紧关门窗。若以风扇代替空调则更好。

3. 使用最新的省电电器

（1）采用节能电灯泡；

（2）采用有时间开关的家庭电器；

（3）选用有能源效益标签的电器产品。

第四章 给水系统

大厦给水系统主要是解决饮用水、卫生用水、空调用水、消防用水、工业用水等。所有大厦给水设备的维修保养，直接影响到人们生活和生产两个方面，管理人员必须加以重视。

香港大厦的给水系统主要有两种给水水源，一种用于饮用的淡水水源，通常称为饮用水；另一种为冲厕所用的海水水源，通常称为咸水。根据水务设施条例规定，水务监管、管理公司及用户单位均须责任维修保养给水系统。

香港是一个缺水的城市，为了节约用水，从 1950 年开始水务署供应海水用于冲厕所用水，现在全香港约有 78.5％以上人口已使用海水冲厕所。海水先用隔离网除掉较大的杂物，然后再用氯气或次氯酸盐压抑海洋微生物及细菌生长，再输往配水库供应给用户使用。

大厦内各用户单位的厕所与厨房所有的给水及排水设备都接到大厦的公共给排水系统上，管理公司须负责所有公共给水及排水部分的正常运行。管理公司要管理的给水及排水设备包括地面及天台水箱、公众水管、泵房设备，以及公共厕所内的给水及排水系统等。除要定期清洗水箱外，管理公司在维修保养给水及排水系统时，要非常留意漏水及水泵的运行情况。用户须负责维修保养其单位内的给水系统。

第一节 香港的饮用水处理及水质控制

香港是世界上可享有最安全饮用水的地区之一。香港的饮用水水质无论在化学成分及细菌含量方面均符合世界卫生组织所建议的饮用水水质标准。水务署的职责便是为市民供应清洁、无味、卫生而不含病原细菌的饮用水。

1. 饮用水输送过程

香港的饮用水水源主要来自广东的东江水，经输水水管输送到香港，再经饮用水处理场处理后，经配水库供应给大厦。由原水变为饮用水必须经过一连串的处理过程，确保经过处理的水完全符合国际间所定的饮用水标准后方可饮用。

2. 饮用水水质监察和控制

水务署分别从集水区进水口、接收东江水的抽水站、水塘、滤水厂、配水库、饮用水分配系统至用户的水龙头处抽取多个水样进行化学、细菌学及生物学方面的化验，从而有系统地监察整个滤水、给水及分配系统的水质。由于香港的饮用水都经过适当的处理，而且在水质监察和控制方面相当严格，因此，所供应的饮用水保证安全卫生，而且符合国际标准。

香港大部分的居民都住在高楼大厦内，饮用水由滤水厂输往大厦水箱再送至用户的过程需要一定时间，故此，饮用水要有足够的氯气含量，以确保饮用水在输送过程中和进入水箱后仍然卫生。如果用户有煮沸饮用水习惯，水中的氯气便会完全消失。

3. 饮用水系统优质维修认可计划

为鼓励大厦业主妥善维修饮用水系统，水务署已于 2002 年 7 月推行《饮用水系统优质维修认可计划》，欢迎所有大厦的业主及管理公司参与。

水务署会评审有关申请，查看申请者有否妥善维修饮用水系统，遵守计划所制订的准则。如果水务署满意有关申请，便会向申请者颁发证书。获颁发证书者可在其大厦内告示牌上展示认可计划证书或副本，使业主使用上优质的饮用水，增加业主对管理公司管理水平的认识。

第二节　大厦给水方法

大厦的给水系统主要有三种：饮用水给水系统、冲厕所水给水系统及消防水给水系统。给水系统设备通常由输水管、水泵、水箱、水表及各种不同的阀门和配件等组成。

一、大厦的给水系统

自来水厂的饮用水由埋在地下的水管进入大厦，再经过阀门及水表供应给大厦，水表前由水务署负责，水表后由大厦负责。

给水系统经过大厦的进水阀门及水表，然后再经过水箱、水泵、水管等的连接进入各用户单位以供使用。大厦及各用户的水表是由水务署负责安装，水表用以测量大厦公共地方与各单位的用水的水量，水务署根据各自的用水量征收水费。至于冲厕所用的咸水，是不用缴费的。

大厦的给水系统通常分为三部分：

（1）低层用户给水（直接式给水）；

（2）中层用户给水（间接式给水）；

（3）高层用户给水（加压式给水）。

一般大厦的给水系统通常采用以上三种混合方法供水，如图 4-1 所示。

二、大厦低层用户给水系统（直接式给水）

由于自来水厂有足够的水压输送到大厦，一般六层以下的低层用户单位可直接接到自来水直接供应，如图 4-2 所示。

三、大厦中层用户给水系统（间接式给水）

由于自来水厂的水压不能直接给水满足中层以上单位的用水，通常在大厦的地面设置地面水箱，先将自来水流入地面水箱内，再用水泵将水输送到位于大厦天台的水箱，天台水箱底部有一条水管接到大厦各用户单位，在一般的水箱底部的出口处装有一个总水阀，控制该条输水管。通过天台水箱的自然压力给水到中层用户单位，如图 4-3 所示。

四、大厦高层用户给水系统（加压式给水）

通常最高几层单位用户与天台水箱的水压压差较小，自然压力不能满足用水水压要求

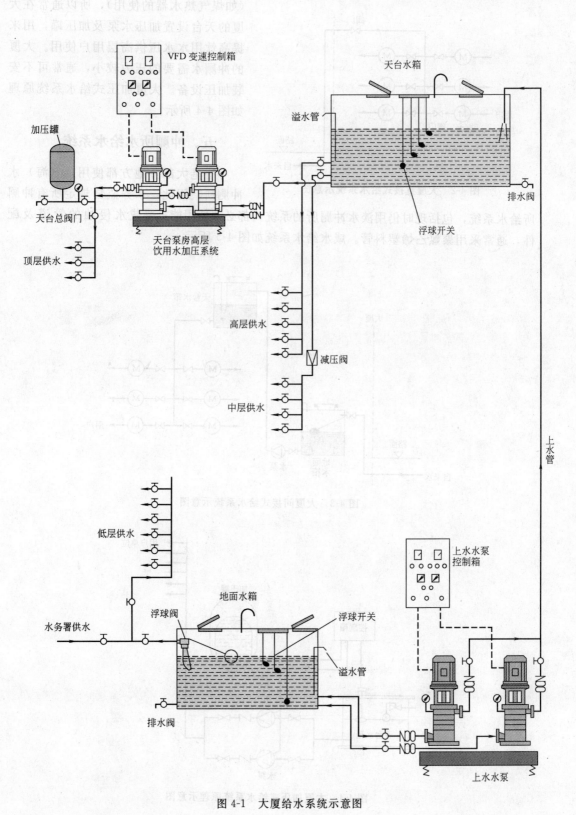

图 4-1 大厦给水系统示意图

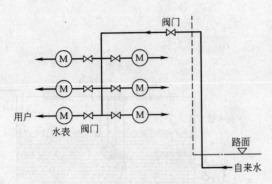

图 4-2　大厦直接式给水系统示意图

（如煤气热水器的使用），所以通常在大厦的天台设置加压水泵及加压罐，用来提高饮用水水压供高层用户使用。大厦的冲厕水需要的压力较小，通常可不安装加压设备。大厦加压式给水系统原理如图 4-4 所示。

五、冲厕所水给水系统

香港大部分地方都使用咸（海）水冲厕所，因此，水务监督规定所有冲厕所给水系统，包括现时仍用淡水冲厕所的系统，都必须使用能抵受咸水侵蚀的管道及配件，通常采用聚氯乙烯塑料管。咸水给水系统如图 4-5 所示。

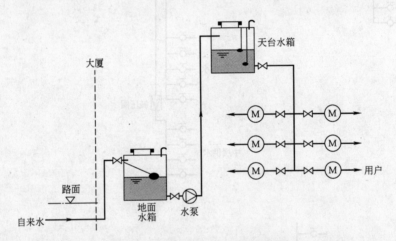

图 4-3　大厦间接式给水系统示意图

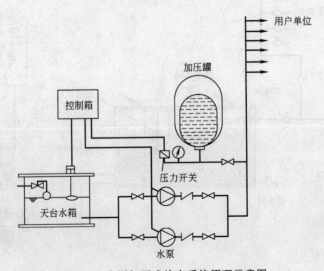

图 4-4　大厦加压式给水系统原理示意图

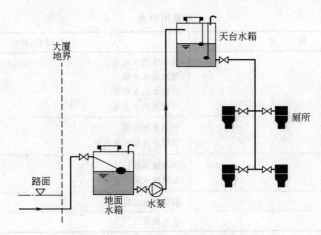

图 4-5 大厦冲厕所水给水系统示意图

六、消防水给水系统

自来水先流入地面消防水箱，由消防水泵输水到天台消防水箱，再由天台水箱通过输水管供消防卷盘及消防栓使用。当水压不足时，可使用加压泵加压，大厦消防水给水系统如图 4-6 所示。

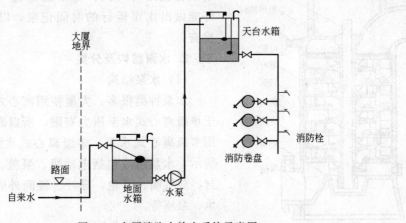

图 4-6 大厦消防水给水系统示意图

第三节 给 水 设 备

大厦的给水设备主要包括：水泵、输水管道、储水水箱等。其他设备还有加压罐、压力表、浮球阀、止回阀、各类阀门、气室、水泵控制箱、压力开关、浮球开关、水表等。

一、水泵

1. 水泵的用途

水泵按用途可分为给水、加压、排水、滤水、喷水等。常见的水泵用途见表 4-1。

水泵用途表 表 4-1

序号	用　途	使 用 位 置
1	给水	饮用水给水水泵 咸水给水水泵 消防水给水水泵 空调水给水水泵
2	加压	消防水加压泵 顶层单位用水加压泵
3	排水	沙井潜水泵 化粪池水泵
4	滤水	游泳池水过滤水泵
5	喷水池	喷水池泵

各种用途的水泵中，以饮用水泵及咸水泵使用频率最高。饮用水泵的给水除作饮用水外，在工业大厦里也作为工业用水。咸水泵主要供咸水用作冲厕所用。上述各种水泵大都采用离心式水泵。给水系统通常使用两套水泵设备，轮流开动，以减少机件疲劳与磨损。可自行制定适合的水泵轮流运行时间，但不能超过一个月时间。最好能做出水泵运行的时间记录，以便有事时跟进检查。

2. 水泵结构及分类

（1）水泵结构

水泵种类很多，大厦使用离心式水泵较多，由于单级离心式水泵压力有限，所以高层大厦必须采用多级离心式水泵。多级离心式水泵结构如图 4-7 所示，水泵组成包括电动机、泵盖、泵轴、机械轴封、放气嘴、叶轮、导叶、级间外壳、定位套、轴承、泵座等。

（2）水泵分类

水泵按照安装方法分为卧式及立式水泵。如图 4-8 及图 4-9 所示。

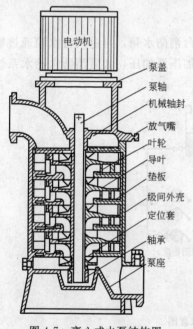

图 4-7 离心式水泵结构图

图中标注：电动机、泵盖、泵轴、机械轴封、放气嘴、叶轮、导叶、垫板、级间外壳、定位套、轴承、泵座

3. 水泵常见问题及处理方法

（1）水泵常见问题及处理方法如表 4-2 所示。

（2）水泵检修时的吊装方法见图 4-10 所示。

4. 水泵控制箱

大厦给水通常设置两台水泵由水泵控制箱控制交替使用，水泵控制箱与水泵电动机、水箱浮球开关及管理处设备显示盘等连接。水泵控制箱内包括控制水泵启动的接触器、水泵转换控制器、电压及电流表、水泵控制按钮及指示灯等设备组成。

图 4-11 是大厦给水系统图，开动水泵的电动机是由地面水箱和天台水箱的浮球开关同时控制的，就是说地面水箱的浮球开关和天台水箱的浮球开关是串联电路。当地面水箱

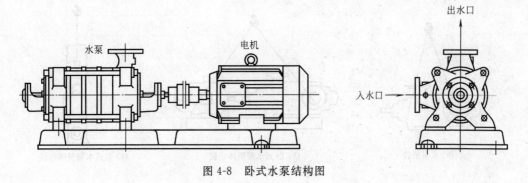

图 4-8 卧式水泵结构图

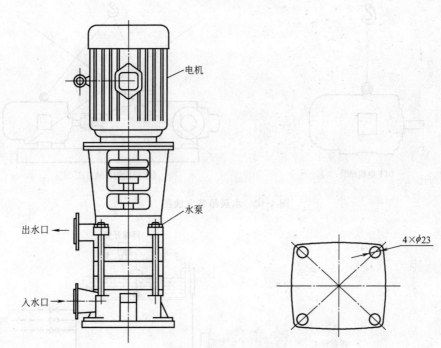

图 4-9 立式水泵结构图

水泵常见问题及处理方法 表 4-2

序号	常见问题	可能成因	处 理 方 法
1	水泵或入水处发出噪声	水泵损坏	维修水泵
2	水泵运行时泵头射水	水泵水封损坏	似情况暂时用塑料布之类遮挡,以免淋湿损坏水泵电机,然后安排维修
3	水泵转动而不上水	地面水泵进入了空气	如果是进入了空气,将水泵的放气阀打开排出空气至有水,然后拧紧放气阀即可
4	水泵电机不运行,天台水箱无水	地面或天台水箱浮球开关失灵	进行维修
		开关跳闸	先检查线路,无问题时,就将跳闸按复原位
		烧保险丝(管)	需更换新保险丝(管)

有水时,安装在地面水箱的浮球开关触点接通;天台水箱的浮球开关则在天台水箱无水时触点接通,在这种情况下水泵电动机才会启动。如果天台水箱水满或地面水箱无水,水泵

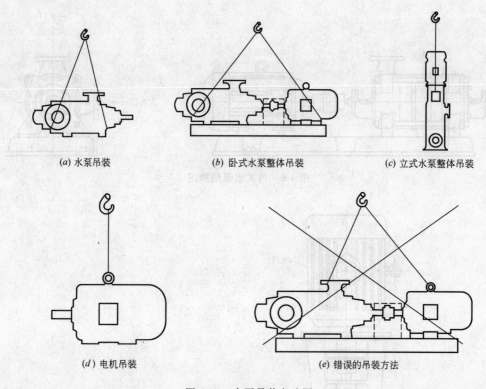

(a) 水泵吊装   (b) 卧式水泵整体吊装   (c) 立式水泵整体吊装

(d) 电机吊装   (e) 错误的吊装方法

图 4-10　水泵吊装方法图

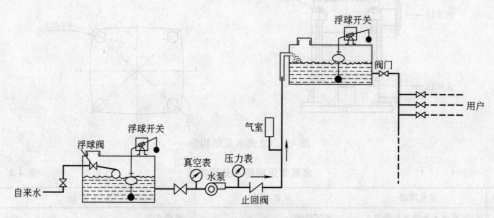

图 4-11　大厦给水系统图

电动机就不会启动，这样既可以避免天台水箱溢水，也可避免因地面水箱无水而使水泵空转运行的现象出现，避免烧坏水泵。如果大厦较高，可采用多级给水方式供水。

　　水箱的水位状态及水泵的运行状态，可通过信号线传送到管理处的设备状态显示盘或传输到管理控制中心的计算机进行处理，使管理人员随时了解给水情况及当发生给水问题时可以及时报警。

二、水箱

　　水箱制造分为混凝土内贴瓷砖的混凝土水箱、组装式玻璃钢水箱、钢板水箱、不锈钢水箱等。每座大厦的给水系统至少有两个位置设有水箱，一个是地面水箱，另一个是天台水箱。自来水先流入地面水箱，再由水泵加压输水到天台水箱。

1. 地面水箱

地面水箱通常设置在一层或低层，水箱的构造包括箱体、水箱盖、出入水管、排水管、溢水管、浮球阀、浮球开关等，如图 4-12 所示。

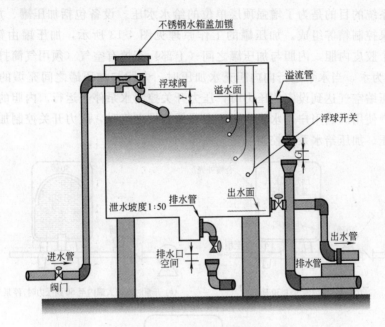

图 4-12 地面水箱结构图

自来水经入水阀门进入水箱，通过浮球阀控制入水，当水位达到正常满水位时，浮球阀自动将水关闭；排水管的作用是当清洗或修理水箱时，放空水箱内的水；当浮球阀故障时，水位有可能超出正常水位，溢水管排出过量的水；当地面水箱没有水时，浮球开关控制水泵停止运行，以防止水泵空转而烧坏。

2. 天台水箱

天台水箱通常设置在大厦屋顶的天台上，水箱的构造包括箱体、水箱盖、出入水管、排水管、溢水管、浮球开关等。地面水箱的水用水泵通过管道输送到天台水箱，当天台水箱的水达到正常满水位时，安装在天台水箱的浮球开关控制水泵停止运行；当水箱水位降低到一定水位时，浮球开关控制水泵开启输水到天台。出水管安装有阀门，通过阀门及管道输水，输水管道一路供中层用户用水，另一路连接到加压泵房，供高层用户用水。

饮用水水箱盖应上锁，以确保饮用水安全。此外在水箱内除设置开启水泵用的浮球开关外，还应安装用于高低水位报警用途的浮球开关。

三、输水管

饮用水水管材料一般用金属管或铜管，由于海水对金属管腐蚀性强，所以咸水水管的材料则多用塑料管。

很多旧的大厦仍用镀锌钢管供应饮用水。镀锌钢管容易生锈，现已禁止使用。如仍采用这类钢管，在进行维修保养工程时应考虑使用适当的物料更换饮用水管，例如铜管或内套塑料的镀锌钢管以取代原有的镀锌钢管。

四、加压给水系统

加压给水系统的目的是为了增强顶层单位的给水水压。设备包括加压罐、加压水泵、压力开关、水泵控制箱等组成。加压罐的工作原理见图 4-13 所示，加压罐由钢板制成，内部安装有一个胶皮内胆，内胆与加压罐之间（上部）充填有空气（须用气筒打足一定的压力），内胆内为水，当水泵运行向内胆充水加压时，内胆与加压罐之间充填的空气将被压缩。当水及压缩空气达到设定的压力时，压力开关控制水泵停止运行。内胆的水保持一定的压力供用户使用。当用户用水使水压压力降低到设定值时，压力开关控制加压水泵再次启动补充水压。加压给水系统控制原理见图 4-14 所示。

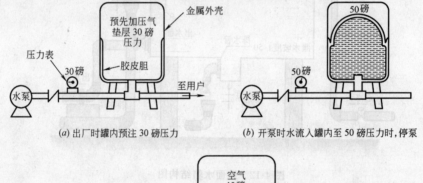

(a) 出厂时罐内预注 30 磅压力　　　(b) 开泵时水流入罐内至 50 磅压力时，停泵

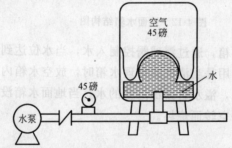

(c) 供水由压力罐输出至罐内压力跌至 45 磅以下时，水泵再次启动

图 4-13　加压罐加压给水原理图

由于常时间使用加压罐，罐内的内胆会因为老化而损坏，当发生这种情况时，加压罐将失去加压作用，水泵将频繁启动，此时需要维修更换胶皮内胆。

五、给水系统附件

对给水系统附件的认识，有助于了解整个给水系统的运行情况。

1. 浮球阀

作用：控制大厦地面水箱的进水。自来水厂的给水要先流入大厦地面水箱，在水箱水满的时候，浮球阀使进水自动关闭。

原理：在流入大厦地面水箱的水管上安装浮球阀。浮球有一个杠杆和阀体相连，当水箱水满时浮球就升高，相连的杠杆就把阀芯推向阀座，把阀门关闭，截断给水；当水箱的

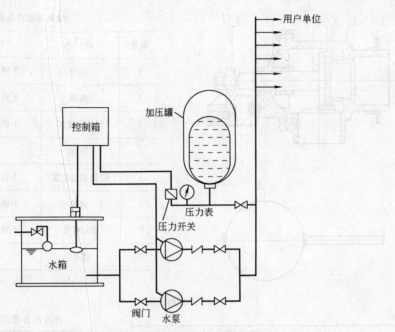

图 4-14 加压罐给水系统控制原理图

水位下降，浮球就跌下，给水管内的水压推开阀芯，阀门就打开，水就源源不断地流入水箱，直至水满时，浮球又升高将阀门关闭，如图 4-15 所示。

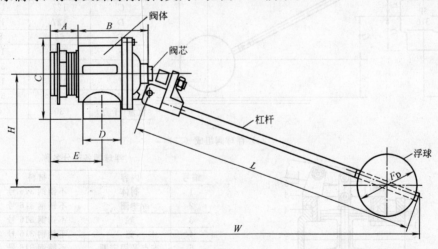

浮球阀各部位尺寸

尺寸		A	B	C	D	E	H	L	W	F_D	重量(kg)
mm	in										
50	2	35	95	110	50	66	350	770	796	305	3
80	3	50	123	130	75	90	590	1220	1250	356	4.5

（a）浮球阀组成（一）

图 4-15 浮球阀的组成及结构图（一）

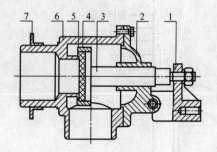

浮球阀各部分名称		
编号	内容	材料
1	杠杆	不锈钢316号
2	阀体	不锈钢316号
3	活塞(阀芯)	不锈钢316号
4	圆盘	橡胶
5	圆盘固定装置	不锈钢316号
6	阀具	不锈钢316号
7	紧固螺母	不锈钢316号
8	浮球	塑料

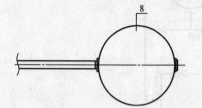

(b) 浮球阀结构 (一)

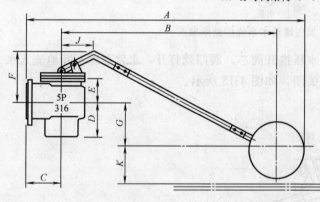

浮球阀各部位尺寸 (mm)		
毫米	80	100
英寸	3	4
A	1270	1473
B	991	1181
C	127	140
D	127	130
E	66	84
F	159	193
G	305	330
J	152	152
K	545	546
重量(千克)	30	45

(c) 浮球阀组成 (二)

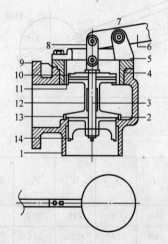

浮球阀各部分名称		
编号	内容	材料
1	阀体	不锈钢316号
2	垫圈	不锈钢316号
3	轴	不锈钢316号
4	盖	不锈钢316号
5	支点及固定圈	不锈钢316号
6	杠杆	不锈钢316号
7	支点销钉	橡胶
8	连杆	不锈钢316号
9	阀体接口垫圈	橡胶
10	阻止板片	不锈钢316号
11	杯状垫圈	橡胶
12	阀	不锈钢316号
13	阻止圈	不锈钢316号
14	翼状的阀板片	不锈钢316号

(d) 浮球阀结构 (二)

图 4-15 浮球阀的组成及结构图 (二)

由于浮球阀出现故障时可能使水箱溢水,造成水流,使财产受损失,所以必须经常检查浮球阀,有问题时要及时维修。

2. 阀门

作用:是用来控制水管内水的流通或停止。关上阀门水就截断,开了阀门水就流通。

在给水系统中,阀门有多种类型及大小不同尺寸,大多数阀门安装有进出水方向,安装时应注意。如图 4-16 所示是常用的几种阀门。在给水主干管道上的阀门一般很少使用,也少出毛病,不过最好每三个月一次加一些润滑油,并把它转动几下,以防止生锈。检查阀门时,若发现漏水应及时维修。

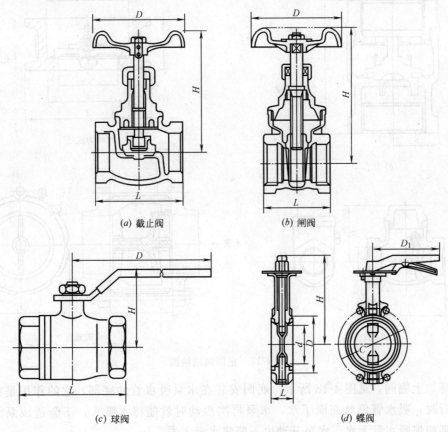

(a) 截止阀   (b) 闸阀

(c) 球阀   (d) 蝶阀

图 4-16 常用阀门的种类图

3. 止回阀

作用:是使水管内的水只能作单一方向流动,不能回流的阀门,所以又叫做逆止阀。

安装此阀后,水管内的水就不会倒流下来。例如当使用两台水泵供水时,止回阀安装在水泵的出水口处,当一台水泵运行时,水就不会从另一台备用水泵倒流回来,当停泵时,水管内的水也不会倒流下来。止回阀安装时应注意进出水方向的正确,不可安装错误。常见的止回阀结构如图 4-17 所示。

4. 底阀

作用:底阀是使水泵吸水管的水不会倒流回水箱,还可用来隔离水箱杂物。

原理:有时因安装位置关系,水泵要安装在高于水箱的位置,此时就必须在水泵吸水

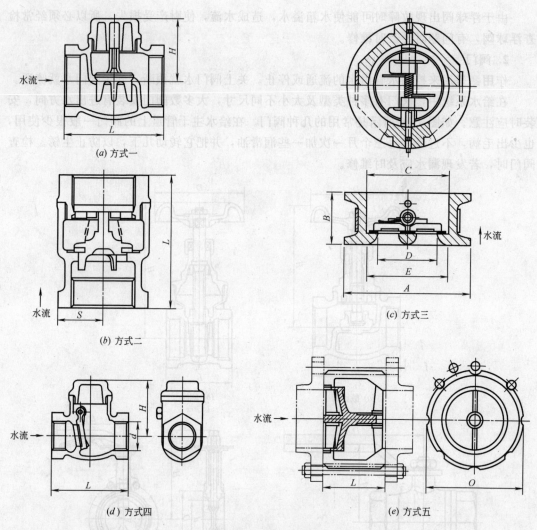

图 4-17　止回阀结构图

管的底部加上底阀，见图 4-18 所示。底阀安装在水泵吸水管的底部，它的作用是在水泵停止运行时，吸水管仍然充满了水，水泵再次启动时就能将水吸入，不会造成泵无水运行。否则如果吸水管无水，水泵开动也不能将水吸上去。

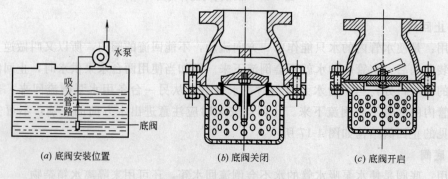

图 4-18　底阀使用方法图

一般底阀下面安装一个过滤网，用于隔离杂物，底阀有时会发生关闭不密的毛病，当底阀发生这种毛病时，水泵就不能吸水，引起水泵空转，长时间水泵空转会烧坏水泵，平时检查时要注意水泵的运行情况。

5. 膨胀节

膨胀节安装在水泵的两边、建筑物伸缩处、沉降缝处及水管超过一定长度的部位，用于管道的膨胀及减少水泵及管道的振动，常用膨胀节的结构如图 4-19 所示。

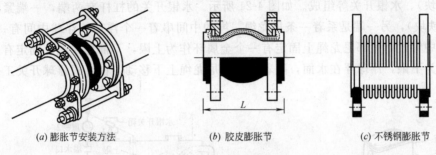

(a) 膨胀节安装方法　　　(b) 胶皮膨胀节　　　(c) 不锈钢膨胀节

图 4-19　膨胀节的结构图

6. 过滤器

从自来水给水经阀门后再经过过滤才能进入大厦水箱，过滤器的作用是阻止自来水中所含的砂及杂物，特别是咸水，水中可能含有很多杂物，如塑料袋、鸡毛等。如不经过过滤而直接进入水箱，水泵抽水时，杂物就会使水泵损坏。过滤器结构如图 4-20 所示，过滤器应根据需要选用不同大小网眼的过滤网，并要定期清洁过滤网，过滤器安装时应注意进出水方向正确。

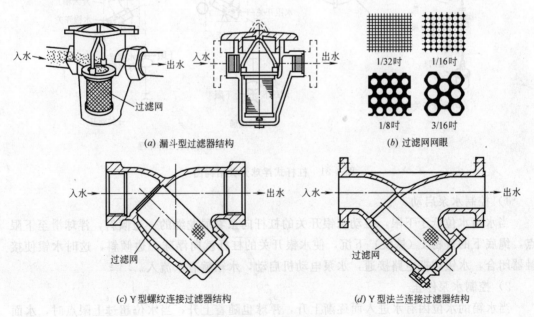

(a) 漏斗型过滤器结构　　　　　(b) 过滤网网眼

(c) Y型螺纹连接过滤器结构　　　　(d) Y型法兰连接过滤器结构

图 4-20　过滤器结构图

7. 浮球开关

浮球开关常见的有杠杆式、浮球式及电子式，它的作用是用来控制水泵电动机的运行及高低水位的报警。

杠杆式及浮球式浮球开关由两个接触点及水银组成，当水银流向两接触点一端时，使两点的电路接通，电路可控制接触器吸合使水泵电机运行；当水银流向另一端时，两触点没有水银，使电路断开，水泵停止运行。

(1) 杠杆式浮球开关

以天台水箱为例：一般是用浮球开关控制水泵的开车和停车。它是由浮球、尼龙绳、重物（铁块）、水银开关等组成。如图 4-21 所示。水银开关的杠杆有两端，一端紧着一个重物 2（铁块），另一端是系着一条尼龙绳，绳的中间串着一个浮球，浮球中间有一个洞，尼龙绳从中穿过，顶部尼龙绳上固定有一个金属环作为上限，下部尼龙绳上固定有另一个金属环作为下限，浮球浮在水面，随着水面在尼龙绳上下移动。杠杆式浮球开关工作原理如下：

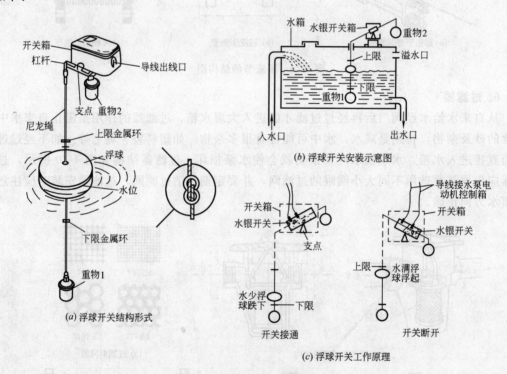

图 4-21　杠杆式浮球开关结构图

1) 控制水泵启动

当水箱水位低于下限，拉动水银开关的杠杆向系着尼龙绳的一边倾斜，浮球滑至下限点，绳底下的重物 1（铁块）下沉，使水银开关的杠杆就向浮球一边倾斜，这时水银使接触器闭合，水银就把电路接通，水泵电动机启动，水箱就有水流入。

2) 控制水泵停止

当水箱的水位因有水进入而逐渐上升，浮球也随着上升，当水位超过上限点时，水面上的浮球也随着上升，浮球的浮力顶着尼龙绳向上推，同时系着重物 2 的那一边下坠，当水位超过上限时，水银杠杆就向重物 2 一边倾斜；水银就离开接触点，电路断开，水泵也就因此停车。

(2) 浮球式浮球开关

浮球式开关是另列一种形式的开关，这种浮球开关全身密封，用塑料护套线吊在水箱内，其外形象一个葫芦，其水银及触点藏于内部。

1) 浮球开关结构

浮球式开关机械结构比杠杆式浮球开关简单，发生故障的机会较少。它的结构如图4-22所示，它有三条引出线，如用两条引出线，浮球直立时电路接通，而当水箱的水浸过浮球时，它就会倾斜，使电路断开。如用另两条引出线，情况则相反，浮球直立时断开，倾斜时接通。但因为它是浸在水中，所以最好使用不超过36V的低压电，并选择低压控制（其线圈用低压）的接触器。

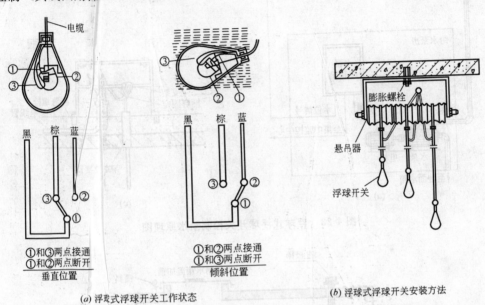

(a) 浮球式浮球开关工作状态   (b) 浮球式浮球开关安装方法

图 4-22　浮球式浮球开关结构图

2) 浮球开关工作原理

下面以天台水箱为例说明浮球开关的工作原理，水泵电动机的开车和停车分别由两个浮球开关控制，用法如图4-23所示，一个浮球吊在离水箱底部稍高的位置，当水箱的水位低过这个下限点时，浮球直立，浮球内的水银将开关接通，使接触点线路通电，吸动接触器，三相电源接通，电动机就带动水泵运转。

还有另一个浮球开关则吊在离水箱顶部溢水口稍低的位置，当水箱的水位逐渐升高浸过这个浮球时，它就会倾斜，里面的水银将电路断开，引起接触器线圈断电，释放接触器，电动机因无电供应而停车。要当水箱水位再低过下限时才会再次开启水泵，超过上限要再次停止水泵，通过这种方法使水箱一直保持有水状态，而又不致溢出水箱外。水箱内还可安装高低水位报警用浮球开关，当水箱水位超过报警水位时就会发出报警信号。报警信号可直接连接到大厦的管理处或控制中心，也可通过楼宇自动控制系统监视及控制给水系统的运行状态。

(3) 电子式水立控制开关

还有一种是电子水位控制开关，如图4-24所示，它的工作原理是有不同长度的电极

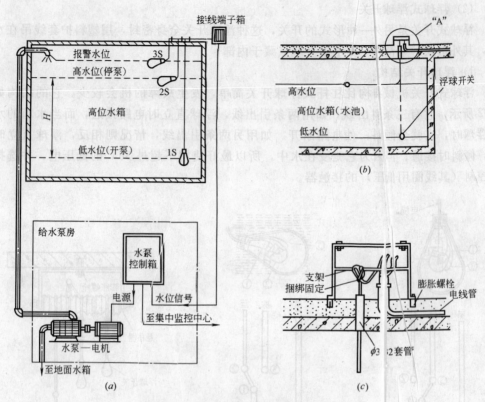

图 4-23 浮球式浮球开关控制给水原理图

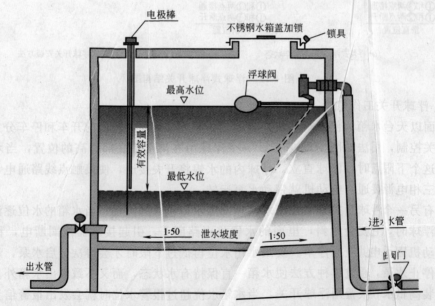

图 4-24 电子水位控制开关控制图

棒伸入水中，当水位达到一定高度时，会使两个电极棒同时浸入水中，水使两个电极棒导通，通过放大电路就可控制水泵运行。

电子水位控制开关优点是免除浮球开关的机械动作，从而排除了因机械动作引起的故障。缺点是其电子线路会产生故障，现在一般采用组件式，当电子线路发生故障时可以整个组件更换。

电子水位控制开关应用举例：

电子水位控制开关可用于污水井的排水控制。一般大厦的地下库都装有能排出污水的水泵，这是因为街道的地面水渠比大厦地下室的位置高，如果不用水泵，地下室内的污水就无法排出。现在一般用潜水泵，潜水泵安装在地下室的沙井内，地下室内各处的污水管接入这个沙井内，采用电子式开关控制，水满时潜水泵启动，直到沙井无水时潜水泵停车，同时还可以用于满水时报警。

8. 气室

气室的作用是为了减轻水泵内水流突然倒向的冲击压力，因为当水泵停车时，水管内的水突然倒流所产生的反向压力，有时能使水管破裂。同时还可减低由于水流突然倒向而产生的巨大声响。

9. 压力开关

用压力开关可设定压力的上下限值，控制水泵的自动运行。如在加压给水系统中，当加压罐的水压降低时，压力开关接通电路，控制水泵开启向加压罐供水增压；当水的压力达到设定的上限值时，水泵停止运行。

10. 压力表

用来测试给水压力，压力表有公制和英制两种，公制的单位是每平方厘米多少千克（kg/cm²）。

11. 水表

水表结构图见 4-25 所示，功能用于计量水的使用量。

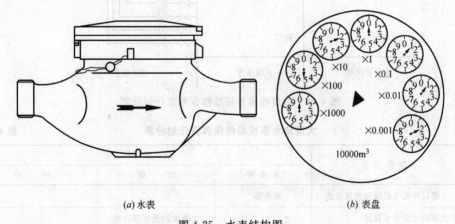

(a) 水表   (b) 表盘

图 4-25　水表结构图

安装要求：

（1）水表安装前须冲洗管道；

（2）水表必须水平安装，使水表读数字面朝上，箭头方向与水流方向相同；

（3）水表必须安装在周边环境干燥，拆装、维修方便的地方。建议安装在专用水表箱内；

（4）水表前后必须安装阀门。

第四节 给水系统的维修保养

水务署供应的饮用水,完全符合世界卫生组织的饮用水水质指引。然而,用户也必须持续妥善地维修楼宇饮用水系统,以保持饮用水的质量。

按照《水务设施条例》,大厦饮用水系统须由用户或管理公司负责维修。为防患未然,用户和管理公司必须定期检查维修大厦给水系统、定期清洗地面和天台水箱,并在发现毛病时及时进行维修。由于部分用户或管理公司不能妥善维修保养大厦给水系统,可能会造成下列影响:

(1)楼宇饮用水系统失修,导致饮用水变黄或不洁;

(2)水管堵塞或破裂会导致水龙头给水微弱或中断;

(3)在水管漏水情况严重时,更会导致顶棚或墙壁渗水,对他人造成滋扰。

所以,管理公司理应定时安排给水及排水系统的维修保养。由于输送到各单位的饮用水有一定的水压,因此,即使是轻微的漏水也可能导致水浸。大厦厕所内的各项给水及排水设备,因使用频繁,也容易发生毛病,均须定期保养。

一、给水系统责任划分

给水系统责任划分见图 4-26 及表 4-3。

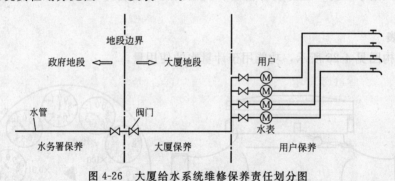

图 4-26 大厦给水系统维修保养责任划分图

大厦给水系统维修保养责任划分表 表 4-3

序号	保养内容	负 责 单 位		
		水 务 署	大 厦	用 户
1	大厦以外给水设施及大厦水表	水务署		
2	大厦内公众给水设施		大厦法团及管理公司	
3	用户水表	安装维修		保管
4	用户水表后给水设施			用户自己

1. 水务监督责任

根据《水务设施条例》规定,水务监督负责维修保养给水至用户大厦或地段界线的给水系统。另外,他们也负责安装及维修各用户的水表,至于保管水表的责任,则由用户负责。

2. 管理公司或法团责任

大厦内的街道及公共地方的水管，以至其他相关联大厦内的给水设施，包括水泵、水箱等是由大厦管理公司或法团负责维修保养。

3. 用户单位责任

根据《水务设施条例》的规定，用户必须负责维修保养其单位的给水系统。如发现水质因屋内给水系统的毛病而受到影响，有关用户须雇用持证水暖工检查屋内给水系统，以便就有关情况进行修补工程。业主外出时，必须检查水龙头是否已关妥。若某单位因漏水而导致大厦的公共地方或其他住宅蒙受损失，该单位的业主必须负责一切赔偿责任。

此外，他们也须妥善保管其单位的水表，避免被他人盗取。用户须确保水表安放在水表房或水表箱内，以免水表外露，受到天气、下坠物及其他不必要的外来干扰所影响。水表房也须保持整洁，使抄表人员容易抄读水表读数。

二、雇用持证水暖工

持证水暖工是持有根据《水务设施条例》所发的牌照，持证水暖工可进行与住宅及工商业大厦给水有关的各类水管安装工程，如建造、安装、保养、更改、修理或移动给水系统。持证水暖工的名单可向各水务署客户咨询中心或各区民政事务处查阅。

不论何时，管理公司均应雇用持证水暖工进行下列工程：

(1) 有关新设水表的水管安装工程；

(2) 安装用水器具，例如水箱、洗衣机、热水器或浴缸；

(3) 冲厕所水系统的任何装置、配件或附件；

(4) 安装或移动水龙头、水管及装置；

(5) 安装、拆除或修理消防用给水工程等。

除持证水暖工，其他人士如进行大厦给水设备的安装或改装工程，即属违法。然而，经水务署认为是性质轻微的饮用水系统更改或修理工作，无须持证水暖工进行，例如性质轻微的饮用水系统更改或修理工作，包括修理漏水的水管和更换水龙头的垫圈等。

三、大厦给水系统的维修保养

定期维修保养给水系统有助确保给水系统能够运作正常。及早发现和纠正给水系统毛病，也可避免供水突然中断，更可延长给水系统的使用年限。大厦的给水系统应交由服务质量良好的专业公司进行定期检查保养，特别是饮用水泵、咸水泵的保养（消防水泵一般是由消防保养公司负责）。

管理公司应保存有给水系统设计图纸及记录，以便检查给水系统及发生紧急事件时使用。此外，持证水暖工、房屋测量师或工程师应遵从生产商的建议或指示对水管、配件、水泵、减压阀、水龙头和其他阀门等进行预防性维修。如在检查期间发现任何毛病，应立即予以纠正。

1. 保养工作具体要求

见表 4-4。

2. 给水系统保养时要注意事项

(1) 过滤器内的杂物有否清除；

给水系统保养周期表　表 4-4

序号	保养内容	保养周期	保养人员	备　注
1	检查给水系统 （1）消除可能妨碍水泵运行的杂物； （2）添加足够的润滑油； （3）检查机座及所有连接部分； （4）检查水泵电动机运行； （5）检查水泵轴是否对中； （6）检查水泵系统是否运行正常； （7）检查水泵的供电系统； （8）留意水管爆裂或漏水	每月一次	持证水暖工、房屋测量师或工程师	有需要时可增加次数
2	检查大厦内所有的水箱、浮球阀、浮球开关等	每月一次	持证水暖工	这一点很重要，因为如果浮球阀或浮球开关发生故障，可能会发生严重的水浸现象，引起巨大损失
3	阀门加上润滑油	每三个月一次	持证水暖工	平时少用的阀门要试转几下
4	过滤器拆开清洁	每年一次	持证水暖工	或根据需要清洁
5	检查水泵及水管是否生锈	每三个月	持证水暖工	若生锈要及时除锈及油漆
6	检查和保养大厦内的厕所设备	经常	持证水暖工	
7	家庭用储水式电热水器	最少每年一次	持证水暖工或电工	

（2）检查机座是否牢固；

（3）有否水泵添加润滑油；

（4）机身发出声音是否异常；

（5）水泵外壳有否发热；

（6）有否运行空泵等。

维修保养工作完成后，应操作水泵控制箱看各项设施操作是否正常。

四、水泵的维修保养

1. 水泵的维修保养方法

（1）保持水泵在正常情况下运行；

（2）应用阀门调节流量、扬程，不得超载运行；

（3）水泵每运转 2500h 进行一次大检修。

2. 水泵常见故障的排除方法

水泵常见故障的排除方法见表 4-5。

3. 水泵保养注意事项

由于水泵受水箱浮球开关自行控制，处于自动启动状态。天台水箱会因为没有水，使浮球开关控制水泵随时自行启动。应特别注意以下事项：

（1）水泵、电机上及附近不要摆放任何物品，以免电机启动时影响运行；

（2）平时人员不要接近水泵，以免水泵自动启动时发生危险；

（3）水泵在检修时，一定要按下紧急停止按钮及关掉电源开关。

水泵常见故障的排除方法　　　　　　　　　　　　表 4-5

序号	故　障	原　　因	排　除　方　法
1	不上水或水不足	(1)输水管漏水严重或水管脱开； (2)电机转子和轴松动； (3)水泵部分叶轮松动； (4)电机反转； (5)管路堵塞	(1)更换输水管； (2)更换转子； (3)重新装配叶轮； (4)调换电源接头； (5)清除堵塞
2	水泵流量降低	(1)密封环严重磨损； (2)滤水网、导流壳、叶轮流道被堵塞； (3)水泵出口处止回阀关闭不严，有漏水出现； (4)水位下降超过水泵额定扬程	(1)更换密封环； (2)清除堵物； (3)维修或更换止回阀； (4)更换高扬程泵
3	机组剧烈振动或电流过大，电表指针摆动	(1)泵轴或电机轴弯曲； (2)泵轴、电机轴和轴承磨损严重； (3)电机转子扫膛； (4)叶轮、转子不平衡； (5)连接螺栓松动； (6)水泵低扬程大流量电机超载； (7)井水涌现水量不够，间歇出水	(1)修理或更换泵轴和电机轴； (2)更换轴承； (3)找出原因进行修理； (4)重做动平衡或更换转子； (5)上紧螺栓； (6)加阀门控制流量在工作点进行； (7)加阀门控制出水量
4	电机不能启动，有嗡嗡声	(1)断相； (2)电压过低； (3)轴承抱轴； (4)叶轮与密封环之间锈死等； (5)泵内有异物卡死叶轮不能转动	(1)检修线路或启动设备； (2)调正电压； (3)修理轴及轴承； (4)撬动水泵旋转或拆下水泵重装； (5)取出异物
5	绝缘电阻过低，绕组烧毁	(1)接头进水； (2)绕组破坏； (3)电缆破裂； (4)缺相运转； (5)长时间超载运转	(1)修接头； (2)包扎或更换绕阻； (3)包扎电缆； (4)检查线路与设备； (5)降低负荷使电机电流不超过铭牌规定值

五、给水系统常见问题及处理方法

给水系统常见问题及处理方法见表 4-6。

给水系统常见问题及处理方法　　　　　　　　　　表 4-6

序号	问　题	可　能　成　因	处　理　方　法
1	饮用水变黄	出现砂粒及水管生锈或储水箱肮脏，有沉积物	可考虑更换水管或清洗水箱
2	给水中断	给水管道破损、出现渗漏情况、储水箱、水管(接口)或阀门损毁	抓紧维修
3	饮用水不洁	水箱有藻类滋生，污物或沉积物进入水箱，欠缺水箱盖或箱盖损坏	清洗水箱，维修水箱盖
4	水压或水流不足	用水量突然大增，给水系统在水表后出现漏水，给水系统组件如水表前或阀门出现阻塞或漏水	维修漏水部位，维修堵塞的管道及阀门
5	水泵或入水处发出噪声	水泵损坏或水压不均	维修水泵

续表

序号	问　题	可　能　成　因	处　理　方　法
6	水泵运行时泵头射水	水泵水封损坏	似情况暂时用塑料布之类物体遮挡,以免水淋湿损坏水泵电机,然后安排维修
7	水泵转动而不上水	地面水泵进入了空气	如果是进入了空气,将水泵的放气阀打开排出空气至有水,然后拧紧放气阀便有水上
8	水泵电机不运行,天台水箱无水	(1)地面或天台水箱浮球开关失灵; (2)开关跳闸; (3)烧保险丝	(1)进行维修; (2)先检查线路,无问题时,就将跳闸按复原位; (3)需更换新保险丝
9	地面水箱满溢	浮球阀损坏	检查维修
10	天台水箱满溢	天台水箱浮球开关损坏	检查维修

六、管理公司在给水系统保养及维修方面须注意的事项

1. 日常巡楼时,管理人员应注意各处水泵房的水泵运行时发出的声音是否正常,水泵是否有不正常振动,是否有水从泵房流出,如觉得有异常情况,例如冒烟或发出不正常声响,水管、水箱及水龙头等有漏水,应立刻通知有关人员处理。

2. 清楚了解大厦给水系统各项设备的位置,尤其是总阀门及分阀门等位置,以便水管爆裂时,能尽快前往关上阀门,避免出现水浸而产生损失。

3. 凡是用户忘记关水龙头,或厕所水箱浮球阀损坏而有大量水流出走廊或大堂时,应先设法阻止水流入电梯,然后关闭有关用户的给水阀门。

4. 水泵房要保持良好通风,不能太潮湿或太热,以免影响泵房内电气设备,损坏水泵及使管道生锈。

5. 水泵房爆水管,水花溅湿电气设备时,进入水泵房,要穿着胶鞋或戴胶皮手套,以防有漏电危险。

6. 水箱浮球开关故障时,天台水箱溢水口会有大量的水排出,天台各排水渠口,要经常清理垃圾,以免阻塞而发生水浸,造成损失。

7. 要注意大厦水箱有无裂缝或生锈现象,如有则要进行修补或油漆。水箱盖要盖好,以免沙尘及不洁杂物落入污染饮用水。饮用水箱盖应锁上。

8. 修理水泵、水管时,要雇用有证的合格保养公司或技工。

9. 当大厦的水泵或水管过于残旧及经常发生故障时,应考虑更换。

10. 经常检查厕所冲水箱及洗手盆龙头有否漏水或滴水,渠口、地下沙井及排水管是否有水渗出,如有发现上述问题,应尽快通知工程人员修理,在维修人员未到达前,管理人员可先行关掉水泵及有关阀门。

七、安装家庭用储水式电热水器须知

用户如要安装储水式电热水器,须先向水务监督申请。申请时须一起提交有关的水管

装置图和炉具的详细资料。

无排气管储水式电热水器的安装方法应符合电器产品（安全）的规定。工程须由曾接受安装此类热水器适当训练的持证水暖工或电工负责。

要确保无排气管热水器的操作安全，正确安装安全装置，炉具于安装后应适当保养。切勿试图更改或乱动该安全装置，并须雇请持证的水暖工或电工进行最少每年一次的保养检查。

第五节 给水系统常见问题及处理方法

经水务署滤水厂处理后的饮用水是卫生的，带有非常轻微的氯气味道，只有味觉敏感的人才会察觉，可直接饮用，无须煮沸。有时自来水会呈奶白色，这可能是饮用水系统内抽进空气形成小气泡。这种现象与水质无关。当小气泡穿破，饮用水便会再次变得清澈。如果给水系统欠缺保养，大厦的给水系统就会出现问题，常遇到的给水系统问题包括水质问题、水压微弱及无水供应等。下面介绍给水系统常见问题及处理方法。

一、饮用水变黄现象的处理

当饮用水经大厦的水管送往用户时，水质未必如滤水厂输出时的质量一样，原因是过去香港多采用无内搪层镀锌钢管，这种钢管用上数年便开始生锈，当饮用水在生锈钢管内停留一段时间后即会变黄。而饮用水如在水管内停留一夜后变黄的现象尤其显著。在大多数情况下，虽然变黄的饮用水并不美观，但是由于含铁量极微量，因此仍然适宜饮用。事实上，一般人每日从食物中所吸取的铁质远远超过从饮用水中所吸收的铁质。据了解，人们饮用含有微量已溶解铁质的水不会有害健康。

在正常情况下，只须开动水龙头冲洗片刻，水带微黄的问题通常均可解决。如果问题持续，我们建议用户应向邻居查询水质是否正常。如果邻居单位水质正常，问题便很可能出于用户的饮用水系统，用户应立即聘请持证水暖工检查给水系统；如果邻居也有水质问题，用户应向管理公司查询，看看是否因大厦天台水箱及地面水箱不洁或公共水管锈蚀所致。至于饮用水变黄情况严重，如需改善，业主及管理公司则要考虑更换水管。

水箱的保养也十分重要，水箱污浊也会影响水质，因此你必须注意及敦促大厦管理公司要经常清洗水箱，并妥善维修及保养大厦的给水系统。如对给水系统的清洁有怀疑，可考虑将饮用水煮沸后才饮用。

二、水压低

用户如果发觉水龙头的水流小，用户可拆开水龙头口的过滤网进行清洗，若无效，应向管理公司查询，看看问题是否由楼宇的工程、水泵或给水系统（如主阀门等）故障引起。如果问题并非由上述故障引起，用户可聘请持证水暖工进行检查。

三、无水供应

如给水中断，请先向邻居及大厦管理处查询，以查看是否其他住户出现同样问题。如果邻居的给水正常，问题便很可能出于用户的给水系统，用户应立即请持证水暖工检查住户的给水系统。

如果邻居单位也无水供应，用户应向管理公司查询，看看问题是否因大厦公用给水系统有毛病或紧急维修工程所致。可能的原因包括：

（1）大厦的总阀门或水表前的阀门未完全开启（大厦管理员应知道阀门的位置）；

（2）因欠缴水费或未有遵照"要求用户进行修理或其他工程通知书"的规定而被拆除水表；

（3）内部给水设备漏水或出现其他毛病。

四、给水漏水的检查方法

用户或管理公司可按照以下简单的自行检查方法，检查饮用水系统是否漏水：

（1）将楼宇内所有水龙头关紧；

（2）比较开始时及 30min 后的水表度数（如有需要，可用更长的时间），以查看水表是否有记录流量；

（3）如果水表在所有水龙头紧关下仍记录流量，这显示饮用水系统可能漏水，用户或管理公司应请持证水暖工进行调查，并立即进行维修。

请注意，以上方法不能查出非常微量的漏水，例如渗漏。如果出现渗漏，用户或管理公司应聘请持证水暖工进行详细调查并进行维修。

五、给水管堵塞的疏通

如果给水管发生堵塞，堵塞的部分大多发生在阀门、过滤器、水表或水龙头的部分，可拆开检查。如堵塞是在水管部分，也可参照疏通排水管的方法疏通水管。

六、电热水壶沉淀物的处理方法

经处理的饮用水在视觉上是清澈透明的，其实香港饮用水属于软水类别，含有微量的矿物质。假如你经常使用电热水壶，但用后并没有彻底清洗，过了一段时间，矿物质便会积聚及黏附在电热水壶内。积聚在电热水壶内的矿物质主要是钙化物，这种现象在外国饮用硬水的地方比较普遍。微量的钙化物不会对水质和健康构成影响。

假如用户要清洗电热水壶，最简单的方法是尝试用少许柠檬汁，去清除黏附在或沉淀于电热水壶内的矿物质。

七、滤水器或净水器的使用

在楼宇前，水务署供应给客户的饮用水水质完全符合世界卫生组织的饮用水水质指引。只要饮用水流经楼宇饮用水系统时不受污染，无须使用滤水器或净水器。

用户如在饮用水系统使用滤水器或净水器，应加以妥善保养，定期清洗滤水器或净水器或更换滤芯。滤水器或净水器一旦保养不当，很容易成为细菌温床，危害健康。

八、饮用水系统部件的检查核对表（表4-7）

饮用水系统部件的检查核对表　　　　　　　　　表 4-7

序号	部位	检查者	检查项目	检查结果	建议及跟进行动
1	给水系统	管理公司	饮用水箱是否接到消防水箱？	是	这会构成污染饮用水系统的危险，管理公司应立即申请独立消防给水
			原先批准使用水泵给水是否改为直接给水？	是	这会构成水压低，应立即请持证水暖工回复原先批准的水泵给水
2	用户水表	管理公司及用户	水表能否正常转动？	开动水龙头时，水表并无记录流量。或当水龙头的水流稳定时，水表记录的流量起伏不定	水表可能有毛病，请要求水务署安排检查
			当单位内所有水龙头均关闭后，水表是否显示仍有流量？	是	这是水管漏水的迹象，应请持证水暖工检查
			水表是否装放在水表房或水表箱内？	否	为避免恶劣天气、下坠的物体和其他不当的外来干扰，应请持证水暖工把水表装放在水表房或水表箱内
3	水管	管理公司及用户	管道或配件是否安装妥当？	管道或配件安装松散	这会导致管道接口或配件滴水和发出振动噪声，应聘请持证水暖工安装支座或配件
			有否发出振动噪声？	迅速开动或关闭水龙头或阀门时，会发出振动噪声	为避免发出振动噪声，应缓慢开动或关闭水龙头或阀门。如果噪声持续，应请持证水暖工检查
			水管是否状况良好？	水管表面有裂痕	水管可能会漏水甚至爆裂，应请持证水暖工检查及更换
			水管有没有任何锈蚀或漏水的迹象？	有	应请持证水暖工检查及将锈蚀或漏水的水管更换
			废弃的水管及配件是否已切断给水？	否	应请持证水暖工切断废弃水管及配件的给水，并于切口处安装盲板
			饮用水管是否接到冲厕所水管？	是	这会构成污染饮用水系统的危险，应请持证水暖工立即拆除连接管道
4	水龙头	管理公司及用户	水龙头是否滴水？	水龙头正在漏水	应请持证水暖工修理或更换
			水龙头或出水口有否安装任何附加装置（包括软管），令水回流？	水龙头或出水口安装了附加软管	为避免水回流至饮用水系统，应拆除附加装置
			大厦停车场有否设置足够水龙头，以作洗车或洗地用途？	否	请向水务监督申请足够水龙头，以作洗车或洗地用途
5	阀门	管理公司及用户	阀门是否运行正常？	阀门的部件未能运作自如，或阀门在运作时漏水	阀门未能妥善运作，应请持证水暖工修理或更换
6	减压阀	管理公司	下游的水压是否校定于设计值？	否	减压阀未能妥善运作，应请持证水暖工检查减压阀，并在需要时将之更换

续表

序号	部位	检查者	检查项目	检查结果	建议及跟进行动
7	水表房或阀室	管理公司	检查水表房门或阀盖是否容易打开?	否	为方便抄录及维修水表,应保持检修门或阀盖容易打开
			水表房或阀室是否有足够的面积、高度、照明、通风和排水设备、良好卫生环境及独立入口?	否	为方便抄录及维修水表,水表房或阀室应提供足够的面积、高度、照明、通风和排水设备、良好卫生环境及独立入口
8	水泵	管理公司	水泵运作时,是否发出异常声音?	水泵运行时发出异常声音	这是水泵运行欠佳的迹象,应请持证水暖工检查及维修水泵,并在需要时将之更换
			水泵各部件是否锈蚀?	水泵若干部件有锈蚀的迹象	应请持证水暖工拆除适宜锈蚀的部件,并换上不易锈蚀的部件
9	水箱	管理公司	饮用水水箱与冲厕水箱是否接触?	是	这会对饮用水水箱造成污染,应请持证水暖工立即拆除接触管道
			水箱是否漏水或溢流?	水箱有滴水、溢流的迹象	这是水箱运行欠佳的迹象,应聘请持证水暖工检查水箱,并纠正有关毛病
			水箱各部件是否锈蚀?	水箱若干部件有锈蚀的迹象	应请持证水暖工拆除锈蚀的部件,并换上不易锈蚀的部件
			水箱的支座是否坚固稳妥?	否	妥善安装水箱支座
			入口盖是否已复式封闭及锁上,防止雨水及昆虫进入?	否	应更换可锁上的复式封闭入口盖
			饮用水箱内的所有地面、墙壁及顶部,是否均铺设无毒白色光滑饰面(如瓷砖等)?	饮用水箱内的所有地面、墙壁及顶部未全部均铺设无毒白色光滑饰面	为方便清洗水箱,应为所有饮用水箱内的地面、墙壁及顶部,铺设无毒白色光滑饰面(如瓷砖等)
			有否设置告示牌或告示板,记录清洗水箱的日期?	否	应设置告示牌或告示板记录清洗水箱日期。告示牌或告示板应稳固地设置在住户及大厦管理处人员易于前往及可见的地方

第六节 清洗水箱指引

大厦内的给水系统通常包括地面水箱及天台水箱各一个。根据水务署的规定,大厦内的地面及天台的水箱,必须保持清洁。管理公司应安排人员定期按正确程序清洗所有水箱,尤其是饮用水箱,以防止水箱内积聚污垢及铁锈等杂质,而导致水表堵塞及饮用水变黄。

清洗水箱工作要由专业人员进行。不是专业人员,在清理箱底时稍不留意就会把泥沙冲入到各用户的水表阀门前,将水管堵塞,成为洗了水箱,反而无水来的现象。清洗水箱人员还要注意大厦的水箱有无裂缝、生锈或漏水等现象,如有要进行及时维修。水箱盖要盖好并要上锁,以免尘埃或杂物进入污染水质,水箱盖的钥匙应由管理处保管。

当工人进行清洗大厦天台水箱工作时,有可能发生高处坠下的危险,故此,在这种危险的工作地方应加上合适的安全围栏,以防止这种意外发生。同时,并须提供安全的往返或进出工作地点的通道。

1. 水箱清洗次数

每年需要制定地面和天台水箱的清洗计划,以确保用户得到清洁饮用水及冲厕所水使用。清洗水箱的周期表见表4-8。

水箱清洗周期表　　**表 4-8**

序 号	水 箱	清 洗 周 期	备 注
1	饮用水	三个月一次	水务署建议。如有需要,可增加清洗次数
2	冲厕所水	半年一次	水务署建议

2. 清洗水箱前的准备工作

清洗水箱前,应做以下准备工作:

(1) 把清洗工作编排于较少住户用水的时间进行,尽量减少对大厦住户造成不便;

(2) 管理处在大厦显眼处张贴告示,通知住户有关清洗水箱的日期和暂停给水时段,并提醒住户在清洗水箱前后要注意的事项,例如关闭所有水龙头和留下紧急联络电话号码;

(3) 与清洗人员协商放水的时间,放水的速度不能太急,以免引致水浸等;

(4) 查核清洗水箱程序是否符合有关法例规定,例如香港法例第 59B 章《工厂及工业经营(密闭空间)规例》的规定;

(5) 聘请能胜任清洗水箱工作并熟悉有关程序的人员或代理人清洗水箱。

3. 清洗水箱程序如下:

(1) 关闭水箱的进出水阀门;

(2) 把水箱内的水经排水管排出;

(3) 用饮用水彻底清洗及擦净水箱和进出水管;

(4) 把清洗过的水经排水管排出;

(5) 用最少每百万分含 50 单位氯溶液的氯化石灰或漂白粉溶液彻底擦净水箱;(就氯化石灰或漂白粉内含有 33% 重量的有效氯而言,在 100L 的水中混入 15g 重的氯化石灰或漂白粉,便可制成每百万分含 50 单位的氯溶液。戴上防护手套小心混和溶液);

(6) 用饮用水彻底冲洗水箱;

(7) 把清洗过的水经排水管排出;

(8) 将水箱重新灌注饮用水;

(9) 开启进出水阀,水箱便可供使用。

4. 事后检验

开水泵,要注意是否有水上升,避免行空泵。就有关清洗水箱的过程和工作程序,管理公司应于清洗工作完毕后进行检验,并就清洗工作所遇到的问题及接获的投诉对住户作出适当的响应。

5. 风险评估

由于水箱是一个封闭的环境,因而会产生一些预想不到的危险,例如氧气不足或其他危险性气体的现象。所以,水箱是"密闭空间"的一种。而进行任何密闭空间工作须符合《工厂及工业经营(密闭空间)规定》,只有"批准工人"才可进入或在其内工作。

在容许"批准工人"进入水箱工作前,雇主或承办商须委任"合格人员"对清洗水箱工作进行危险评估及作出安全建议,并须发出证明书,表明已确定就危险评估报告指出具危害性的事物、已采取了所有需要的安全预防措施(包括截断水源,进行气体测试及有足够可供呼吸的空气)及工人可安全地逗留在水箱内工作的时间。

当有人在水箱内进行工作时,雇主或承包商须确保有人在水箱外,与在水箱内的工人保持联络,并确保所采取的安全预防措施持续有效。其次,需要制订和实施紧急应变程序，处理可能发生的危险事故，提供足够适当的救生器具。根据法规要求，"合资格人员"及"批准工人"均须曾经完成有关密闭空间工作的认可安全训练课程，并持有有效证书。为确保工人的安全和健康，雇主或承办商也须提供有需要的数据、指示、训练及督导。

6. 清洗水箱工作单

清洗水箱工作单

大厦名称：   工作单编号：

签发工作单		
清洗日期：　　　年　　　月　　　日　　□上午　　□下午　　□全天		
批准工人		
姓名		
证件编号		
工作单签发人：		
风险评估		
合资格人士签字：		
清洗水箱工作（批准工人填写）		
关闭水泵及进水阀	□正常;□其他：	
穿着防滑雨鞋及清洁衣物	□正常;□其他：	
高温作业时,应配鼓风机	□正常;□其他：	
经排水管排水	□正常;□其他：	
清洗水箱	□正常;□其他：	
关闭排水管	□正常;□其他：	
开启水泵及进水阀	□正常;□其他：	
重新灌水到水箱	□正常;□其他：	
其他情况：		
水箱检查（批准工人填写）		
1. 水箱箱体　□正常;□其他：		
2. 浮球阀　□正常;□其他：		
3. 浮球开关　□正常;□其他：		
4. 水泵给水　□正常;□其他：		
5. 水箱盖及锁　□正常;□其他：		
6. 其他情况：		
完成工作评语（批准工人填写）		
工作时间：　　　时　　　分开始　至　　　时　　　分结束		
批准工人签字：　　　　　　　管理处签字：		

注：此单由批准工人持有，工作完成后，交回工作单签发人。

第七节　给水管更换工程

饮用水水质会受饮用水系统状况影响，饮用水水质又往往与楼宇的楼龄息息相关。自1995 年 12 月起，新建楼宇的饮用水系统或现有楼宇的水管更换工程，均禁止使用无内搪层镀锌铁管及配件。因此，要避免水管生锈，于 1995 年后落成或更换水管工程的楼宇均已采用耐腐蚀的水管，包括内搪层镀锌钢管、铜管、不锈钢管和聚乙烯管等。

用户或管理公司如果遇到因水管或有关装置出现锈蚀而引起的水质问题，应考虑拆除锈蚀的水管，换上新的水管。如要进行水管更换工程，用户或管理公司应先取得水务署的批准，方可进行水管更换。

屋宇署提供"楼宇安全贷款计划"的贷款，其目的是资助各类私人楼宇（包括住用、综合用途、商业及工业楼宇）的个别业主，以便进行改善其楼宇的维修工程，其中包括给水系统及水管更换工程。用户或管理公司如进行有关工程而需要贷款，可向屋宇署申请。

第八节　控制给水系统噪声的方法

给水系统是大厦内常见的噪声来源，并可能对住户造成干扰。管理公司应制定一个定期保养设备的时间表，妥善维修保养大厦内的给水设备及装置，确保它们操作正常，不会产生过大的噪声或振动。

管理人员若发现给水系统有不寻常或过量的噪声，应立刻找出噪声原因，然后采取适当的修复措施。管理人员应留意，一个操作正常的强力抽气扇或高性能冷凝器，也会产生扰人的噪声。在这些情况下，应采取额外的措施减低噪声，如设置隔声板、静声器或隔声百叶等。

虽然水泵大多位于机房内，其振动却常可通过地板或其他结构件传送至大厦内敏感的地方，如住宅或教室等。应用弹簧或橡胶垫装置，将水泵及水管与机房结构分隔开来。至于穿越楼板或墙壁的水管，应用避振物料，如橡胶套或玻璃纤维包好。

若要改建或更换给水系统，除了考虑性能外，水泵或活动零件是否能宁静操作，也是一个重要因素。设计时应尽量将噪声的操作系统搬离对噪声敏感的地方，或加上适当的隔声屏障或物料。

一、防止噪声问题的方法

1. 设备的安装位置

设备的安装位置应远离住户单位及学校教室等噪声感应强的地方。在条件许可下，设备应放置在厚壁的机房内或远离任何噪声感应强的地方，务求设备与噪声感应强的地方之间的视线受阻。假如因为空间或其他条件下，嘈吵的设备必须置于噪声感应强的地方附近，则应采用足够的噪声控制措施。为减少噪声，可采用浮动混凝土底座、金属弹簧、避振软垫及弹性接口等措施。

2. 选择噪声低的设备

一般而言，噪声低的设备普遍比较昂贵。但是长远来说，购买噪声低的设备较购买廉价的设备后再作消减噪声的处理更为经济（例如：超静水泵）。大多数设备已有一系列噪声控制装备作为处理其本身噪声之用。当购买新设备时，宜说明所需噪声声级规格，这样，设备供货商就能挑选合适的设备及噪声控制装备以符合所需的噪声声级规格。

3. 定期保养

为了防止现有设备的噪声增加，用户应制定定期保养计划以确保设备正常运行及其发出的噪声或振动受到控制。保养项目包括给设备活动部分添加润滑油、拧紧松脱的零件、更换损坏的组件及调校设备组件等。测量设备不同频率的振动有助于了解过量振动或噪声的原因。

二、给水系统的噪声问题及解决方法

1. 经空气传递的水管噪声

（1）问题

水在水管内流动导致管壁振动而散发的宽带噪声可对附近的居民造成噪声干扰。水流因水管内的障碍物（例如：急变的弯位或阀）而须突然改变流向将产生很大的噪声，而噪声会随水流量增加而增大。

（2）解决方法

1）增加管道的转弯半径以减低管壁的振动；

2）配备适当的避振器，以减低水管振动；

3）采用水管横挡板以减弱水管的噪声；

4）采用较大水管或调校水流速度至低于每秒 2m，以减低水管振动。

2. 经结构传递的水管噪声

（1）问题

水在水管内流动而产生的振动可经连系水管的建筑物结构传至室内。假若水管与较大平面（例如：墙壁或地台）有直接接触，振动将更趋严重。这些振动可触发建筑物结构发出噪声而骚扰到大厦内的居民。

（2）解决方法

1）利用避振器使水管于墙壁、顶棚或地面与建筑物结构隔离；

2）采用可压缩物料分隔水管与其穿透的地板和墙壁位置，使水管与建筑物结构隔离；

3）安装减压阀以控制水压及水流量，从而减低水管的振动。

3. 经空气传递的水泵噪声

（1）问题

水泵发出的噪声主要来自磨损的轴承。但是水泵本身所发出的噪声通常少于其连接的电机。电机噪声主要由冷却扇产生的大量空气流动所引致，这些噪声可对附近的居民造成噪声干扰。

（2）解决方法

1）更换磨损的轴承以减低噪声；

2）在水泵组与附近住宅大厦之间加设隔声障屏以阻碍噪声的传递；

3）采用局部隔声罩以围封及吸收从噪声源所发出之噪声（噪声消减可达至 10 分贝）；

4）采用完全隔声罩附以进气口及排气口消声器以围封及吸收从噪声源所发出之噪声

（噪声消减可达至 30 分贝）；

5）将水泵安装在设有进气口及排气口消声器及隔声门的机房内（噪声消减可达至 30 分贝）。

4. 经结构传递的水泵噪声

（1）问题

假若水泵直接安装在承托的结构上而缺乏适当隔离，其产生的振动可通过建筑物结构传至室内。这些振动可触发建筑物结构发出噪声而干扰到大厦内的居民。

（2）解决方法

1）以浮动混凝土底座支撑水泵，从而增加整个系统的坚硬性和稳定性；及以避振器支撑浮动混凝土底座使其与建筑物结构隔离；

2）利用弹性接口连接水泵及其水管组以避免水泵的振动传至水管（噪声消减可达至 20 分贝）。

以上的解决方法只为某一特别噪声问题而建议。在真实环境中，噪声可能由多个声源造成。在这种情况下，可能需要同时采用多种解决办法解决噪声问题。

三、不同噪声建议解决方法

以下列举一些噪声的解决方法，如表 4-9 所示。读者遇疑问或复杂问题时应征求专家的意见。

建议解决噪声的方法　　　　　　　　　　　　　　　　　表 4-9

噪声来源	噪声超出水平(dB)	建议解决方法
轴承噪声	<15	更换损坏轴承
	>15	用较宁静水泵或重新安装水泵于其他地方
水泵噪声	<10	安装隔声屏障
	10~20	安装局部隔声罩
	>20	安装完全隔声罩及消声器
经结构传递的噪声	<20	安装浮动混凝土底座和避振器
水泵噪声	>20	安装弹性接口； 重新安装水泵于其他地方
水管噪声	<10	避免急变的曲位； 水管横挡板； 低水流速度； 以坚硬座架固定弯位
	>10	安装局部隔音罩
重新安装水管设备于其他地方	<20	将水管隔离； 安装避振器； 安装减压阀
	>20	重新安装水管设备于其他地方

四、法定噪声管制

假如抽水系统所发出的噪声在特定噪声感应强的地方（例如：住宅大厦或学校）并不

符合管制非住用处所、非公众地方或非建筑地盘噪声技术备忘录内所载的可接受的噪声声级，有关当局会根据该技术备忘录向该系统的拥有者或操作者发出消减噪声通知书，借此实施管制。

在一特定的噪声感应强的地方，如其评估位置在外墙 1m 外，其可接受的噪声声级（dB）在表 4-10 所示。

在外墙 1m 外的可接受的噪声声级（dB）　　　　表 4-10

噪声感应强的地方所在地区的种类	时 间	
	白天及晚上（07：00 时至 23：00 时）	晚上（23：00 时至次日早 07：00 时）
市区	65～70	55～60
郊区	60～65	50～55

但在以上技术备忘录列明的某些情况下，而评估位置位于大厦室内，其可接受的噪声声级应较表 4-9 所载的低 10dB，而可接受的噪声声级在表 4-11 所示。

室内的可接受的噪声声级（dB）　　　　表 4-11

噪声感应强的地方所在地区的种类	时 间	
	白天及晚上（07：00 时至 23：00 时）	晚上（23：00 时至次日早 07：00 时）
市区	55～60	45～50
郊区	50～55	40～45

大部分给水系统噪声问题均由通过建筑物结构传递的振动所致。读者在决定适用的可接受的噪声等级时，应参考上述提及的技术备忘录。

第五章 排水系统

大厦排水系统分地上及地下排水系统两部分（包括一系列的沙井接至政府铺设的排水系统）。大厦内各层单位的厕所与厨房所有的给水及排水设备都接到大厦的公共系统上，法团及管理公司须负责所有公共部分给水及排水系统的正常运行。管理公司要维修保养大厦的给水及排水设备，包括地面及天台水箱、公众水管、泵房中一切设备及公共厕所内的一切有关给水及排水设施等。管理公司在维修保养给水及排水系统时，要非常留意漏水及水泵的运行。要留意排水系统是否有堵塞情况，尤其在雨水季节，排水管会因为下雨天使管道造成堵塞，可以对用户带来影响。

第一节 排水系统的组成

排水系统可分为污水排水系统及清水排水系统。污水排水系统主要排放厨房及厕所的生活污水。清水排水系统主要用作排放雨水及空调机排水。排水系统设备包括排水管、过滤器及沙井、潜水泵等。排水管不可随便接，例如洗涤盆排出的污水不可连接到清水管。排水管道的出口应保持清洁，以防止废物冲进渠道造成堵塞。沙井应定期检查，如发现堵塞的情况应及时处理。

排水系统的维修责任，一般可依据发生问题的管道属公用或用户单位使用而区分，例如雨水渠爆裂应由法团或管理公司负责修理，而连接用户单位的分支水管损坏，则应由该单位的业主或住户负责。

一、大厦排水系统的组成

图 5-1 是大厦排水系统示意图。每幢大厦都有一条排水主管从天台一直通到地下，然后转弯经过一系列的沙井，再伸延接到后巷或街道上政府建设的地下排水系统。大厦内各层用户单位的厕所与厨房等所有设备的排水管都接到排水主管上，以便把污水、粪便等经排水主管排放出外。故此，排水主管一般的口径较大，以便能把大量的污水和粪便迅速排出。各部分作用如下。

1. 气管的作用

大厦有一条主管由天台通到地下，与大厦内的厕所与厨房等的排水设备连接，但它并不排水而是用来通气的，其作用是消除排水管内有水流动时所产生的虹吸作用，所以被称为反虹吸管或称气管。装了气管后，大厦内某一厕所或厨房的设备排水时，就不会影响其他同类的设备。否则，排水就会产生虹吸作用，不但排水不畅顺，还会对其他的厕所设备有所影响。气管与排水主管都通到大厦的天台，其终端都要开口，但也可在大厦的顶层把排水主管与气管接在一起。天台终端开口上面都有一个球形网罩，作用是防止外面的杂物掉进排水管内。

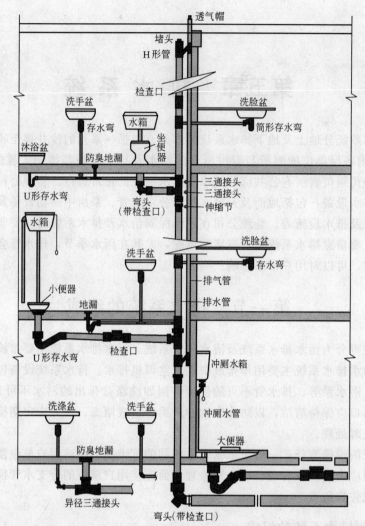

图 5-1 大厦排水系统示意图

2. 窗口及孔眼的作用

此外，排水管多处地方都有窗口或孔眼，以便排水管发生堵塞时，可以打开窗口或孔眼伸进合适工具作通管之用。

二、潜水泵

潜水泵通常安装在地下的沙井内，用于排放废水之用。

1. 潜水泵控制原理

图 5-2 是潜水泵排水控制示意图。潜水泵排水设备包括潜水泵、水泵控制箱、浮球开关等。潜水泵电动机的开车和停车分别由两个浮球开关控制，一个浮球开关吊在沙井上部的位置，当沙井的水位高过这个上限点时，浮球倾斜，浮球内的水银开关接通，使控制箱内的接触点线路通电，吸动接触器，三相电源接通，电动机就带动潜水泵运转排水。

还有另一个浮球开关则吊在沙井底部稍高的位置，当沙井的水位逐渐降低，这个浮球就会直立，里面的水银开关电路断开，引起接触器线圈断电，释放接触器，电动机因断电

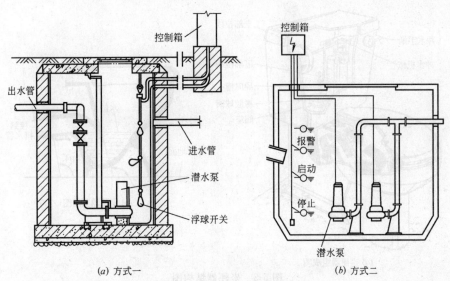

(a) 方式一 　　　　　　　　(b) 方式二

图 5-2　潜水泵排水控制示意图

停止排水。要当沙井水位再次高过上限水位时，才会再开启水泵，超过下限就再次停止水泵，通过这种方法控制使沙井一直保持不超过上限水位。沙井内还安装一个高水位报警用浮球开关，当水位超过这个高度时，就会发出报警信号。

2. 潜水泵维修保养方法

潜水泵安装在沙井内用来排放污水，由于沙井内有许多杂物，如棉线等，有可能缠绕在潜水泵的叶片上，而影响潜水泵的正常运行。所以潜水泵应经常检查保养，应至少每三个月将潜水泵从沙井中取出来清洁一次，清理叶片上的杂物，检查测试浮球开关等。

三、厕所设备

1. 坐便器

每一个坐便器都有一个独立储水冲水水箱，水源来自位于大厦天台的水箱，香港通常是用海水冲厕所，为避免管道被腐蚀，通常使用塑料水管。每一个厕所的水管通常设有两个阀门，一个是总阀门，另外每一个坐便器的冲水水箱设有阀门，安装在冲水水箱旁边，装上两种阀门的目的是为了方便修理工作，当需要修理某一个坐便器的水箱，可把该水箱的阀门关掉，避免影响其他厕所的继续使用。

（1）坐便器的结构

坐便器的结构见图 5-3 所示，一般坐便器的内部构造是其底部弯曲，低过后面的排水管，其弯曲部分有两个作用，使冲水后仍有水留存底部，因此能把排水管和坐便器口隔开，排水管的臭气因有水阻隔而不能传入室内；另一个作用是当水管产生虹吸作用，把坐便器中的水连粪便一起抽进排水管。坐便器上的冲水箱都有把手，利用浮球下跌及上浮的控制原理来冲水及补水。

（2）坐便器水箱的工作原理

水箱的作用原理见图 5-4 所示，当把水箱的冲水扳手向下一按时，箱内的橡胶球阀就会向上提，箱内的水就经过管道流进坐便器内，因为浮力的关系，橡胶球阀仍然不跌下

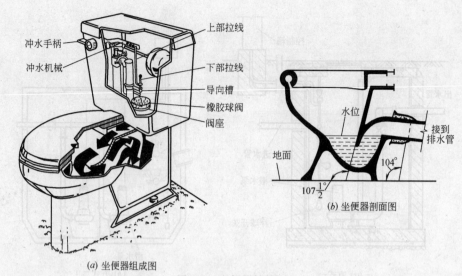

图 5-3 坐便器结构图

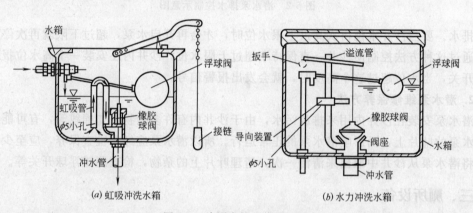

图 5-4 冲厕水箱工作原理图

来，要当箱内水位降低，橡胶球阀随水面一起下跌，盖住水阀。此时因为浮球下跌，水管的水经浮球阀流进水箱，水箱的水位是由浮球阀控制的，当水使用完毕以后，水箱内无水，浮球就会跌下，水管内的水压就会推开浮球阀，使水流进水箱。随着浮球慢慢上升，水箱的水位到了一定高度以后，就会使浮球阀关闭，使水停止流进水箱，水箱内的水保持在一定高度。利用这种简单的调节方法，使水箱的水位保持在一定高水位，供冲厕所用。

2. 小便器

（1）小便器结构

图 5-5（a）是大厦男厕内小便器的结构图，它的排水原理和洗手盆一样，只是用途不同而已。小便器也有存水弯管，样式同洗手盆。

（2）小便器自动冲水水箱

小便器定时用水冲洗水箱，其构造原理见图 5-5（b）。它能每隔一定时间自动冲洗小便池，这个冲水水箱的构造主要包括一个水箱，一个滴水龙头及虹吸管。自动冲水箱的给水管接自天台水箱，水管上有一个水龙头，可调节给水的流量，控制冲水时间。水从龙头不断滴出，当水箱水满时，透过虹吸管的作用，使水箱内的水通过水管从小便器上的喷嘴

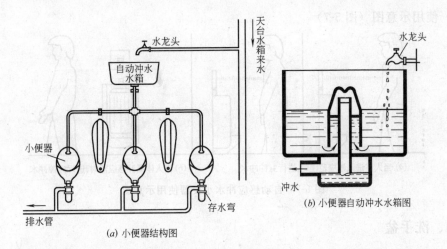

(a) 小便器结构图

(b) 小便器自动冲水水箱图

图 5-5 小便器结构图

喷出，冲洗小便器，直到水箱内的水用尽为止。下一次当滴水到水箱满了的时候又能自动冲水，就是经过这样的过程循环冲洗。

（3）自动感应冲水小便器

1）自动感应冲水小便器结构

自动感应冲水小便器结构如图 5-6，结构包括小便器及自动感应冲水器。

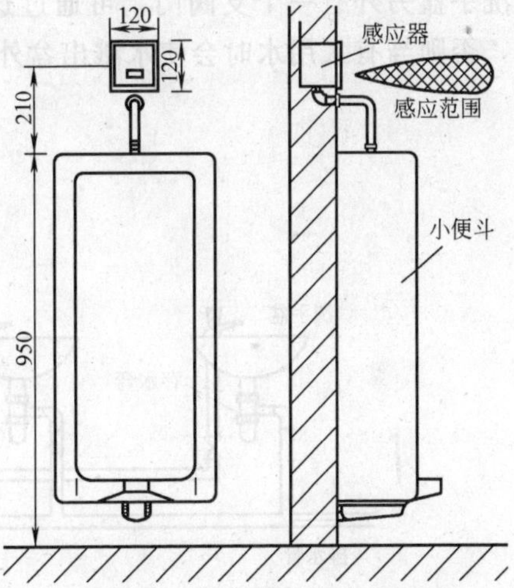

2）功能与特点

（a）节水

使用时，机器自动智能选择对小便斗进行两段冲洗，使用 10s 钟内一次冲水量为 2～4L。使用在 10s 以上一次冲水量为 3～4L。（注：水压为 0.3～0.6MPa）

（b）卫生

便后人直接离开，一切冲水工作由感应器自

图 5-6 自动感应冲水小便器结构图

动完成。彻底冲洗，不留异味，达到了方便、卫生、有效消除细菌的交叉感染。

（c）智能

机器控制线路超微型设计，采用微电脑智能控制。根据环境自动调整感应范围，无须人为调整；具有抗光线和紫外线功能，避免了误出水。

（d）省电

直流产品使用 4 节 5 号碱性电池时，每天使用 100 次，2～3 年内无需更换电池。

（e）安装特性

藏墙式安装设计，内设水量调节阀及电磁阀，维护人员即可轻松调节水量及清洗过滤网。

（f）定时冲水

当小便斗长期处于不使用状态，冲水阀将每隔 24 小时冲水一次，以防存于水弯中存水干涸，导致臭气回窜。

3）使用示意图（图 5-7）

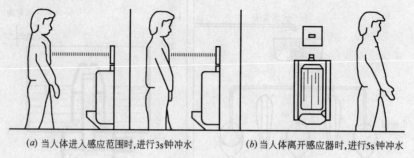

（a）当人体进入感应范围时，进行3s钟冲水   （b）当人体离开感应器时，进行5s钟冲水

图 5-7　自动感应冲水小便器使用示意图

四、洗手盆

大厦公用厕所内一般有多个洗手盆，水管接法如图 5-8 （a），给水管是接自天台的水箱（大厦低层可直接接自来水厂的水管），在给水管道的总管上安装有一个总阀门，每一个洗手盆另外有一个支阀门，可通过这个水阀调节水龙头的水流量（一般水流量不可过大，否则当有人用水时会使水溅出盆外弄湿厕所的地面）。

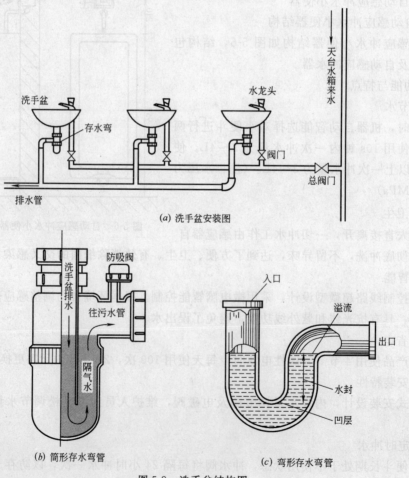

（a）洗手盆安装图

（b）简形存水弯管

（c）弯形存水弯管

图 5-8　洗手盆结构图

厕所内的洗手盆或厨房的洗涤盆，它上面一般有一个冷水龙头，或一冷一热两个水龙头。水龙头有各种各样的形状，用法有旋转式、左右搬动式、自动感应式、向下压式或装弹簧式。每个洗手盆或洗涤盆下连接冷热水的水管，多设有支阀门，既可方便修理时关闭阀门，也可调节水龙头的水量。

洗手盆的排水口安装有存水弯管，然后才接到排水管，如图5-8（b）及5-8（c）所示。存水弯管可阻隔杂物进入排水管，避免引起堵塞，又可以阻挡排水管的臭气。这是因为存水弯管在底部弯曲的部分平时都有水保存在里面，使排水管内的臭气不致从洗手盆的排水口传入室内。平时应注意排水是否畅通，当排水缓慢时，可拆卸放泄弯清理杂物。

第二节　给水排水系统漏水的维修方法

如遇给水管、排水管、水箱、水龙头或阀门发生漏水，也有各种简便的方法处理。下面介绍几种处理漏水的方法。

一、水管漏水的维修方法

排水管漏水，首先要查出是否因管道堵塞而漏水，如果是因为管道堵塞，则疏通了以后就不会再漏水，如是穿孔或连接之处漏水，可用下列方法解决。但如果破裂之处甚大，则必须更换新管。

如果给水管穿洞漏水，因为给水管一般水压较高，处理的方法是要换新的水管。但如一时不便，可先采用临时的方法。图5-9（a）是最简单的方法，用铅笔笔芯塞住小洞，用橡胶皮包住水管漏水的部分，再用铁线绑紧。也可用图5-9（b）所示的管夹把橡胶皮夹紧。

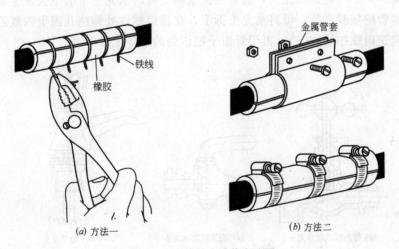

铁线
橡胶
金属管套

(a) 方法一　　　　　　　　　(b) 方法二

图5-9　水管漏水维修方法图

二、坐便器水箱漏水的维修方法

坐便器水箱漏水可调整浮球或调整排水口与橡胶球阀的配合。坐厕的水箱常因为水位过高而流出箱外，处理的方法是打开箱盖，调整水箱的水位，把浮球的铜杆弯成弧形，就可使水位降低；如果浮球杆是塑料做的，就不能用上述的方法处理，一般它另外有调整螺丝，可用来调节水箱的水位。此外浮球阀关闭不严密也能引起漏水，修理的方法是先关闭该水箱的阀门，然后拆开浮球阀，查看是否有问题。水箱的浮球阀关闭不严密，能使水箱一直有水流入坐便器，可照图 5-10 (b) 所示的方法处理，查看橡胶球阀落下时是否对准阀座，如位置不对应加以调整，用洗涤布擦拭阀座。如仍然漏水，则要检查该橡胶球阀是否破损。

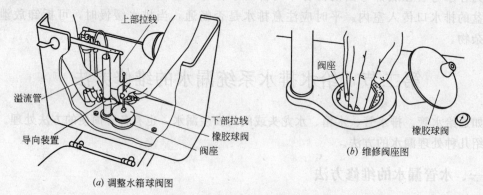

(a) 调整水箱球阀图

图 5-10 水箱漏水的处理方法

三、水龙头漏水的维修方法

水龙头结构见图 5-11 所示。最常见的水龙头漏水问题是关闭不严密，使水一直从水龙头流出，这种毛病必须加以注意和修理，否则水龙头日夜不停有水流出，将浪费大量自来水。水龙头漏水的主要原因是水龙头内的垫圈损坏，要加以更换，更换的方法是先把上一级的阀门关掉，然后拆开水龙头，就可更换垫圈。有时水龙头下面也会发生漏水，多是在水龙头和水管的接驳之处，可将水龙头拆下，在接口螺纹处缠绕几圈聚四氟乙烯带（注意缠绕方向应逆向螺扣的方向），再用管钳子把该处的螺丝上紧即可。

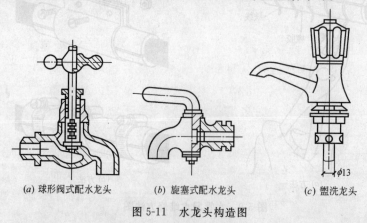

(a) 球形阀式配水龙头　　　(b) 旋塞式配水龙头　　　(c) 盥洗龙头

图 5-11 水龙头构造图

四、智能红外感应洗手盆专用水龙头

智能红外感应水龙头，人性化设计，可自动检测有无洗手而开启或关闭水龙头（图

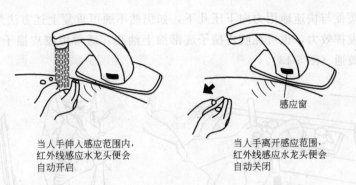

当人手伸入感应范围内，
红外线感应水龙头便会
自动开启

感应窗

当人手离开感应范围，
红外线感应水龙头便会
自动关闭

图 5-12 智能红外感应水龙头

5-12），使用者不必用手触摸龙头的手把，可避免病源微生物交叉传染，特别适合卫生要求严格的地方或无人看管的公共场所使用，如医院、宾馆、酒家、会所、学校、写字楼、实验室、研究所等。

产品是机电一体化高科技产品，其核心控制器件采用专业微处理器，使用干电池供电，具有功耗低、控制准确、动作灵敏、抗扰力强、安装简便、节省空间、杜绝触电危险因素等特点。

龙头内部装有过滤装置，进水被过滤杂质后再经水阀流出龙头，避免杂质堵塞及磨损水阀。

五、压力阀漏水的维修方法

有的坐厕不用水箱，而用压力阀冲水，这种压力阀也常发生漏水使水一直不停流入坐厕。处理的方法是先把调节螺丝关掉，然后拆开压力阀的盖子，换掉里面的活塞。

该压力阀的手柄在压下冲水时，也常会有水从该处流出。修理的方法是拆开手柄，将压紧螺帽上紧一些，如无效则必须更换里面的压紧垫圈。

第三节 排水管堵塞的处理方法

在香港街道上的排水系统是归市政局的有关部门处理。但如果属于大厦的部分，则必须由大厦的人员管理，通常分界线是设于大厦旁边的人行道的沙井内，上面有井盖，打开井盖，如不见有水流出，则阻塞的部分是在大厦的范围，如打开街外沙井井盖有水大量从洞口流出，则多属市政地下排水系统有问题，可致电渠务署派员来处理。

排水管须经常清理，避免堵塞。最常见的堵塞还是发生在排水管上，会引起排水不通或排水困难。排水管的堵塞大多因为杂物进入排水管内，结成一块而引起排水堵塞。厕所最常见的排水管堵塞，大多是因为有杂物进入排水管，缠绕成一块而引起排水堵塞。可用专用的疏通工具疏通管道，工具尖端有钩并可接手动或电动粗藤条。

一、使用胶皮揣子疏通堵塞方法

洗涤盆或坐便器堵塞，疏通方法可先用胶皮揣子在装水半满的洗涤盆或坐便器上盖住排水口，然后短促与快速地用力向下压几下，如仍然不通可重复上述方法几次。为了使胶皮揣子更好地发挥效力，也可在胶皮揣子底部涂上油脂。通常用胶皮揣子揣了几次以后，就能使排水管疏通（图 5-13）。

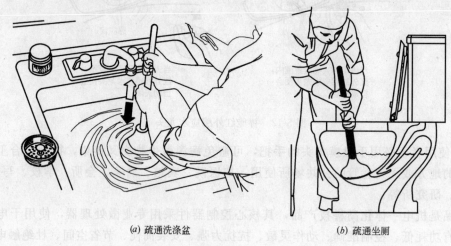

(a) 疏通洗涤盆　　　　　　　　(b) 疏通坐厕

图 5-13　使用揣子疏通排水管方法

二、使用手动疏通器械疏通坐便器

但如管道堵塞比较严重，可以使用手动疏通器械疏通坐便器，将手动疏通器械插入坐便器内，转动手柄疏通堵塞（图 5-14）。可以打开排水管上的孔眼或窗口，用有钩的铁线或长弹簧伸进排水管，设法钩走杂物使排水恢复畅通。

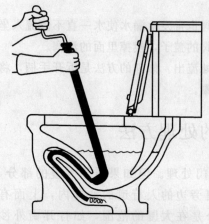

图 5-14　使用手动疏通器械疏通坐便器

三、利用排水管上的孔眼或窗口疏通堵塞

1. 筒形存水弯管堵塞的疏通方法

如洗手盆的存水弯管堵塞，可用手拧开下面的盖子，取出里面的杂物。

2. 弯形存水弯管堵塞的疏通方法

弯形存水弯管堵塞的疏通方法是打开洗手盆下面存水弯管的孔眼，将有带钩铁线伸进孔口，设法钩走杂物。图 5-15（a）所示。如果管道堵塞的部分不在存水弯管附近，就要进一步向排水管的较远处疏通，如图 5-15（b）所示，把洗手盆的存水弯管拆下来，用一种专门用来通管的长弹簧伸进排水管，一面把长弹簧按顺时针转动，一面推进，就可以疏通堵塞。

四、利用自来水管的水压疏通堵塞

除了用上述的方法疏通管道外，还可用一种简单的方法通管，这就是利用自来水管的水压，先找一条胶皮管接在水龙头上，另一端插入堵塞的管道内，在管道口内用毛巾堵严，开启水龙头，用这种简单的方法有时也可疏通堵塞的管道。如图 5-16 所示。

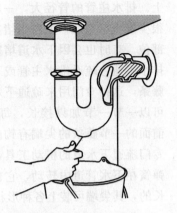 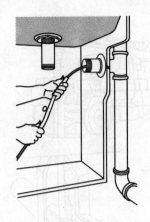

(a) 利用带钩铁线伸进孔内疏通　　　(b) 利用长弹簧伸进排水管内疏通

图 5-15　弯形存水弯管堵塞的疏通方法

五、坐便器堵塞的疏通方法

有时大厦内几层厕所的排水堵塞，则堵塞多是在排水主管的弯曲部位发生，也可能是大厦外的市政排水系统堵塞，而致影响整幢大厦排水不通。

坐便器堵塞疏通方法：

1. 利用孔眼或窗口疏通

不用拆除坐便器，而先打开坐便器下面排水管的孔眼或窗口，再由窗口伸进长弹簧或铁线疏通堵塞管道，不过这样做要注意，因为打开排水管的窗口后管内的污水和粪便会从窗口流出，要等污水流尽了后才进行疏通工作。

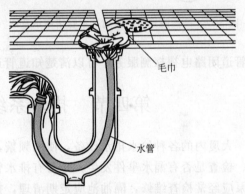

图 5-16　利用自来水的水压疏通水管方法

2. 拆下坐便器疏通

松开坐便器底部的螺丝，再松开连接坐便器的水管，然后拔起坐便器，就可使坐便器脱离排水管。这时可检查坐便器是否阻塞，其方法是向坐便器倒一桶水，如排水畅通证明坐便器无事。堵塞部分应在排水管处，可用长弹簧（或用细的藤条，如没有用钢丝也可以）伸进排水口，设法疏通排水管。

3. 多个厕所疏通

在工商业大厦中，一般厕所内有好几个坐便器，如果有两个或以上的坐便器排水堵塞，则管道堵塞的部分必在排水管的横管部分，我们可从堵塞的坐便器大约知道排水管的堵塞部分。如果右边两个坐便器堵塞，而左边第三个坐便器排水畅通，则堵塞部分必在右边两个坐便器和第三个坐便器之间的横管上，疏通的方法是打开其附近的排水管窗口，用长弹簧或钢线设法疏通排水管。坐便器的排水管一般是在下层厕所的顶棚上，在疏通之前必先知道排水管的接法，才可着手疏通。

有时大厦内几层厕所堵塞，甚至整幢大厦的排水系统堵塞，则堵塞部分是在排水主管

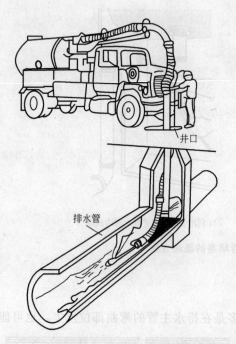

井口

排水管

图 5-17　高压疏通车辆疏通排水管堵塞示意图

上。排水主管的管径大，一般在直立部分是很少发生堵塞的，如发生堵塞多半是在弯曲部位。有时也会因下水道堵塞而使整幢大厦排水不通。疏通排水主管或下水管道要用粗藤条，这种专门用来疏通下水道的藤条通常可以一节一节加以接长，每节长约 1m，最前面的一节藤条的尖端有钩。现在还有一种专门疏通下水道的机动工具，用电动机使长弹簧在下水管道内转动，它也是一节一节接长的，其尖端可装上各种形状的钩。

六、高压通渠及渠道闭路电视

如果大厦内的主管堵塞，可请专业的疏通公司利用高压水机疏通车辆帮助疏通（图 5-17），高压疏通机是一种专业的疏通设备，其原理是应用疏通设备插入堵塞的管道并加以高水压，从而疏通管道。高压水机压力由 1000 磅至 12000 磅。应用先进的管道闭路电视探测服务，可以清楚知道管道内损毁情况。

第四节　排水系统的维修保养方法

大厦内的各种给水排水设备，使用频繁，容易发生故障。平时管理公司要经常注意保养、检查是否有漏水事件发生，是否有排水管（渠）堵塞，定期通管以保障管道畅通，潜水泵应经常检查维修，隔油池应定期清理，排水管道应定期油漆等。

一、排水管的维修保养方法

所有排水管，包括污水管、废水管、通气管及地下排水渠必须保持良好的运行状况，没有任何损毁。应定期检查所有管道，如发现有渗漏、堵塞或损毁的情况，必须立即维修。

1. 排水渠堵塞

排水渠如有轻微堵塞，通常可用高压喷水器或用疏通器处理。如果渠管因水泥或其他沙泥杂物凝固或积聚而导致严重堵塞，则可能需要凿开及更换该部分的渠管。

2. 沙井的保养

沙井口位置不应被地台饰面、花槽或家具阻塞。通往沙井的通道必须保持畅通，方便进行定期保养。维修沙井口的边缘、沙井盖的裂缝或采用双重密封式沙井盖，这样可以防止臭气从沙井漏出。

3. 垂直排水的保养

所有垂直排水管（包括污水管、废水管、通气管及支管）的每个部分，必须彻底检查，以确保没有裂缝或渗漏。如发现渠管的任何部分有裂缝或渗漏，应更换该部分的渠管。

二、卫生设备的维修保养方法

1. 定期检查所有卫生设备

应定期检查（最好每三个月检查一次）所有卫生设备，包括坐便器、浴缸、盥洗盆、淋浴盆、洗涤盆及地台排水渠，以确保这些设备运行良好及没有出现渗漏的情况。如发现渗漏情况，应视情况立即维修或更换这些设备及其相关的排水管。

2. 定期清洗卫生设备

为保障住户的健康，住户也应按照食物环境卫生署所建议的清洗及消毒程序，定期清洗卫生设备。

3. 立即处理臭气的投诉

卫生间、厨房地台排水口，应定期（每周一次）加入1∶99的稀释家用漂白水进行消毒，防止臭气从排水口跑进室内。

如果接到发出臭气的投诉，可能显示一些卫生设备的运行出现问题。应立即就有关投诉进行调查，以确定问题的成因，并采取适当的行动维修损毁的部分。

三、地面排水渠管保养方法

需要定期检查大厦所有排水渠管，确保排水渠管运作状态良好，没有任何损坏。如发现排水渠管有渗漏、堵塞或损坏的情况，必须立即维修妥善。

1. 排水渠管常见问题

（1）渠管装置损毁；
（2）渠管锈蚀；
（3）渠管堵塞及卫生情况欠佳；
（4）渠管有植物生长。

2. 排水渠管保养方法

（1）清理或改善任何堵塞或卫生情况欠佳的地下渠管。
（2）修缮或更换损毁的沙井盖，沙井盖分为雨水及污水两种，如图5-18所示。
（3）管槽或管道如有渗漏，必须查明原因及进行改善，包括把松脱的抹灰妥为修补。

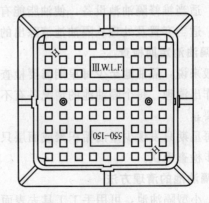

(a) 雨水沙井盖　　　　(b) 污水沙井盖

图5-18　沙井盖图样

第五节　隔油池的维修保养方法

一、隔油池的作用

当油脂废物排入污水渠时，会产生油垢积聚的问题。久而久之这些废物在水渠内越积越多，造成油脂及其他固体废物凝聚。油脂积聚会导致排水管堵塞、淤流、臭味和不符合卫生的环境，若要清除这些污水管内的油脂物，有相当的困难和危险性，并要花费不少的资金。为避免油脂的积聚，应适当的安装及维修保养隔油池。

隔油池是用来隔除废水中油脂的装置，它可以有效地发挥清除废水中油污废物的功能。如果所有的餐馆及食品厂都装设隔油池，废水中的油脂物便可在排入公共污水渠前与废水分开。餐馆和食物制造工业是油垢的主要来源，因此隔油池的安装十分重要，此装置能有效地在污水排入污水系统以前把油脂隔除。

二、隔油池的结构及工作原理

1. 隔油池的结构

最常见的隔油池由混凝土建造而成，内有两个间隔，结构如图 5-19 所示。

2. 隔油池工作原理

当废水注入隔油池时，水流速度便减慢，让较轻的物质浮出水面，使固体液体油脂和其他较轻的废物便留在隔油池内，污水便在池底的水管排出。如图 5-20 所示。

三、隔油池的维修及保养

积聚在隔油池内的油垢要定期清理，但清理的次数并无一定的标准，视所服务的食品种类及其产生的油垢而决定。定时清理油脂，可确保隔油池的操作正常，也可防止油垢积聚在厨房的排水管内。

1. 油污排放者的责任

（1）适当设计及安装隔油池，使油污能有效地从污水中分开；

（2）适当维修隔油池设备，使油脂能有效地隔除，保持厨房卫生；

（3）适当弃置及处理从隔油池清除出的废物，维持厨房清洁，保护环境卫生。

2. 隔油池定期检查

一般来说，隔油池至少每星期需要检查一次，如发现油垢积聚超过液体的三成，便需要立刻作出清理。每个隔油池的情况各有不同。业主必须作出定期检查，来决定是否有清理的必要。

如每星期只发现少量油垢积聚或面层只有液体油污，隔油池操作就可能出现异常。必须进一步检查确认。

3. 隔油池的清理方法

（1）小型隔油池，可用手工工具去表面的油垢，然后把清除出来的废物放入防渗的袋子或桶中，隔油池不需要完全倒空清洁，只是把表层凝固的油垢清除便可。

（2）在无废水排入隔油池时才可作出清理，要小心不应在池中留下任何油脂块，因为

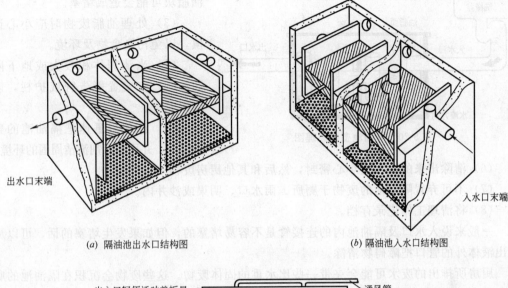

(a) 隔油池出水口结构图　　　　　　　　(b) 隔油池入水口结构图

出入口轻便活动盖板最
小尺寸 500mm×500mm　　　　　　　　　通风管

出水口　　　　　　　　　　　　　　　　入水口

取样口盖板
200mm×200mm

清理口盖板
200mm×200mm

(c) 隔油池顶部外视图

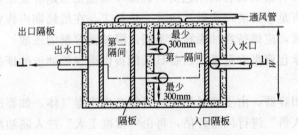

出口隔板　　　　　　　　　　　　　　　通风管

出水口　　第二　　　　最少　　　入水口
　　　　　隔间　　　300mm

　　　　　　　　　第一隔间

　　　　　　　　　最少
　　　　　　　　　300mm

隔板　　　　　入口隔板

(d) 混凝土隔油池顶视图（无盖）

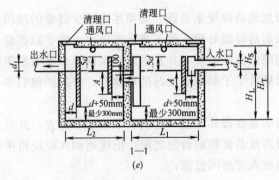

清理口　　清理口
通风口　　通风口

出水口　　　　　　　　　　　　　入水口

(e)

图 5-19　隔油池结构图

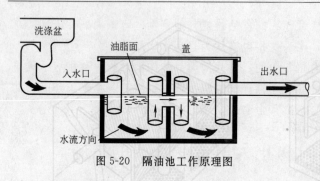

图 5-20　隔油池工作原理图

油脂块可能会造成堵塞。

（3）处理油脂废物时应小心谨慎，以免污染食物及环境。

（4）当清理体积较大或地下隔油池时，应安置警告牌或护栏，以确保安全。

（5）清理后迅速把隔油池的盖子盖好，并用消毒剂清洁周围的环境。

（6）清除出来的废物应小心密封，然后和其他厨房废物一起处置。

（7）不可弃置隔油池的废物于厕所、雨水口、明渠或沙井内。

（8）将清理工作记录存档。

一般来说入水口及隔油池内的连接管是不容易堵塞的，但如果发生堵塞的话，可以从露出液体外的管口把障碍物清除。

厨房所排出的废水可能会夹带一些比水重的固体废物。这些废物会沉积在隔油池的底部，形成一层沉淀物质，这些沉淀物是需要经常清除，否则，隔油池的效能便会减弱。小心清理这层废物，方法与处理表层油垢一样。

4. 雇用承办商应注意的事项

清理隔油池不是件令人感兴趣的工作，此项工作需要有专人负责和处理。大于 1000 公升的隔油池，是很难靠人工清理妥当的。隔油井须用吸油车吸取污油。因此，很多餐馆雇用承包商来代理这类服务，能确保隔油池内所有的废物能按时彻底清除。雇用承包商应注意以下事项：

（1）雇用可靠和有适当设备的承包商，确保废物能正当地弃置于合法的弃置区内；

（2）必须确保有足够的清理次数。应找一位员工，在维修期内作定期查验；

（3）清理的次数，应维持在油垢积聚不超过隔油池容量的三成；

（4）应每月向承包商索取记录，以备日后能提供清理隔油池的证据。

5. 注意事项

隔油池属于密闭容器，由于通风不良，可能产生有毒气体，如要进入隔油池检查及清理时，应由"合格人员"进行风险评估，再由"批准工人"进入隔油池检查及清理。

四、减低油污

隔油池只能有限度地清除废水油脂。必须尽量减少过量的油污及废物排入废水中。可把这些废物当作一般厨房垃圾处理，而不排入水渠内。除了减低废水中的污染外，减低油污也有助于减少清理隔油池的需要，并且能防止大厦内水管堵塞等问题。以下是一些减低污水废物的建议，帮助员工了解减低油污的重要性，并鼓励他们参与管理：建议厨房内日常工作包括：

（1）在清洗碗碟和煮食器具之前，把剩余下的脏物抹去，并放入垃圾桶内；

（2）在洗地或清洁预备食物的台面之前，把废物倒入垃圾箱中；

（3）在洗涤盆内放入过滤网过滤；

（4）不要把煮食后用过的废油倒入排水管或厕所，应把废油倒进储存的容器内，并和其他厨房废物一起处理。可用旧的油漆罐、大的食品罐或其他食物的容器来处理废油；

（5）不要过量使用洗涤剂和热水，因为这些也被认为是污染物质。

弃置废水及食物于雨水口和沟渠内是非法的。这些沟渠只能作雨水收集和排放。如果这些沟渠放油污或其他废物淤塞，只会变成老鼠蟑螂的居所或发生溢流。在暴雨期间，如果雨水渠被废物堵塞，严重的雨水泛滥会危害生命及财产。

第六节　雨期来临时防止大厦遭受水浸的措施

大厦的排水渠如果维修保养不当，有可能会引致水浸，造成财物损失。所以业主及管理公司平时应加强对排水渠的检查及保养，制订暴雨来临时的预防计划及水浸时的应变措施，在大厦内备存防水沙包、潜水泵、手电筒、塑料布、雨衣、雨鞋等防水用品。

一、大厦外围雨水排水系统的组成

一般而言，排水系统由下列部分组成（图5-21）：

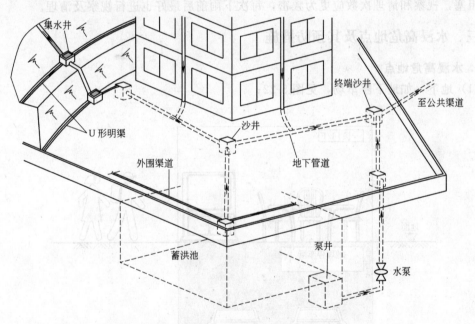

图 5-21　大厦外围雨水排水系统的组成图

（1）入水口、U形明渠、外围渠道、集水井、终端沙井、沙井、地下管道、暗渠等；

（2）特别排水设施，如水泵、泵井、蓄洪或滞水设施。

业主及管理公司应熟悉大厦保养范围内的排水系统和保存排水系统的数据。这些资料通常可从建筑图纸或批地批文中找到。

二、大厦外围排水渠的检查和维修保养

1. 地面明渠（如入水口、U形明渠、外围渠道、集水井）

凭肉眼观察，确保没有砂泥、植物、垃圾、废料。如有砂泥、植物、垃圾、废料，应

及时清理。检查及保养应由有经验的维修保养人员进行。

2. 地下渠道（如沙井、地下管道、暗渠）

沙井通常可用人工清理。清理地下管道通常需要使用特别设备，如通渠机等。比较复杂的地下渠道可使用闭路电视技术探察管道内的情况。

3. 地下渠道工作注意事项

视察或维修保养地下排水系统时，可能会遇到有毒气体。这些气体可能是无色无臭，但会引致爆炸或令人窒息。根据《工厂及工业经营（密闭空间）规例》，沙井、终端沙井和地下管道、蓄洪池、暗渠通常被界定为"密闭空间"。为安全起见，在进行密闭空间工作前，委任"合资格人士"对密闭空间工作进行危险评估，并就安全及健康措施作出建议。配备安全设备，并安排"核准工人"进入密闭空间工作。

4. 排水渠的清理

（1）每年雨期开始前应最少进行一次排水系统的视察和清理，并在每次暴雨后再进行一次。

（2）地面上的明渠，包括入水口、U形明渠和集水井，较易被砂泥、植物、垃圾、废料阻塞，视察和清理次数应更为频密，每次下雨前后最好也进行视察及清理。

三、水浸高危地点及其预防措施

1. 水浸高危地点

（1）地下，如地下停车场，见图 5-22；

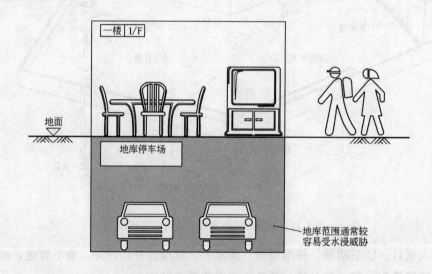

图 5-22　水浸高危地点（地库停车场）

（2）斜路或斜坡下的地方（见图 5-23）；

（3）贴近天然水道的地方（见图 5-24）。

2. 水浸高危的重要设施

（1）变压器房；

（2）配电房；

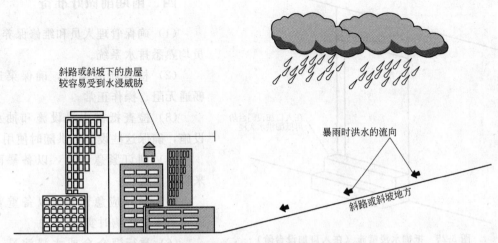

图 5-23 水浸高危地点（斜路或斜坡下的地方）

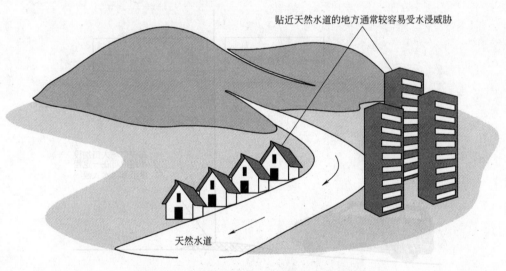

图 5-24 水浸高危地点（贴近天然水道的地方）

　　（3）电梯；

　　（4）水泵；

　　（5）停车场等。

3. 预防水浸措施

　　找出物业的水浸高危地点和重要设施并采取适当预防措施。下面介绍几种方法可减轻水浸时所遭受的损失，其中大部分均容易实行，且可大大减轻水浸造成的损失。

　　（1）抵御水浸措施一：在入口加设台阶（见图 5-25）；

　　（2）抵御水浸措施二：在入口加设路拱（见图 5-26）；

　　（3）临时抵御水浸措施三：加设防洪板（见图 5-27）；

　　（4）水浸防护措施：将电器、插头移到较高位置；

　　（5）水浸防护措施：预备紧急时使用的水泵（如潜水泵）。

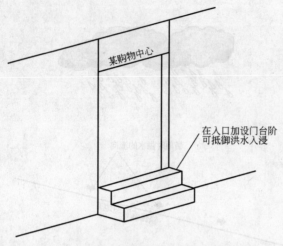

图 5-25 抵御水浸措施（在入口加设台阶）

四、雨期前做好准备

（1）确保管理人员和维修保养人员均熟悉排水系统。

（2）检查所有渠道，确保渠道畅通无阻、操作正常。

（3）检查抵御水浸设施和抽水设施，确保这些设施可供随时使用。

（4）制订紧急计划，以备暴雨来临时实施。

（5）制订应急计划，以备重要设施遭水浸影响时实施。

（6）举行简介会或水浸演习，以确保物业管理人员及维修保养人员熟习所制订的紧急计划和应急计划。

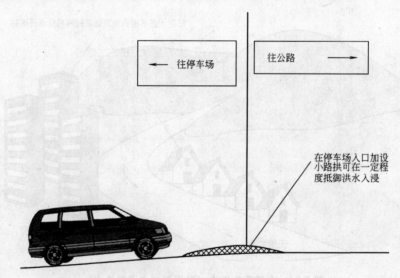

图 5-26 抵御水浸措施（在入口加设路拱）

（7）如遇危急情况，生命安全受到威胁，请打电话求助。

五、维修保养手册

业主和物业管理人员有责任保养他们的排水系统。许多物业管理人员均保存各自的物业管理和维修保养手册，应把渠务方面的资料加入其中，或另行制订一本手册。手册内应包括下列数据：

（1）排水系统的图纸；

（2）水浸高危地点和重要设施列表；

（3）有关维修保养排水系统的方法和次数的建议；

（4）有关备存排水系统维修保养记录的规定；

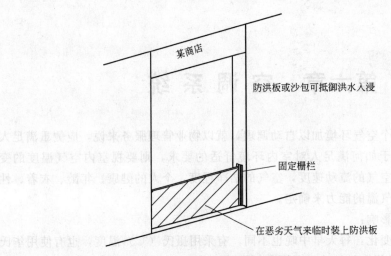

(a) 临时抵御水浸措施

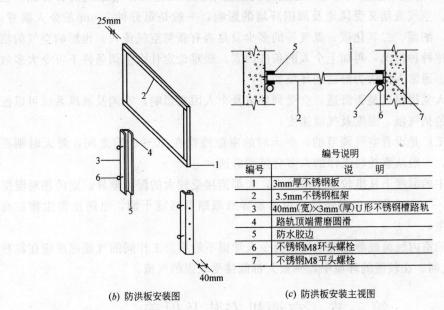

(b) 防洪板安装图　　　(c) 防洪板安装主视图

编号说明

编号	说　明
1	3mm厚不锈钢板
2	3.5mm不锈钢框架
3	40mm(宽)×3mm(厚)U形不锈钢槽路轨
4	路轨顶端需磨圆滑
5	防水胶边
6	不锈钢M8环头螺栓
7	不锈钢M8平头螺栓

图 5-27　临时抵御水浸措施（防洪板）

（5）暴雨来临时的紧急计划；

（6）重要设施遭水浸时的应急计划。

第六章　空　调　系　统

空气调节就是把一个空气环境加以自动调理,就以物业管理服务来说,应侧重满足人对舒适环境的要求。至于如何满足人对室内环境舒适的要求,则要视室内空气温度的变化,空气的相对湿度,空气的流动速度,空气的洁净程度,个人的健康、年龄、衣着、性别、活动、饮食与适应气温的能力来确定。

温度及湿度对人的影响:

空气的温度随季节变化,每天早中晚也不同,有采用摄氏(℃)温度,也有使用华氏(℉)温度。相对湿度是指空气的绝对湿度与同温度下饱和的绝对湿度之间的百分比,也是随时变化的。空气流动又受风速及周围环境的影响,一般是每分钟 7.6m 最令人满意;空气中的尘粒、细菌、二氧化碳、氮气等的多少及是否有新鲜空气流入,也影响空气的洁净度。由于上述种种情况,再加上个人的条件因素,很难论定什么空调条件下可令大多数人感觉最舒适。通常人们认为舒适的环境如下:

(1) 一个人觉得温度是否舒适,会受到环境及个人因素影响。空调及通风系统可以控制的环境因素包括气温、湿度及气流速度;

(2) 假如工厂是设有空气调节的,冬天时的室温维持在 20~24℃ 之间,夏天时则在23~26℃ 之间,一般从事较轻工作的人多会感到舒适;

(3) 在适中的温度下从事较轻工作的人,大都能接受较大的湿度差异。室内相对湿度应保持在 30%~70% 之间,以避免低湿度可能导致眼睛及喉咙干润,也防止微生物在高湿度环境中滋生;

(4) 过强的室内气流或静止的空气都会令人觉得不舒服。工作间的气流速度应在每秒0.1~0.25m 之间。在较暖的环境中,一般人都能接受较强的气流。

第一节　空调机安装及保养

空调机能使我们生活得更加舒适,但是选择不合适的空调机或不妥善的安装和维修,便可能因它们滴水或发出过量热汽和噪声,而对别人造成滋扰。此外,污垢的空调机,可助长细菌滋生,容易使人患上呼吸系统的疾病。鲜风供应不足的空调机更会令人感到疲倦及晕眩。但是只要你选购空气调节系统得当,加上妥善的安装、使用和维修,上述的滋扰是可以避免的。

一、空调机的结构及安装方法

简单的空调系统设备有窗式空调机、分体式空调机及组合式空调机。选择各类空调设备要考虑的因素,包括空间需要、房屋类型、运行需要、价格、个人喜好及政府法规等,决定因素除以上外,你还须考虑所选产品是否较静声和不滴水的型号。一个良好的选择,不但可以避免对别人造成滋扰，更可省却日后昂贵的改善工程。

为避免窗式空调机滴水而产生滋扰，在安装时可预先在其机底位置装上盛水托盘，并用水管将水适当地引入盛水器或排水管。

1. 空调机的工作原理

空调机吸进室内温暖的空气，经过过滤、抽湿及冷却后，将空气吹回室内，至于从空气中吸取的热量，则经由散热器排出室外。

2. 空调机安装工程应考虑以下因素

空调机的安装方法应正确，不按规格安装的空调机存在潜在危险，可能会坠下伤及路人，甚至影响大厦结构的安全。大型的空调装置可考虑装上防热设备。如情况需要须加装一些设备，把空调机排出的热气转向适当的位置。为避免意外发生，住户必须确保空调机妥善安装在适当的位置上，工程须符合安全规定。空调机安装工程应考虑因素如下：

（1）安装方法是否符合安全规格，安装必须妥善，对大厦无损；

（2）对大厦结构没有影响，安装的位置须能承受机身的重量；

（3）对行人的安全是否构成威胁，应尽量远离邻居；

（4）是否知道当空调机坠下伤及行人时，住户须负上刑事责任；

（5）所有电力工程须由注册电气工程人员进行及验证；

（6）安装及改动工程不得造成任何滋扰。

3. 窗式空调机的结构及安装方法

窗式空调机有齐全的设备，窗式空调机的结构见图 6-1，它安装方便。但其缺点是噪声较大，由于压缩器与蒸发器彼此联在一起，将噪声带至接受空调的房间，所以会产生较大的噪声。

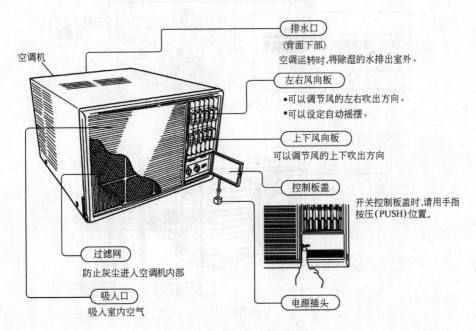

图 6-1　窗式空调机结构图

4. 分体式空调机的结构及安装方法

分体式空调机与窗式空调机的区别，主要在于前者的蒸发器及冷凝器（包括压缩机在

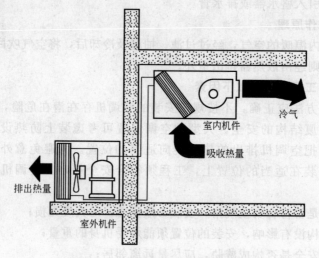

图 6-2 分体式空调机的工作原理图

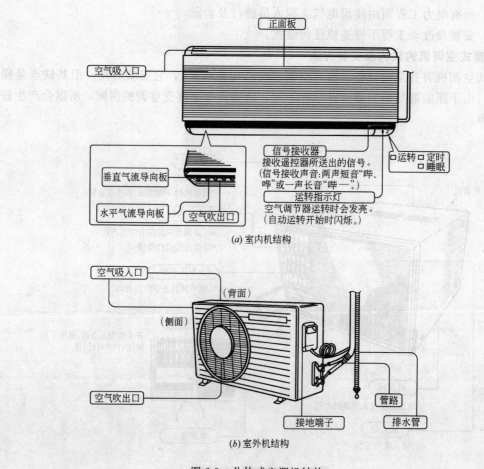

(a) 室内机结构

(b) 室外机结构

图 6-3 分体式空调机结构

内）分开安装，冷凝器装在户外，通过制冷剂管道与户内的蒸发器相连接，因此，分体式空调机比窗式空调机更为宁静，发出声音较小，分体式空调机的工作原理及结构见图6-2及图6-3所示。

5. 吊顶式空调机的结构及安装方法

吊顶式空调机则体型较大，制冷量也较强，多为餐馆与娱乐场所使用，结构如图6-4所示。

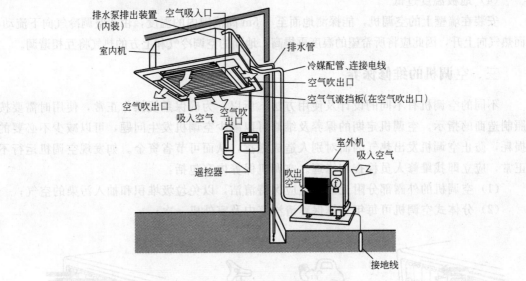

图6-4 吊顶式空调机的结构图

二、空调机的使用方法

1. 省电方法

（1）利用窗帘省电

窗帘有阻挡阳光和热量的作用，故使用空调机时，可拉上窗帘。

（2）使用定时器节省电源

在人入睡时，忘了关上空调机，这将不仅浪费电能，也对健康无益。最好的办法，便是使用定时器使空调在睡眠时运转。

（3）将温度提高2℃

当制冷运转时，将温度提高2℃多于原本所希望的温度。这将大约节省15%～20%的电费。

（4）入睡时调整温度

在入眠时，身体散发的热量（新陈代谢率）下降。为安全着想，在制冷运行时，应将温度升高2～3℃。在睡眠运行时，温度则自动调整。

2. 保护健康提示

（1）使房间定期通风换气

使用煤气操作等家用器具的中、小型家庭，须定期将窗户大开进行通风换气，每次不少于2min。

（2）过度寒冷将使人寒颤

在夏天时，若您经常出入房间，而温度差距为7℃或以上，您的抵抗力将会降低。将温度差距限制于4~6℃，这不但维护您的健康，也可省电。

（3）调整适当的气流方向

空调向下方流动，而热气上升。在制冷运行时，气流方向应设于水平。若希望空调吹向您，可设定气流方向朝下，切勿长时间将身体暴露于空调下，这对身体无益。

（4）地板温度过低

安装在墙壁上的空调机，能探测地面至1.5m高范围内的温度，由于空调冷气向下流动，而热气向上升，因此应将所希望的温度再提高，地面的空调冷气和上方的热气将互相谐调。

三、空调机的维修保养

不同的空调机有不同的设计及使用方法。所以，为确保系统操作正常，使用时需要按照制造商的指示。空调机定期的保养及维修可以减少空调机发生问题，可以减少不必要的损耗，防止空调机发出热气因而对别人造成滋扰，从而可节省资金。如发现空调机运行不正常，应立即找维修人员检查和修理。空调机保养内容包括：

（1）空调机的外露部分附近的环境应保持清洁，以免垃圾堆积和抽入污染的空气；

（2）分体式空调机可每年安排保养清洗室内及室外机一次；

(a) 拆卸方法　　　　(b) 使用吸尘器或用水冲洗清洁　　　　(c) 装回方法

图 6-5　窗式空调机隔尘网清洗方法

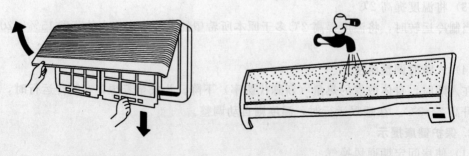

(a) 拆卸空调机隔尘网　　　　　　　　(b) 清洗空调机隔尘网

图 6-6　分体空调机隔尘网清洗方法

（3）空调机的隔尘网应定期清洗，以免细菌滋生。通常在使用期间须每三个月清洗一次，清洗方法如图 6-5 及图 6-6 所示；

（4）空调机的盛水托盘及引水管须经常检查，避免蚊虫滋生或滴水而产生滋扰；

（5）空调机的承托支架安装后应时常检查和维修。

四、空调机清洗方法

1. 建议

对空调机作定期的检查保养，每年至少彻底清洗空调机一次以上。这样有如下好处：

（1）空调机的性能好；

（2）减低突发损坏、延长零件、机器寿命；

（3）节省电费；

（4）避免维修资金损失；

（5）避免空调突然停顿及维修时影响公司运行的损失；

（6）空气清新，精神爽，提高员工作效率及顾客满意程度，带来更好效果；

（7）益智、益寿，身体健康，减免都市空调病及细菌空气。

2. 清洗空调方法

（1）用正规的专用药水。

（2）可调压的、可达 1700 磅以上的水压机清洗空调，否则盘管会腐蚀损坏，严重者会导致漏冷冻剂。

（3）拆卸必要的部件彻底清洗。

（4）室内机及室外机都要清洗。

（5）清洗前做好必要的防护措施，清洗后清理现场。

（6）完成后试机及检查冷冻剂压力。

3. 重要提示

当发觉机器不正常时，部分客人通常只是通知维修公司处理，而往往忽略应采取停止运行及关闭机器电源的措施，以避免机器超负荷、超电流或不正常运行，加快机器的损坏以及影响电力系统。

五、法规的管制

空调机可能因滴水或发出过量的热气和噪声，而对别人造成滋扰。但是只要你选购空调机得宜，加上妥善的安装、使用和维修，上述的滋扰是可以避免的。

根据《公众卫生及市政条例》（香港法例第 132 章），任由空调机滴水或发出热气而对别人造成滋扰是违法的，可被罚款 10000 元，另加每日罚款 200 元。

第二节　中央空调系统介绍

中央空调系统设备有多种，分为全水冷型、全气冷型、气与水冷混合型及直接膨胀型四种。

一、中央空调系统组成

中央空调系统包括空气处理、空气输送及空气分配各项设备。其中又再分成蒸发器、制冷机、压缩器、水冷或气冷的冷凝器。工商业大厦的空调系统一般选用中央空调系统，由制冷机处理冷冻剂，通过管道输送到大厦各层的空调机组。大厦的中央空调制冷系统，需要冷却水不停地循环流动。

中央空调系统为大型的或混合的建筑物而设。它首先集中由一部或多部制冷机处理冷剂。制冷机主要包括有一个或多个压缩器及冷凝器与蒸发器（图 6-7），而冷凝器可接受气冷或水冷。制冷机吸入气体冷剂，再经压缩及水冷或气冷作用把气体冷剂再变为冷冻剂，并透过管道输送冷冰水到装在大厦各层的空气调节机组。空气调节机组主要包括冷却盘管、通风器及过滤器。冷剂进入空气调节机组的盘管时，便与从过滤器进入的空气展开热交换，使空气的温度降低。另外当空气经过冷却盘管时，其水分会凝结成水珠，滴在盘管下的收集盘上，再用排水管排出去。最后，通风器通过与其相接的风管把干冷的空气输送及分配到各空调房间。冷剂在进行热交换时，也再化为气体回到制冷机内。如果空气调节机组附加电热器，也可在寒冷的冬天时输送暖气。

接风机及作为分配冷空气到各房间采用的风管，其常用的材料是镀锌薄钢板，外面则

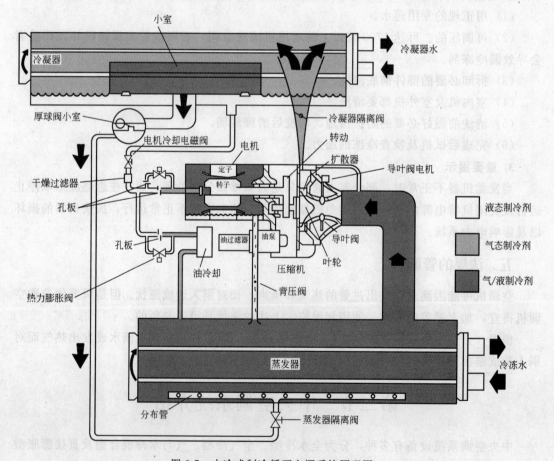

图 6-7　水冷式制冷循环空调系统原理图

用泡沫塑料或带铝箔玻璃纤维包裹着，使之绝热及减少外面的热量传入风管内部。风管的出口叫做送风口，与另外安装的回风口保证室内空气的送出及回收。如图 6-8 所示。

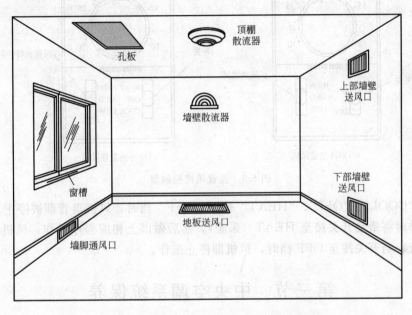

图 6-8　常见室内送回风口安装位置图

风管内设有调节阀用来控制室内的风量，但管理人员不要随便移动，特别是主管内调节阀。按照消防处的规定，风管内也要有防火装置，以便有火灾发生时可关闭风管的通路。

大厦的中央空调制冷系统需要流经蒸发器的冷冻水及流经冷凝器的冷却水不停地循环流动。蒸发器的冷冻水是在封闭水管系统流动，而一些冷凝器的冷却水也采用封闭式。由于封闭式循环流水系统失水不多，可以用自来水，水质清洁，故此管理问题不大，是否需要作水质处理，可根据具体情况而定。冷凝器的冷却水系统大多是开放式，要消耗大量用水，加上与空气的接触，造成气体污染，沙粒与尘埃堆积，都会带来水管堵塞产生水垢及腐蚀水管与水塔等问题。这种水质处理应交给专业的水质化学制造商去做。

二、风机盘管操作方法

1. 单冷盘管启停程序说明

单冷盘管风机控制器见图 6-9（a）所示。首先，将开关 ON/OFF 按至 ON 档，风机即开始工作；其次，另一开关分别置于"HIGH"，"MED"，"LOW"档时风机将按高、中、低速运转；然后可旋动温度刻度盘至设定需要的温度，一般温度推荐为 21～25℃；当开关 ON/OFF 按至 OFF 档，风机即停止工作。

2. 冷热盘管风机的使用

冷热盘管风机控制器见图 6-9（b）所示。在冷模式时，将滑动开关从 OFF 按至 COOL（冷）档，风机即开始工作，然后将风速选择按钮"HIGH"、"MED"、"LOW"置于所需的风速档，风机将按照所选定的风速运行，再将温度刻度盘设定至需要的温度刻度，一般推荐为 21～25℃；风机盘管的电动机会随温度变化自行通断以保证室内温度的

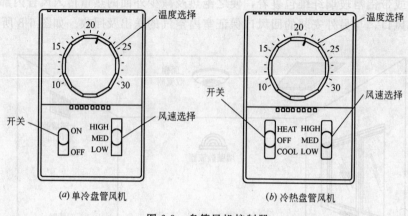

图 6-9　盘管风机控制器

恒定，当"COOL"、"OFF"、"HEAT"按至"OFF"档时，风机盘管即被停止。

在冬季时将滑动开关按至 HEAT（采暖），然后做以上相应程序操作，风机盘管按采暖方式运行。当开关按至 OFF 档时，风机即停止工作。

第三节　中央空调系统保养

应聘用专业空调系统承包商负责中央空调系统的保养，聘用专业承包商的好处是他们有比普通人员具有更高的专业知识，对空调维修及保养会做得更好。中央空调系统检查保养的范围包括冷凝器、蒸发器、控制盘、风柜、循环水泵、风管、冷却盘管、阀门等。更要定期清洗及更换隔尘网，清洗冷却盘管等，以保证大厦内的空气清新。中央空调系统设备的检查保养周期见表 6-1。

空调设备检查保养周期表　　　　　　　　表 6-1

序号	项目	工作内容	周期	承包商要求	备注
1	监察系统	监察系统，检查线路及除尘清洁	每个月一次	工程人员	
2	风柜	检查风柜运行	每个月一次	工程人员	
3	冷冻机	清洗冷冻机	每二个月检查一次	工程人员	
4	隔尘网	清洗隔尘网	每一个月清洗一次	工程人员	
5	抽气扇	检查抽气扇	每二个月检查一次	工程人员	
6	冷却盘管	清洗污渍水垢及定时清理水盘的积垢与疏通排水管的弯位	每年一次	工程人员	

一、中央空调系统保养工作指引

中央空调系统隔尘网每月须至少清洗一次；每三个月风机轴承要用油枪换油；每月定期检查风机皮带，必要时更换；每月定期检查冷冻液压力、运行电流、回风出风温度、出入水温、水压、油镜、排水管。具体保养要求如下：

1. 冷水压缩机组

（1）每月检查

1）检查空调设备运行状况，包括机件振动及噪声水平；

2）检查冷冻转化剂系统是否破损及是否有渗漏情况，检查润滑油存量情况；

3）清理空调机组润滑油进口滤网；

4）检查冷冻系统是否有渗漏情况；

5）清理所有电路控制板；

6）检查水管接口、阀门、外壳及防漏接口轴心进行加油；并对开关阀门轴心进行加油；

7）检查系统生锈情况，如有需要，进行除锈及油漆工作；

8）检查所有电路线管及接地。

（2）每季检查

1）测试空调控制设备的运行及配电保护系统；

2）检查及清洁所有配电接点、启动器、断路器及配线；

3）检查系统阀门、伸缩接口及水流控制阀运行情况；

4）检查及补充空调冷冻剂运行存量；

5）检查及补充空调运行润滑油存量；

6）清洗风机隔尘网。

（3）每年检查

为电机及供电电缆进行电力绝缘测试。

2. 冷水泵

（1）每月检查

1）检查水泵轴承的润滑油是否足够；

2）检查和调校水泵与电机的轴心位置；

3）检查水泵运行用电电流、进水及出水压力；

4）检查水泵防漏接口及密封件；

5）检查水泵的排水管是否阻塞；

6）检查水泵的振动及噪声是否正常；

7）将水泵的空气排走；

8）清理水泵外壳；

9）轮换运行后备水泵；

10）检查所有电路管线及接地；

11）检查及紧固所有螺丝；

12）检查部件生锈情况。如有需要，进行除锈及油漆工作。

（2）每半年检查

1）检查运行水泵及电机轴承；

2）拆开进水管的过滤网进行清理；

3）检查中央空调水的补充水系统；

4）检查所有运行阀门、止回阀、自动排气阀；

5）检查及清洁所有配电接点、启动器、断路器及配线。

（3）每年检查

1）电机及电器绝缘测试；

2）在每年基本检修期完成前，全面检查所有水泵内部运行配件，包括水泵轴、泵叶等；

3）清除泵壳内的污物及氧化物，清理扇叶及内壳，并进行油漆及修补；

4）如有需要更换轴承及防漏密封件；

5）检查电机与水泵带动接口螺栓情况。

3. 风柜

（1）每月检查

1）检查热交换片运行情况；

2）检查噪声及振动水平；

3）记录运行电流；

4）清理进口新鲜空气隔尘网；

5）检查进出空调冷冻水温及风机的回风温度；

6）检查风扇的皮带及电机转轮与风扇转轮平面位置，如有需要调校设定平面位置；

7）补充风扇及电机轴承的润滑油；

8）测试及调校冷冻水控制阀，并进行补充润滑油工作；

9）检查及清理冷凝水盘及疏通冷凝排水管道；

10）检查风机运行控制功能；

11）检查所有电路线管及测量接地电阻；

12）清理出风及回风口；

13）清理风机外壳。

（2）每半年检查

1）测试风阀及检查风管接口；

2）检查启动器及控制系统操作测试；

3）清理及检查温度控制操作；

4）检查及清理所有配电接点、启动器、断路器及配线；

5）如有需要补充轴承的润滑油；

6）检查及清理冷凝水盘及疏通冷凝排水管道。

（3）每年检查

1）使用认可的化学药品清理蒸发器；

2）清理扇叶及内壳；

3）检查生锈部件及机壳，并使用指定油漆颜色进行油漆工作；

4）检查发热线及清理在线污尘；

5）对风机电机及配线进行绝缘测试。

4. 风机盘管

（1）定期检查水盘及排水管情况；

（2）定期检查尘网情况；

（3）定期测量电机运行电流；

（4）定期检查风扇及电机轴承；

（5）定期检查电机及皮带情况及拉力；

（6）定期测量盘管出及入风温度。

二、中央空调系统维修服务检查表

下面列出中央空调系统维修服务检查表，每次维修保养检查时，填写此表，并交管理公司加签。

中央空调系统维修服务检查表

大厦名称：＿＿＿＿＿＿＿＿＿＿ 地　址：＿＿＿＿＿＿＿＿＿＿

设备地点：＿＿＿＿＿＿＿＿＿＿ 工程编号：＿＿＿＿＿＿＿＿＿

机组型号：＿＿＿＿＿＿＿＿＿＿ 机组编号：＿＿＿＿＿＿＿＿＿

序号	检 查 项 目	检查结果	备 注
1	送风机/盘管		
	1）检查盘管一般情况		
	2）检查水盘及排水管情况		
	3）检查尘网情况		
	4）测量电机运行电流		
	5）检查风扇及电机轴承		
	6）检查皮带情况及拉力		
	7）检查电机及皮带轮的松紧及对中		
	8）测量盘管出、入风温度		
2	风冷式冷凝器		
	1）检查冷凝器一般情况		
	2）测量电机运行电流		
	3）检查风扇情况		
	4）检查皮带情况及拉力		
	5）检查电机及皮带轮的松紧及对中		
	6）测量冷凝器出、入风温度		
3	水冷式冷凝器		
	1）检查冷凝器一般情况		
	2）测量出、入水温度		
	3）测量出、入水压力		
4	冷冻剂循环系统		
	1）测量压缩机运行电流		
	2）检查油位		
	3）测量抽气压力		
	4）测量排气压力		
	5）检查噪声及振动		
	6）检查冷冻剂量		
	7）检查冷冻剂系统控制运行		

序号	检 查 项 目	检 查 结 果	备 注
5	暖气设备		
	1）检查供热设备一般情况		
	2）检查连锁情况		
	3）检查暖气设备盘管情况		
	4）检查风扇及限流开关运作		
	5）检查所有阀门		
	6）检查风阀		
	7）检查温度开关		
6	水塔		
	1）检查水塔一般情况		
	2）检查水盘情况		
	3）检查浮球阀		
	4）检查风扇电机及洒水器		
	5）检查排水管		
	6）测量风扇电机运行电流		
7	控制装置		
	1）检查恒温器运作		
	2）检查启动器运作		
	3）检查继电器运作		
	4）检查所有连接电源开关及系统的电器设备		
8	泵		
	1）检查泵或电机一般情况		
	2）检查泵及电机轴承		
	3）检查连结器对中		
	4）测量进、排水压力		
	5）测量电机运行电流		
9	蒸发器		
	1）检查蒸发器一般情况		
	2）测量出、入水温度		
	3）测量出、入水压力		
10	室外温度（干球温度）：		
11	室内温度：		
	其他：		

检查结果填写：

1.（√）良好；2.（A）已维修；3.（C）需要清理；4.（R）需要修理或更换；5.（N）不适用。

保养服务日期：＿＿＿＿＿＿＿＿＿＿＿＿＿＿＿＿＿

保养人员签署：＿＿＿＿＿＿＿＿＿＿＿　管理处签署：＿＿＿＿＿＿＿＿＿＿＿＿＿

保养人员编号：＿＿＿＿＿＿＿＿＿＿＿　日　　　期：＿＿＿＿＿＿＿＿＿＿＿＿＿

三、管理公司在空调系统保养维修中应注意的事项

1. 巡楼时，管理人员须经常留意空调机房有没有不正常声音发出，机房门是否已关好，空调机组及风管或集水盘是否有水渗漏，空调系统控制盘上的信号是否正常，空调系统排水管有否堵塞，空调或暖气是否不足，空调机件是否布满尘污等，每次必须将发现的问题通知值班主任并记录。

2. 安排承包商每月最少一次清洁空调系统的隔尘网、出风口及回风口的尘埃及污物。

3. 准备多一套隔尘网，清洗人员清洁隔尘网时有后备隔尘网补上，并使之有足够的时间清洗，尽量清除使用过的化学清洁剂，不致残留下来侵蚀隔尘网的金属丝，以达到延长隔尘网的使用寿命的目的。

4. 每次安排人员检查、保养及维修空调系统机件时，管理公司应留意维修人员有否做好下列各点：

(1) 是否检查空调机组面板的螺丝的牢固度；

(2) 风管漏水时，是否检查及维修风管隔热外壳的破裂或损坏及清除尘污；

(3) 是否检查风机皮带的松脱或损耗；

(4) 是否在冷凝器或冷却盘管等处测试凝结气体及排气；

(5) 是否在各机器轴承、阀门等处添加润滑油；

(6) 充入冷冻剂前是否做气密试验及抽空工作；

(7) 是否用检漏器测试冷冻剂漏泄及有没有补充足够的冷冻剂；

(8) 是否检查空调系统的水箱的浮球控制运作及水质的洁净程度；

(9) 是否检查各空调机器仪表的读数是否正确；

(10) 是否检查及试验控制机组的安全保护设备；

(11) 是否测试风管上的防火装置及在装置处加润滑油；

(12) 是否分别检查蒸发器、压缩器、冷凝器及其他组件的运作；

(13) 大厦空调系统的水塔上的喷嘴、浮球阀和阀门也要按时检查和保养；

(14) 位于大厦各层楼的空调机的冷冻水管系统和凝结水的排水系统也要按时检查，对排水管要特别注意，以免阻塞引起水浸现象。

第四节　预防退伍军人病症

退伍军人病症（或名军团病）在 1976 年 7 月首次被发现。当时，一群美国退伍军人在费城参加集会，有二百多人发病并有 34 人因而死亡。经医学调查后，发现导致该疾病的细菌是一种前所未有的品种，该细菌被命名为嗜肺性退伍军人病菌（或名军团菌）。

一、病症剖析

典型退伍军人病症的症状和严重肺炎相似，患者会感到乏力、肌肉痛、咳嗽、气促、头痛和发热，并通常会导致呼吸衰竭。病症的潜伏期有 2～10 日不等。

退伍军人病菌在天然水源滋长，例如湖泊、河流、溪间、池塘及泥土中生长，同时也可以在人工的给水系统中存活。细菌最适应于 20～45℃的温度下繁殖，尤以 35～43℃为

最理想繁殖温度。在 46℃以上及 20℃以下繁殖均会停止，在 60℃以上的生存时间会减少到几分钟，在 70℃时会马上死亡。

这种细菌的传播途径，主要是由人体吸入了空气中含有这种细菌的水雾或微粒，细菌从而进入并积聚于肺内。根据以往的病例显示，导致这种疾病蔓延的微粒主要来自建筑物内的给水系统，包括空调系统的蒸发式冷却塔及增湿器、热水和冷水系统、按摩池、工业加热及冷却处理设备等。这些系统的设计，通常令其操作温度适合退伍军人病菌滋长。以下人员较易感染这种疾病：

(1) 免疫力低的病人，特别是那些有呼吸系统毛病、须接受肾透析人员或应用免疫抑制剂的人员；

(2) 吸烟人员；

(3) 年长者，特别是超过 50 岁的人员；

(4) 男性（比女性受感染的机会多 3 倍）；

(5) 酗酒人员。

总括而言，退伍军人病症的感染是由以下某些因素结合所致：

(1) 气雾中含有退伍军人病菌；

(2) 吸入这些气雾；

(3) 本身为易受感染人员。

二、预防退伍军人病一般预防措施

不论在任何情况下，第一个选择是避免使用可产生污染水喷雾的设备。如不能避免，则应采取措施，减低污染水气雾的扩散以及防止退伍军人病菌在水中滋长，以预防或控制染病的风险。

操作及保养方面的预防措施：

(1) 在更改水管系统时，除去不必使用的部分，避免死角及钝角；

(2) 定期清洁水箱及排出储水，以避免污染及防止淤泥、黏泥、海藻、真菌、铁锈、锈皮、灰尘、污垢及其他异物的积聚；

(3) 定期清洗水管的出水位和不可避免的死角或钝角；

(4) 把化学剂放入淡水冷却塔系统内；

(5) 定期检查及清洁气槽；

(6) 把所进行的测试、保养及预防措施妥为记录，并监察其结果。

三、空调系统预防措施

（一）冷却塔

冷却塔一般用作空调系统及工业冷却工序中的散热设备。冷却水的操作温度十分适合退伍军人病菌的滋长，而且水塔内的喷洒冷却程序容易产生气雾及导致它们散播至邻近地方。冷却塔的设计、操作及维修欠妥善，是退伍军人病症产生的主要成因。冷却塔构造见图 6-10 所示。

1. 操作及维修方面的预防措施

(1) 水的处理应制定全面的水处理计划，持续不断或间歇地利用抗腐蚀剂、表面活化

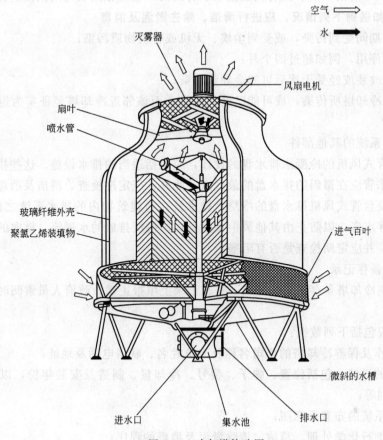

空气 ⟹
水 ⟹

灭雾器

风扇电机

扇叶

喷水管

玻璃纤维外壳

聚氯乙烯装填物

进气百叶

微斜的水槽

进水口　　　集水池　　　排水口

图 6-10　冷却塔构造图

剂及防污化学剂等过滤及处理水塔里的水。水处理计划旨在控制管道及冷却塔因淤沙、锈皮及微生物滋长而出现的污垢，从而保持金属表面的热传导效能，并确保整个系统的水流畅通。

水处理工作应由具备适当资格及经验的人员监督进行。化学剂应小心处理，而有关人员应穿着适当的保护衣物，例如护目镜、手套、面罩、防化学剂围裙等，以防止触及这些化学剂。参加水处理工作的人员应接受有关专业训练，包括使用及保养防护设备等。事后，应洗手，待双手干透后，方可饮食和吸烟。

（2）冷却塔水路在正常水塔运行中会令水分蒸发，而溶解物质仍留在水的系统中，因而使冷却水中的总溶解物增加。总溶解物的增加会导致金属腐蚀、化学沉积以及依赖溶解固体作养料的细菌滋长。

为解决这些问题，一小部分的水应予即排放至排水管，并用补给水替换，从而减低总溶解物的浓度。排放可以采用不间断排放的方式，其流量由电传导计数控制；或采用间歇排放的方式。可由人工控制或电动控制间歇排放。

（3）例行清洁及消毒冷却塔

冷却塔应作定期清洁、除去淤泥及消毒。清洁次数根据水塔的污浊程度及环境而定。清洁次数应定为每半年一次。如有有关效能数据作依据，也可以相隔较长时间才进行清洁，但应起码一年清洁一次。如有关数据显示有需要，也应相隔较短时间便进行清洁。

2. 冷却塔如遇到下列情况，应进行清洁，除去淤泥及消毒

1）在建筑期间受到污染，或受到尘埃、无机或有机物质污染；

2）长时间停用，例如超过四个月；

3）经机械改装或经受干扰后可能会导致污染；

4）受邻近冷却塔所传染，或可能已受其传染，而该邻近冷却塔经证实为退伍军人病症的病源。

（二）空调系统的其他部件

风柜及盘管式风机的冷凝水排水盘的设计，应包括适当的排水设施。这些排水盘应有适当斜度，排水管应在微斜的排水盘的最低点。此外，应定期检查、清洁及消毒排水盘和排水管。风柜及盘管式风机排水盘的冷凝水排水管在与建筑物内的排水系统之前的位置，应设置气隔或存水弯，以防止由其他风柜及盘管式风机所排放的水逆流。横向的排水管应有适当的斜度，并应定期检查是否有阻塞。

（三）妥善备存记录

必须为每座冷却塔备存正式的记录，并在记录上填报正确，政府人员索阅时，应让该人员查阅。

有关记录应包括下列数据：

1. 负责操作及保养冷却塔的公司名称及人员姓名、联络电话及地址；

2. 冷却塔的详情，包括位置、牌子、型号、冷却量、制造及安装年份，以及正确及安全操作的细则等；

3. 机组或系统的布置示意图；

4. 冷却塔例行化学处理、清洁、清除淤泥及消毒的程序；

5. 保养的详细资料，包括：

（1）目视检查的日期及结果；

（2）清洁、清除淤泥及消毒的日期；

（3）化学处理的日期及有关的详细数据；

（4）维修工作（如有需要）及进行日期；

（5）排放方法及自动排放开关的详细数据（如有）。

第（1）至（5）项的资料，应由负责进行有关工作的人士签署作实。

记录簿应保存至少 24 个月。保存记录簿的人员姓名或公司名称、联络电话及地址等数据，应用耐久的标签标明并附于冷却塔上，或贴在冷却塔表面。

第七章 通风系统

在工作场所和建筑物内，良好的通风效果和妥善保养的通风系统，能为雇员提供舒适的环境，避免各种有损健康的无形危害。本章介绍一些有关通风及通风系统保养的方法。

第一节 通风的作用

一、新鲜空气的成分

"新鲜空气"通常是指由建筑物外输入的空气。这些空气应尽可能未受污染，纯净干爽的空气成分有：

(1) 氧气占容积的 20.94%；

(2) 二氧化碳占容积的 0.03%；

(3) 氮气及其他惰性气体占容积的 79.03%。

二、通风的作用

(1) 提供新鲜空气给大厦内的人士，以供呼吸所需；

(2) 排出空气中的污染物，避免该物质可能对大厦内人士的健康构成危害或滋扰，如尘埃、雾、气体、蒸汽、香烟烟雾、体味和细菌等；

(3) 保持舒适的温度及湿度，配合在大厦内的活动。

三、对通风的规格系统的要求

1. 控制空气污染的基本方法

因为各项活动及大厦设计不一样，不同的工作场所需要的通风量便会有差异。控制空气污染物的基本方法包括：

(1) 消除或控制污染源；

(2) 适当地分布空气；

(3) 过滤空气（净化作用）；

(4) 排出污浊空气；

(5) 供应新鲜空气。

2. 室内或室外空气污染物的源头

(1) 室内空气污染物的源头包括有新家具或设备所放出的挥发性有机物、人体放出的气味及二氧化碳、吸烟及装修工程所产生的污染物等。工作场所应实行不吸烟制度。如果吸烟，也应将吸烟局限在一处有独立排气设施的地方。

(2) 室外空气的污染物，例如尘埃及汽车废气等。污染空气可以透过新鲜空气入口进入工作场所。因此，这些空气入口应远离污染源，而引入的空气在供应到工作场所前应作过滤或清洁。

3. 新鲜空气的供应量

供应给一般非吸烟的工作间的新鲜空气量，应为每人每分钟 0.3～0.5m³。如许可吸烟，新鲜空气供应量应为每人每分钟 0.9m³ 以上。如果工厂有有害气体污染物产生，新鲜空气的供应率及不洁空气的排放率，应调节至能将污染物控制在不损害健康的水平。一般的建议是采用局部通风的设备。设计通风系统时，应考虑以下因素：

（1）生产工序或活动的性质；

（2）室内预计人数；

（3）有害物质的毒性和散发率；

（4）大厦设计。

在空调工作环境下新鲜空气的供应量参照表 7-1，作为设计通风系统的参考指标。

一般空间新鲜空气供应量参考表　　　　　　　表 7-1

序号	工作环境	各项工作活动	最低的鲜风供应 （以每人每分钟立方米计数）	备　注
1	固定人数的工作空间	开放式办公室（非吸烟地方）	0.43	每天的一般工作或停留时间多较长，例如 8 小时
2		私人办公室（偶有吸烟活动）、实验室	0.6	
3		会议室、办公室（常有吸烟活动）	1.0	
4		食堂、餐厅、酒楼	0.3（以座位总数及雇员数目为基础）	众人平均的停留时间多短暂
5	一般人流比较多的地点	商场、超级市场、百货商场	0.18	一般为非吸烟地方
6		厨房（餐厅或酒楼）	1.2	局部抽气设备给与煮食炉具的范围

4. 工厂内评估空气污染及改善方法

（1）在没有特殊的污染物来源的工厂内，可使用二氧化碳指标法量度通风是否足够。原因是当二氧化碳浓度因人为活动而升高时，其他污染物的浓度也会相应升高。若二氧化碳的浓度经常超越 1000ppm 时（虽然在此浓度二氧化碳不会直接影响健康），便有需要评估通风供应、分布以及活动的配合，尤其是当有投诉的案件出现时。

（2）如果污染源能被集中，便应将污染物在扩散至影响人员前除去。要达到此目的，可以借着以下方法控制空气流动方向：

1）制造气压差异；

2）使用抽气扇；

3）适当安排入风口及回风口的位置。

（3）要有效地控制空气污染物，可同时使用多种方法，包括足够的新鲜空气供应，良好的空气分布，空气过滤及排出污浊空气等。

第二节　通风系统对健康的影响

设计不完善的通风系统或不足够的通风，对人的健康将产生影响，包括会使人烦躁、削弱注意力和工作表现以及导致疲倦和头痛。通风系统如保养不妥善，能源的消耗及运作成本会增加，效能也会降低，因而导致空气污染物累积及不能维持适当的室内环境质量。

此外，设计不完善或保养不妥善的通风系统会加速散播空气污染物，特别是由系统中肮脏的隔尘器或隔尘网散发出来的微生物，这些微生物可能会对使用该大厦的人员构成健康上的危害。这些危害包括：

（1）退伍军人症

退伍军人症是由于感染了一种名叫"退伍军人症病菌"而引起的疾病。它是经吸入含有"退伍军人症病菌"的微水滴而引发的。这些微水滴可能来自空气调节系统的淡水冷却塔。大多数病例发生在年龄在 40～70 岁的人身上。症状包括发高热、发冷、头痛、肌肉疼痛及咳嗽。

（2）增湿器热症

原因是来自吸入已被污染的增湿器所散发的水滴，但明确的病原体，仍然不详，相信与滋生在隔尘网上的细菌、真菌或藻类有关。这些微生物或其内毒素，可能会引发起个别人的敏感反应。这些症状包括发热、浑身不适、失眠及疼痛等，可能在工作开始后的4～8小时内出现。但在停止工作一段时间后，例如假期后，这些症状一般都会消失。

（3）大厦综合症状

不良的通风是导致"大厦综合症状"现象的重要因素。大厦内人士可能会感到喉痛、头痛、眼睛刺痛和干燥、鼻腔干燥和阻塞、失眠、浑身不适及轻微的上呼吸系统不适等。这些综合症状没有明确的起因。已被提出可能导致大厦综合症状的因素有多种，例如因同事关系不和或工作量太大构成的"心理及社会"因素压力。重复及沉闷的工作也会造成压力。在通风不妥善的大厦内吸入涂改液或其稀释液的蒸气或二手烟，也可能会导致轻微不适。此外，其他的环境因素，包括灯光、湿度、噪声及办公室的陈设，也可能构成压力影响健康。在人挤的地方，投诉会较多。病症多在下午出现，一般而言当每天工作完毕，离开工作地点后病症便会消失。

第三节 通风的方法

通风的方法可分两大类：自然通风和机械通风。

一、自然通风

自然通风是指空气不需要经由任何机械辅助而从门窗或其他通风口排出及流入大厦内。如图 7-1 所示。无可避免这种通风方法的空气替换率并不稳定，因这种方法直接受地理、气象及很多其他的因素所影响。大厦内的人士对此是无从控制的。所以自然通风只适宜用于控制轻微的热负荷和微量的低毒性污染物。

足够的空气输入口及排出口对自然通风极其重要。完全依赖自然通风的大厦。通风口面积应最少占楼面面积的 5%～10%，才能使大厦在夏季得到足够的通风。

二、机械通风

机械通风有"引入稀释通风"及"强行稀释通风"两种方法。

图 7-1　自然通风方法示意图

1. 引入稀释通风

即利用抽风机把大厦内污染空气抽出，同时户外空气则会透过大厦开口渗入，如图7-2所示。这种通风方法是可以由螺旋桨式抽风机将污染空气由大厦内排出。大厦内的气压因而较外面低，令户外空气透过各通风口进入大厦内。这种系统最重要的设计，是空气输入口及排出口需要妥善安排。原则上，应尽可能安排达到"对流通风"的效果。要令抽风机有效运作及避免室内气压过低，足够的补充空气是很重要的。

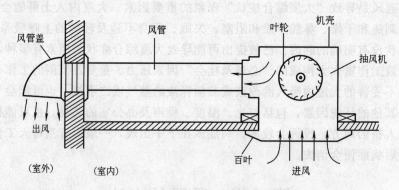

图 7-2　机械引入稀释通风方法示意图

2. 强行稀释通风

即经由管道系统，以吹风机强行将空气送进大厦内。如图7-3所示。

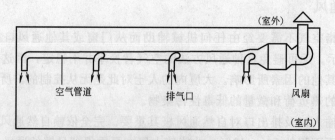

图 7-3　机械强行稀释通风方法示意图

这种通风方法是把空气（最好已作过滤及温度调节的）吹入大厦内作为通风。这个系统通常由一把风扇、一个冷却或加热机组及一个管道系统组成。空气通过这个系统分配至各自所需位置。

稀释通风连同自然通风适用于控制热负荷及中量低毒性气体或蒸气。然而，这种通风系统并不适宜于危害性高的场所，因为，此场所需要用作稀释的空气量，可能超过正常的空气量。

第四节 机械通风系统的保养

使用机械通风系统，首要目的是尽量减低对大厦内人员健康的任何危害，要达到此目的，应遵守下列规定：

(1) 制定及遵守适当的检查、清洁、测试及维修程序；

(2) 定期更换空气过滤器；

(3) 检查通风系统的各部件是否清洁及是否有微生物生长，并彻底清洁不洁部分；

(4) 测试通风系统效能，并将结果与设计标准比较，作出适当的调节或修理；

(5) 如使用水冷却塔，应适当的维修（例如使用除生物剂），避免微生物滋生；

(6) 应雇用合格的通风系统保养公司；

(7) 风机检查维修（风机结构如图 7-4 所示）：

1) 每三个月检查风机的运行情况，并须添加润滑油，调整皮带的松紧度；

2) 每六个月检查所有排风扇的风道内外、电机、风扇和风阀等。

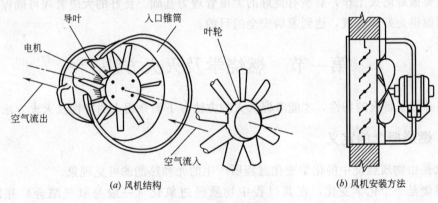

(a) 风机结构　　　　　　　　(b) 风机安装方法

图 7-4　风机结构图

第八章　消防设施及管理

消防系统是指大厦建筑内附属设备中的消防装置部分，包括火灾自动报警系统、消防喷淋系统、消防栓及消防卷盘系统、灭火器及其他配套的消防设施，如防火卷帘、防火门、抽烟送风系统、防火阀、消防电梯、消防通道及事故照明、应急照明等。

消防系统是为救火而用，管理公司及住户必须了解不同用途的消防设备。要懂得其适当的使用方法，如火警发生时，管理公司或住户可使用消防卷盘的消防水管来灭火；其他较小型的消防器具也应学会使用，如二氧化碳灭火器、干粉灭火器、泡沫灭火器、沙桶及灭火毡等。另外消防栓设置于楼梯间附近，供消防人员在火警时使用。日常管理要避免消防设备被人滥用。

有关消防系统保养维修，管理公司要注意的事项很多，包括要了解各种消防设备的运作问题及损坏情况，一经发现问题，应立刻报告值班主任跟进有关项目。要定时安排大厦的防火演习，使管理人员和住户加强防火意识及认识消防设备的操作，更需要每年检查消防设备一次以保安全。这些检查应聘用专业消防承包商进行，并作出每一个项目的报告。

大厦要做好防火工作，必须有良好的大厦管理为基础。良好的大厦管理可确保大厦的防火工作做得更好和有效，达到家居安全的目的。

第一节　燃烧学及灭火方法

我们必须了解火的特性，才能掌握灭火的方法，下面介绍火的特性及灭火方法。

一、燃烧概念的定义

1. 火是由物质燃烧中的化学变化过程所产生的光和热能的可见现象。

2. 燃烧是一个化学变化，在其过程中物质经过氧化（一般与氧气结合）并发出光和热。

3. 爆炸是一个高速的化学变化，在其过程中产生大量热能及气体，在高速膨胀时带来巨大的声响及破坏力。

二、燃烧的三个要素

燃烧的三个要素包括燃料、热力、空气。

1. 燃料

在正常环境下，根据燃料的物质形态可分为三种，即固体（如木材、煤等）、液体（如汽油、柴油等）、气体（如煤气、氢气等）。

2. 热力

热力是能量的一种，经过化学和物理变化产生出来。高度的热力导致物质燃烧，由燃烧产生的热力可使物质继续燃烧至燃料耗尽而熄灭。

3. 空气

空气由多种气体组成，氮气和氧气是主要成分，氧气本身并不可以燃烧，却是助燃气体，一般情况下，大多数的物质在没有氧气的环境下是不可能燃烧的。

4. 燃烧的过程

在燃烧过程中，物体（包括固体及液体）必须先受热，挥发成气体，然后再与氧气进行化学变化而产生燃烧。

三、燃烧三角

由于"火"需要三个燃烧的要素同时存在才能形成，包括燃料、热力、氧气，缺一不可。因此，在燃烧学上称之为"燃烧三角"（图8-1）。

四、灭火的基本原理

灭火的基本原理是针对燃烧的三个要素，将其一或以上除去，导致燃烧的化学变化不能持续。灭火的方法可分为下列三种：

1. 饥饿法

这种方法是将供应燃烧的燃料除去，使火因没有燃料而熄灭。

一般采用的方法如下：

（1）将火焰邻近的可燃物体移去；

（2）将正在燃烧的物体移去，远离其他可燃物体；

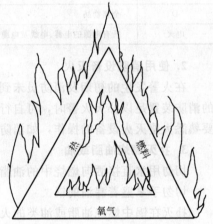

图8-1　燃烧三角图

（3）将正在燃烧的物体分成小堆，使火势减弱，然后逐个扑灭或让其自行将燃料耗尽而熄灭。

2. 冷却法

当燃烧所产生的热量不能弥补被散发的热量时，热力便会下降而终止燃烧。一般采用的方法是使用大量吸热的物质（如水）灌向火焰，使其吸去燃烧所产生的热量而终止燃烧。

3. 窒息法

将火焰四周的空气中所含氧气成分大幅减少，终止燃料与氧气的化学变化（氧化作用）令火熄灭。一般采用的方法如下：

（1）用物件覆盖火焰，使火焰与空气隔绝；

（2）将不能助燃的气体（灭燃气体，例如二氧化碳气，氮气等）向火焰周围灌注，将空气驱离火焰，令其熄灭。

五、火的种类及其扑灭方法

每种物质皆有不同特性，例如：汽油比水轻，黄磷遇到空气会自燃，金属在高热时对水会产生分解作用等，因此，在灭火时，必须针对燃料的特性，采取有效的方法才可成功将火扑灭。

1. 火的种类

为选择适当灭火方法，国际上按燃料的特性，将火分为下列五类（表8-1）：

火的分类及扑灭方法 表 8-1

火的种类	燃　料	最有效灭火燃体	扑灭方法
A	固体通常是有机化合物，如木材、塑料等	水	冷却
B	可燃液体（如汽油）或可燃的液化固体（如油脂），可燃液体分以下两种：(1)可与水混合的（如酒精）；(2)不可与水混合的（如汽油）	根据(1)或(2)类而定，包括：泡沫、水雾、干粉及灭燃气体等	窒息
C	可燃气体（如氢气）或可燃的液化气体（如石油气）	水雾可冷却容器	冷却
		二氧化碳及灭燃气体等	窒息
D	金属物品	石墨粉、滑石粉、石灰及干沙等	窒息
电火	所有电源的电器、电线及电缆	二氧化碳气、灭燃气体、干粉等	窒息

2. 使用消防设备灭火

在火警发生的初期及消防员未到场之前，现场的人员在保证安全的情况下，采用适当的消防装置足以扑灭火警时，可自行灭火，从而避免火势蔓延，造成更大的损失。因此，要熟悉大厦灭火设备的操作，如消防卷盘、灭火器及灭火毡等，用来进行灭火工作。

3. 扑灭燃烧油脂或油

切勿用水直接洒向燃烧中的油脂或油。

切勿手拿盛着沸油的锅。

扑灭在锅中燃烧油脂或油类的火，应将炉火熄灭，用锅盖或盆将锅盖住。如衣服或烹饪中的油脂或其他易燃液体着火，应用灭火毡盖灭火焰。灭火毡最好是收藏在置于墙上的金属圆罐内。如火势蔓延时，才可用水洒向四周。

4. 扑灭电气装置发生火警

应该关闭供电总开关或拔去该电气的插头。

切勿使用水或水剂灭火器来扑救电气所导致的火警。

应使用干粉或二氧化碳气体灭火器去扑灭电气装置发生的火警，同时应记住将电源切断。

5. 扑灭着火衣服火警

如果你的衣服着火，应立即躺下，以防火焰灼伤你的脸部，然后在地上"扑倒滚动"。如果能用任何纤维织物（例如：一张毛毡、地毯、外套、窗帘、长袍、浴巾）包住身体在地上打滚更好，但如未能立即找到上述的纤维织物，也应立即躺下滚动。

如果你看见有人衣服着火，首先应令他躺在地上，然后拿毡或地毯将他包住。同时，提防自己的衣服着火。

立即通知医疗救护，以防受火烧伤者有休克现象。

第二节　大厦的消防设施介绍

大厦的基本消防装置一般包括火灾自动报警系统、消防喷淋系统、消防栓、消防卷盘、灭火器及其他配套的消防设施。这些装置及设备的作用包括：（1）可以发出警报；（2）防止火势蔓延；（3）扑灭火势。应确保这些装置在任何时候均能操作正常。

管理公司及法团应委聘注册消防装置承包商每年最少检查、保养及验证有关装置一次。如发现消防装置出现故障或损坏，应立即聘请认可的消防设备承包商进行检查及修理。

根据《消防条例》（香港法规第95章），消防装置或设备的制造、使用作下列用途或设计，以供作下列用途的任何装置或设备：

（1）灭火、救火、防火或阻止火势蔓延；

（2）发出火警警报；

（3）为灭火、救火、防火或阻止火势蔓延的目的而提供通道前往任何处所或地方。

1. 发出消防证明书

开发商在建筑大厦之前，工程师须将该大厦的图纸经屋宇署送交消防处建设科审核，以便决定该座大厦需要安装的消防设备。该科经审核并在图纸上列明所需的消防设备后，会发给一张消防证明书（F. S. 161）。根据《建筑物条例》第16条的规定，屋宇署在该图纸未经消防处处长签署或附有消防处处长签发的证明书时，可拒绝批准该图纸或建筑工程的进行。

当该大厦的消防设备完成后，消防处牌照及审批总区消防设备科人员将会实地检验其效能。如符合规定，便发给消防证明书（F. S. 172）。证明书须呈交屋宇署，如其他建筑情况也合格，该署才发给该建筑物"合格证"。

2. 常见的消防装置和设备

常见的消防装置和设备包括：

（1）火警自动警报系统；

（2）消火栓及消防卷盘系统；

（3）消防喷淋系统；

（4）自动气体灭火装置；

（5）应急照明系统；

（6）出口指示牌；

（7）消防电梯；

（8）手提灭火器具；

（9）机械式排烟系统；

（10）通风及空气调节控制系统等。

消防处会依据《最低限度之消防装置及设备守则》来决定有关建筑物所需要安装的消防设备。

大厦合格后，业主或住户须经常保持消防装置及设备操作效能良好。若发现消防设施损坏，应立即维修。我们必须要留意并了解我们工作地点及家居的消防设备的位置和使用方法，在紧急时才可以立即采用适合的消防设备来灭火。以下介绍有关的消防设备。

一、火灾自动报警系统

目前，一些新建的大厦都在其地面消防控制中心设有消防报警控制盘，它与各类感应探测器、消防报警按钮及喷淋系统等联系，如图 8-2 所示。当火灾发生时，发出报警及亮起警灯，指示出火灾发生的现场地点。管理人员应根据显示火警信号做出相应的救火行动。

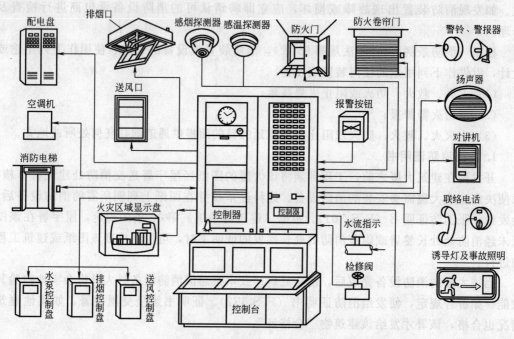

图 8-2　消防控制系统图

火警自动报警系统需要在所探测的地方装上感应探测器。包括温感探测器及烟感探测器。如图 8-3 所示。温感探测器受热时其内的金属片就会变形，接通电路及发出火警信号。烟感探测器遇有烟雾时，其内的辐射物体感应发出火警信号，灵敏度较高，但也因此有时发出假信号（香港通常称误鸣），例如尘多，湿气重或附近餐馆厨房喷出大量浓烟等，都会发出火警信号，导致误鸣。

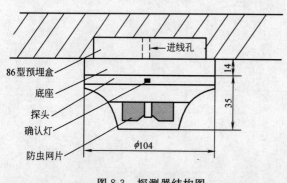

图 8-3　探测器结构图

大厦的公共设施，如泵房、配电房、空调机房、电梯机房等都设有火灾报警探测器。当探测到火警时，使大厦的消防警钟鸣响报警。

报警控制盘一般装有复原、重置、静音、试灯及试钟各种按钮。按下复原按钮，可使警钟停响与警灯熄灭，恢复正常状态。静音按钮用来停止警钟鸣响，以便更换有关消防配件。试灯按钮则能使信号灯全部亮起来，得知是否已有灯泡烧坏，以便及早更换。试钟按钮是用来测试消防警钟是否运行正常。

在香港，大厦的消防报警系统是与消防处相连接的，当大厦的消防报警控制盘有报警信号时，消防处可同时收到报警信号，通常测试消防警钟时，应先通知消防处，把大厦与消防处的联机联系切断，俗称为大厦"挂牌"，"挂牌"后才可开始测试警钟是否有故障。

当测试完成后，通知消防处恢复消防信号，俗称为大厦"除牌"。

二、消防喷淋系统

消防喷淋系统的组成主要有消防水箱、喷淋水泵、喷淋头、水动警钟、水流指示器、压力开关等，如图8-4所示。控制消防喷淋系统的部分设备安装在大厦的地面入口附近，内设有入水阀、放水阀、压力表及警钟等。由于喷淋系统设计有一定的水压，加上消防喷淋水泵的开关配合，水压过高或过低都可自行调整。消防喷淋系统工作流程如图8-5所示。

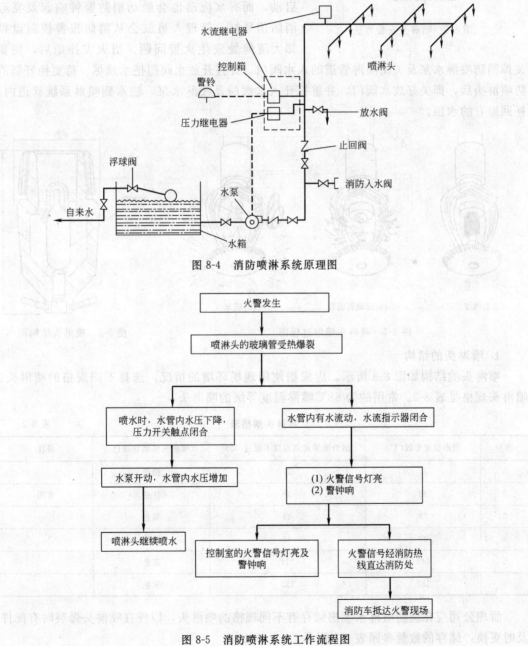

图 8-4 消防喷淋系统原理图

图 8-5 消防喷淋系统工作流程图

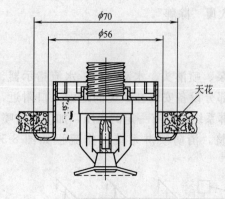

图 8-6　喷淋头安装方法

大家都知道，只有在火灾刚起火时才容易被扑灭，消防喷淋系统就有此作用，在所保护的地方一有火灾时就会自动喷水，至少能控制火势，使之不立即蔓延。消防喷淋系统是在大厦的顶棚上装设水管与喷淋头，如图 8-6 所示。一旦起火，散发的热力会使喷淋头的玻璃管受热破裂，水管内的水从喷淋头喷出来灭火，如图 8-7 所示。水喷出后，水管内的压力就会下降，导致喷淋水泵启动，而有水流动也会触动消防警钟响起及亮起消防信号灯。管理人员就会从消防报警控制盘得知大厦何处发生火警问题。当火灾扑熄后，便要关掉消防喷淋水泵及关闭喷淋管道的入水阀门，并打开放水阀门把水放尽。待更换好新消防喷淋头后，即关好放水阀门，并重打开入水阀门及喷淋水泵，输水到喷淋系统管道内，补回原有的水压。

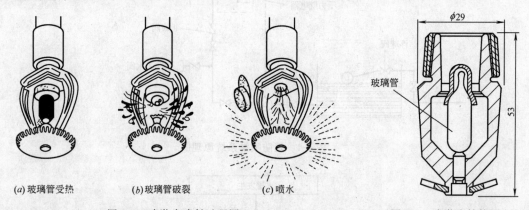

(a)玻璃管受热　　　　(b)玻璃管破裂　　　　(c)喷水

图 8-7　喷淋头喷射过程图　　　　　　图 8-8　喷淋头结构图

1. 喷淋头的结构

喷淋头的结构如图 8-8 所示。应根据使用现场环境的情况，选择不同规格的喷淋头。喷淋头规格见表 8-2。常用的为 68℃喷淋温度等级的喷淋头。

喷淋头规格表　　　　　　　　　　　　　　　　　　　　　　　　表 8-2

序号	喷淋温度等级(℃)	适合安装地点温度不超过(℃)	喷淋头玻璃管颜色	备注
1	57	27	橙色	
2	68	38	红色	常用
3	79	49	黄色	
4	93	63	绿色	
5	141	111	蓝色	
6	182	152	紫色	

管理公司应在消防喷淋水泵房储存有不同规格的喷淋头，以便在喷淋头爆裂时有配件及时更换，储存的数量参照表 8-3 所示。

喷淋头储存数量表　　　　　　　　　　　表 8-3

序　号	建筑物喷淋头总数（个）	储存喷淋头数量（个）	备　注
1	300 以下	6	
2	300~1000	12	
3	1000 以上	24	

2. 喷淋水泵

喷淋水泵受压力开关控制，当喷淋头爆裂时，喷淋系统管道内的水压下降，压力开关接通，喷淋泵启动补充水压，当水压满足要求时，喷淋泵停止运行。

注意：喷淋泵平时处在自动运行状态，平时不要接近，维修时必须先切断电源。

3. 喷淋头误报警的处理方法

消防喷淋头有时会因意外碰撞而破裂，管理人员要及时关掉入水阀门及喷淋水泵，然后打开放水阀门放水，等到水放尽后再进行检修。同时应采取措施，阻止水进入电梯井道等重要场所，可将水引入排水口及后楼梯。否则，喷淋头喷水造成的水浸会招致重大损失。

三、消防卷盘及消防栓

大厦的消防栓及消防卷盘是同一个系统供水，系统主要包括地面及天台消防水箱、消防上水泵、消防加压泵、消防栓、消防卷盘及消防队员用入水管接头等组成。如图 8-9 所示。

从大厦外自来水流入大厦的地面消防水箱，再由地面消防水泵将水输送到天台的消防水箱，天台的消防水箱要保持一定的储水量。当水位降低时，地面消防水泵会自动启动水泵补水到天台水箱。天台同时设有消防加压水泵用来增加水压。使消防栓及消防卷盘的水压能满足灭火要求，在消防卷盘处设有消防报警按钮，当按钮的玻璃被打碎时，警钟就会响起，同时天台的加压水泵运行供水用于灭火。

1. 消防卷盘组成

在大厦内的每一层都至少设有一个或多个消防卷盘，在设计上可以覆盖大厦的全层，通常楼层及商场为暗装，车场等处为明装。每组卷盘的长度为 30m。卷盘的水源来自大厦的消防水箱，使用时水源会经消防泵加压，射出的水柱会达至少 6m 远。

消防卷盘由供水阀门、胶皮管、管嘴阀门、射嘴、消防报警按钮等组成，见图 8-10 所示。

消防卷盘是任何人都可使用的灭火设施，适用于可被水扑灭的火警，如燃烧中的木、纸、棉纱等。切勿用以扑救燃烧中带电的电气设备、油、易燃液体或金属物品。但由于喷水量不大，只可在专业消防人员还没有赶到之前，用来扑灭初期的小火。

消防卷盘应置于适当的玻璃箱内，如有欠妥善之处，管理处应及时加以纠正。根据《水务设施条例》规定，除救火外，消防管不得作其他用途。凡从消防供水系统取水作非灭火用途，如洗车或洗地，均属违法，不但会被检控，最高罚款 5000 元，更会减低大厦在遇到火警时的灭火能力。

2. 消防卷盘的使用方法

只可在安全的情况下使用消防卷盘。

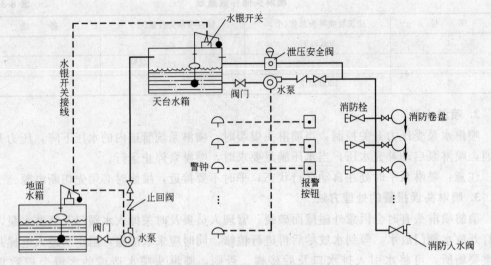

(a)大厦消防卷盘及消防栓系统原理图

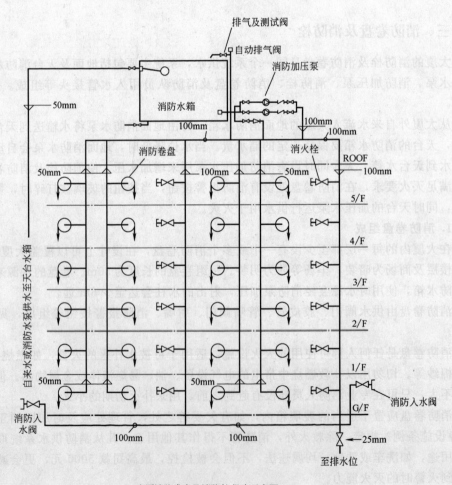

(b)大厦消防卷盘及消防栓供水示意图

图8-9 大厦消防卷盘及消防栓结构图

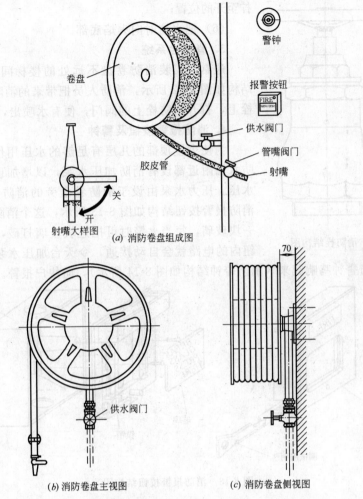

警钟

报警按钮

卷盘

供水阀门

管嘴阀门

胶皮管

射嘴

关

开

射嘴大样图

(a) 消防卷盘组成图

70

供水阀门

(b) 消防卷盘主视图

(c) 消防卷盘侧视图

图 8-10　消防卷盘组成图

　　确保家中每个人都懂得怎样使用装设在大厦内的消防装置，如灭火器、消防卷盘等。
选择使用最近火场位置又安全的消防卷盘，
须先确定有安全的撤退途径才可使用消防卷
盘救火。若火势失去控制时要立即逃生。

　　请按以下次序开动消防卷盘（将此说明
张贴在消防卷盘旁）：

　　（1）用硬物敲碎消防报警按钮玻璃，发
出警报；（此时警钟就会响起，消防加压水
泵会自动启动，为卷盘提供高压水源）

　　（2）开动消防卷盘旁的供水阀门；

　　（3）用硬物击碎消防射水嘴盒的玻璃
（图 8-11）；

　　（4）从卷盘处拉出消防胶皮管；

　　（5）在安全距离对准火源，把管嘴的阀门

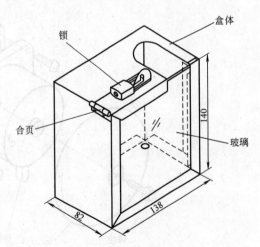

锁

盒体

合页

玻璃

140

82

138

图 8-11　消防射水嘴盒图

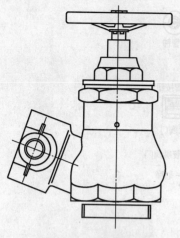

图 8-12　消防栓结构图

拧至开的位置;

（6）把水柱射向火焰底部。

3. 消防栓系统

通常，安装消防卷盘不远处的楼梯间都设有消防栓，结构如图 8-12 所示，消防人员把带来的消防水带接在消防栓上，打开消防栓上的阀门，便有水喷出，用来灭火。

4. 消防报警按钮及警钟

为使大厦顶部的几层有足够的水压用作救火，天台消防水箱附近都设有消防加压水泵，以增加顶部几层喷出的水压。压力水泵由设于消防卷盘旁的消防报警按钮控制。消防报警按钮结构如图 8-13 所示，这个消防按钮的表面有一块玻璃，每当火警时可把这块玻璃打破，而消防报警按钮内的电路就会自动接通，令天台加压水泵运转，并使整座大厦的消防警钟鸣响起来（消防警钟结构如图 8-14 所示），向住户报警。

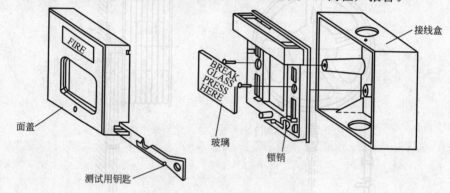

图 8-13　消防报警按钮结构图

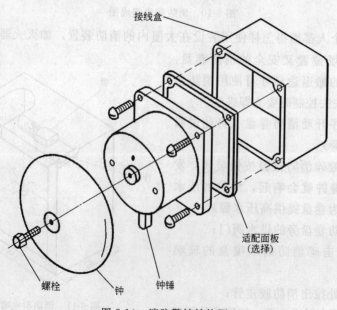

图 8-14　消防警钟结构图

四、消防入水龙头

大厦的地面入口明显处还设有消防人员用的消防入水龙头。每当有火警时，消防人员会把消防车上的水泵和水管与这个消防龙头接连。另一端则连接街边的消防龙头，以备大厦消防水管因故障无水供应或水压不足时，还可开动消防车上的水泵，从外面输水救火。

五、大厦的耐火结构

大厦由不同的构件组成，部分构件的设计有耐火作用，万一发生火警可阻止火势蔓延，保障生命财产免遭损失。大厦内耐火结构应注意保护，若未得建筑事务监督的批准，不得擅加改动。擅自改动耐火构件会减低构件的耐火特性，影响大厦的消防安全。

业主应妥善保养耐火构件。若发现有耐火结构损毁或改动，业主、使用人、业主立案法团或管理公司便应聘用认可人士，评估有关状况及建议补救办法。有关的工程应先向建筑事务监督申请批准，获准后才可以开工。屋宇署及各区民政事务处均备有认可人士名册，可供查阅。认可人士包括已根据《建筑物条例》注册的建筑师、工程师及测量师。大厦的耐火结构包括：

1. 消防员电梯厅

在火警发生时，围墙可保护使用电梯的消防员，因此，不得改动门厅墙壁和门。

2. 特别房间

耐火围建物防止火势从该处房间蔓延，因此，不得开设额外通道。如电梯机房、配电房、消防泵房、空调机房或同类危险装置的机房墙壁必须保持状况良好，墙上不得开设没有防护的孔洞。

楼梯间的电线和同类装置必须用具有耐火性能的墙或管道围封。这些墙和管道必须保持完整无缺。如果设有检修门，则这些检修门必须经常关闭。

3. 墙壁及楼板

耐火墙及耐火楼板防止烟火从大厦一处蔓延至另一处。因此，墙壁及楼板不得开设额外孔洞。防护门廊的耐火墙及门不得改动或加开孔洞。

4. 楼梯

除灭火设备及装置外，楼梯内不得敷设电缆、气槽或类似设施。

5. 防烟门及消防门的管理

消防门防止烟火蔓延进入楼梯内，因此应有足够耐火特性，并且有自掩装置，保持消防门经常关闭。

消防防烟廊、消防电梯大堂、楼梯、配电房和空调机房或同类危险装置机房的门，连同门铰、钢丝玻璃和闭门器等，必须妥加保养。这些门不得拆除或换上具有较低耐火时效性能的门，例如普通玻璃门。

6. 公共走廊

公共走廊的墙壁及门均不得有任何洞口，且须具备指定的耐火特性。否则，烟火便可穿过该洞口充满走廊，使防火通道无法使用。

六、其他消防设施

1. 楼梯增压

楼梯增压是指保持楼梯周围气压高于大厦邻近部分气压，从而阻止烟雾进入，使楼梯免受烟雾影响。需要增压的楼梯的数目由地库的立体空间决定，有时也视大厦的具体情况而定，需增压的楼梯的数目不得超过防火通道守则规定的数目。

2. 防火阀

空气的流动会使火势蔓延，所有通风及空调风管上加装有防火阀，平时为常开。当火灾发生时，热空气经过防火阀，熔化易熔焊接板上的熔片，弹簧拉动防火阀板关闭，阻止火势通过。防火阀结构见图 8-15。

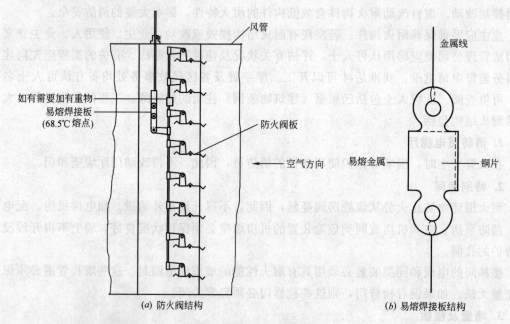

(a) 防火阀结构   (b) 易熔焊接板结构

图 8-15　防火阀结构

3. 出口灯、应急灯

出口灯、应急灯（图 8-16）由紧急电源供电或安装有蓄电池，当火灾发生时，可能使大厦停电。使用出口灯、应急灯照明用于人员逃生。

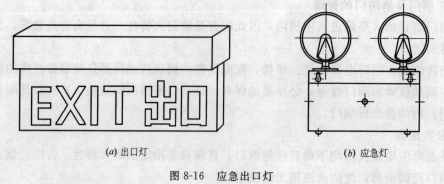

(a) 出口灯   (b) 应急灯

图 8-16　应急出口灯

4. 应急发电机

应急发电机是指发电量足够为各项必要服务供电的发电机。消防处规定，香港新建的建筑物都有自己的应急发电机作为后备电源，以便大厦万一发生火警时，电力中断，有后备电源供电用来开动消防电梯、消防水泵与供电给大厦楼梯与走廊等的应急照明设备，方便消防人员扑灭火灾及大厦住户逃离火灾现场。

第三节　手提灭火器具

除了上述的消防卷盘、消防喷淋及消防栓的灭火装置外，尚有其他可携带的小型灭火器具，用于起火时迅速灭火。包括二氧化碳灭火器、干粉灭火器、泡沫灭火器、沙桶及灭火毡等。

灭火器是一种轻便简单的灭火工具，通常可用来扑灭小火。通常灭火器应放置在显眼的地方，人们要认识灭火器的用途及使用方法，以便正确地选用灭火器。一般大厦内的灭火器主要有四种类型：有水剂、泡沫剂、干粉及二氧化碳气体灭火器。它们的用途各有不同。下列介绍有关普通灭火器类型及用途。

一、二氧化碳水式灭火器（气芯式 /储压式）

此两类形式的灭火器为直立式。容器内储存 6 或 9 公升的清水。气芯式（图 8-17）装有一枝二氧化碳气芯，气芯的操作压力为 1MPa。储压式没有二氧化碳气芯，但容器内存有 1MPa 压力的空气或氮气。

1. 适用于火警的类型

扑灭一般有机物体，如木材、棉织品、纸等而引起的火警。

2. 切忌

切勿用以扑救燃烧中带电的电气设备、易燃液体或金属品。

3. 用法

（1）将灭火器自摆放位置取往火场，保持安全距离；

（2）将操作杆的安全针拉出，喷嘴指向燃烧物体；

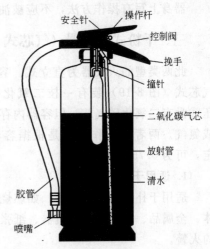

图 8-17　二氧化碳水式灭火器

（3）按下操作杆，如属气芯式，撞针会刺穿气芯，而放出二氧化碳气，同时开启控制阀；如属储压式，控制阀也会因而开启，器内的清水便会自喷嘴喷出，调校喷嘴使清水射向火焰的底部使燃烧物体冷却；

（4）待火熄灭后将操作杆松开，清水便停止喷射。

二、化学泡沫式灭火器（气芯式、储压式）

此两类型的灭火器为直立式。容器内储存 6 公升或 9 公升的泡沫液体。气芯式（图

8-18）装有一枝二氧化碳气芯，气芯的操作压力为 1MPa。储压式没有二氧化碳气芯，但容器内存有 1MPa 压力的空气或氮气。

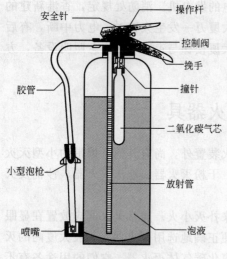

图 8-18 化学泡沫式灭火器

1. 适用于火警的类型

扑灭油或易燃液体的火警，多用于液体性失火。

2. 切忌

切勿扑救带电的电气设备的火警。

3. 用法

（1）将灭火器自摆放位置取往火场，保持安全距离；

（2）将操作杆的安全针拉出，喷嘴指向燃烧物体；

（3）按下操作杆，如属气芯式，撞针会刺穿气芯从而放出二氧化碳气，同时开启控制阀；如属储压式，控制阀也会因而开启，两者所存的泡液便会自喷嘴喷出，调校喷嘴使泡沫射向器皿内壁，直至泡沫完全覆盖燃烧中的油或易燃液体，从而使其窒息；

（4）待火熄灭后将操作杆松开，泡沫便停止喷射。

器身上写有操作方法，不应被油漆涂上或纸张遮盖。

三、干粉式灭火器（气芯式、储压式）

此两类型的灭火器为直立式。容器内储存 1～12kg 的干粉（碳酸氢钠或碳酸氢钾）。气芯式（图 8-19）装有一枝二氧化碳气芯。储压式没有二氧化碳气芯，但容器内存有压缩空气或氮气。两者的操作压力是根据容器的大小而定，可为 0.75～1.5MPa。

1. 适用于火警的类型

适用于扑灭大多数火警，如燃烧中的易燃液体、金属品、电器设备、机器、纸张或棉织品等的火警。

2. 用法

（1）将灭火器自摆放位置取往火场，保持安全距离；

（2）将操作杆的安全针拉出，喷嘴指向燃烧物体；

（3）按下操作杆，如属气芯式，撞针会刺穿

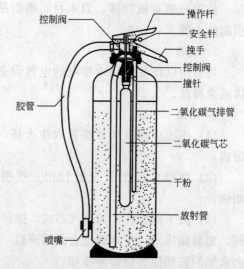

图 8-19 干粉式灭火器

气芯从而放出二氧化碳气，同时开启控制阀；如属储压式，控制阀也会因而开启，两者所存的干粉便会自喷嘴喷出，调校喷嘴使干粉射向火焰的底部令燃烧物体窒息；

（4）待火熄灭后将操作杆松开，干粉便停止喷射。

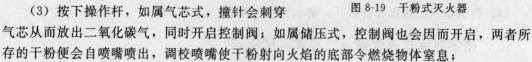

四、二氧化碳气体灭火器

此形式的灭火器为直立式（图 8-20）。容器内储存 $1\sim7kg$ 的液态二氧化碳（CO_2）或其他灭燃气体，如溴氧二氟甲烷气（BCF），通常是容器的 2/3 容量。操作压力约 5.6MPa，故器身特别坚硬。

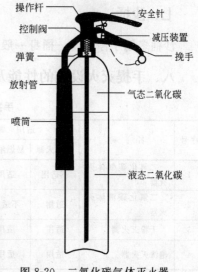

1. 适用于火警的类型

扑灭在燃烧中的任何电气设备、易燃液体、精细仪器、重要文件或在密封地方发生的火警。

2. 用法

（1）将灭火器自摆放位置取往火场，保持安全距离；

（2）将操作杆的安全针拉出，喷器指向燃烧物体；

（3）按下操作杆，控制阀便会因而开启，使器内的液态二氧化碳气化膨胀，并自喷嘴喷出，射向火焰的底部，令燃烧物体窒息；

（4）待火熄灭后将操作杆松开，气体便停止喷射。

图 8-20 二氧化碳气体灭火器

3. 注意事项

（1）气化过程会使引向喷器的输气管冷冻，故不可接触，以免冻伤；

（2）二氧化碳虽然无毒，但大量吸入可令人窒息，故用毕灭火器后，应从屋内到空旷地方；

（3）用气体灭火器扑救易燃液体火警时，要保持距离，以免喷出的气体吹起易燃液体而扩散火势。

五、灭火器的保养

灭火器每年至少由注册消防承包商检查测试一次，每次灭火器检查测试完成合格后，应填好下列标牌（样式如下），张贴在灭火器器身上。并应经常检查灭火器的有效期。

承包商名称：＿＿＿＿＿＿＿＿

注册编号：＿＿＿＿＿＿＿＿

保养日期：＿＿＿＿＿＿＿＿

有效日期至：＿＿＿＿＿＿＿＿

压力试验日期：＿＿＿＿＿＿＿＿

保养证书编号：＿＿＿＿＿＿＿＿

六、灭火毡

灭火毡的制成原料有羊毛及铝质纤维等。而其尺寸不能小于 $1200mm\times1200mm$。

1. 适用于火警的类型

适用于扑灭燃烧中的易燃液体火警，及以厨房或实验室中所发生的小火。

2. 用法

将灭火毡自套中取出张开，覆盖于火焰上，以隔绝空气，并关闭热源，待该燃烧物体冷却后，方可将灭火毡移去。

七、沙桶

沙桶多用于停车场，桶身一般漆红色。用于扑灭燃烧中的易燃液体。

八、手提灭火设施的性能及使用方法（见表 8-4）

手提灭火设施性能及使用方法　　　　　表 8-4

序号	名　称	适用火源类别			使 用 方 法	注 意 事 项
		普通火源	易燃液体	电器用具		
1	二氧化碳气体灭火器	不适用	适用	适用	尽量向火源底部喷射	喷射完后，要立即离开现场，否则会有窒息危险
2	二氧化碳液体灭火器	适用	不适用	不适用	向火源底部喷射	切勿用于油脂、石油产品、电器设备及轻金属等火警
3	干粉灭火器	适用	适用	适用	直接向火源底部喷射	
4	泡沫灭火器	适用	适用	不适用	使泡沫从上面向下覆盖火源	切勿用以扑救带电的电气设备的火警
5	灭火毡	适用	适用	不适用	将灭火毡覆盖于火焰上，以隔离空气，并关闭热源	等燃烧物体冷却后，方可将灭火毡移走
6	灭火沙桶	适用				

第四节　消防设施的维修保养

一、注册消防装置承包商分类

根据香港法规，消防设备的安装、保养、修理及检查应由注册消防装置承包商负责。注册消防装置承包商分为三类，各自只可在指定工作范围内提供服务，见表 8-5。

注册消防装置承包商分类　　　　　表 8-5

序号	类别	适合进行的工作
1	第 1 级	装置、保养、修理和检查任何设备。有电路或其他仪器探测器或火警，并警报或以其他方式发出警告的消防装置或设备(手提设备除外)
2	第 2 级	装置、保养、修理和检查任何消防装置或设备(手提设备除外)，其中包括： (1)经设计或改造，用以输送水或其他灭火媒介的水管及配件； (2)不属第 1 级所指明的任何其他种类的电力器具
3	第 3 级	保养、修理和检查手提设备的工作

二、常见的消防设施问题

1. 防烟门被楔开或自掩装置失效。

2. 消防装置没有按规定每年由注册消防装置承包商检查一次。

　　3. 消防装置损坏或不能正常运行。

　　4. 装设于大厦内的灭火器被损坏或移走。

　　5. 手动警报装置遭其他物体阻塞或遭破坏。

　　6. 卷盘及消防栓遭阻塞或遭破坏。

　　7. 消防入水口遭开启的防盗门或其他物料阻塞。

三、消防设施的维修保养

　　安装于任何大厦内的消防装置或设备，应经常维修、保养，保持这些装置或设备的良好效能，并应安排注册消防装置承包商每 12 个月最少检查一次。

　　1. 消防检查内容

　　(1) 检查及测试火灾自动报警系统，包括消防控制盘、探测器、手动报警按钮、消防警钟；

　　(2) 检查及测试消防喷淋系统，包括喷淋水泵；

　　(3) 检查及测试消防卷盘及消防栓系统，包括上水泵、中途水泵、加压水泵；

　　(4) 检查及测试各类手动灭火器具，包括各类灭火器、灭火毡及灭火沙桶等。

　　2. 有关消防系统维修保养应注意事项

　　(1) 管理人员日常巡楼时要留意各种消防设备损坏的问题，如卷盘滴水、卷盘射水嘴盒玻璃破裂、防烟门闭门器失灵或被杂物阻塞、喷淋头撞弯有破裂危险、遗失灭火器、消防泵房有杂声等，一经发现，立即报告值班主任。

　　(2) 要储备适当数量的喷淋头、温感探测器、烟感探测器、卷盘射嘴及消防报警按钮玻璃，以避免消防维修人员进行保养维修时因缺乏配件而中断。

　　(3) 要定时利用消防报警控制盘上的"试钟"，安排测试大厦消防警钟的操作，以确保消防警钟的运行正常。如有故障，及时通知消防保养承包商进行维修。

　　(4) 要适时安排大厦防火演习（最好每年安排一次），使管理员加强认识消防设备的正确操作及大厦住户对防火措施的重视，减少由于人的无知对消防设备滥用导致的损坏。

　　(5) 每年至少进行消防设备大检查一次。找出各项消防设施损坏的问题，并尽快进行维修，每次检查都应做好以下几条：

　　1) 检查消防卷盘的卷器，在卷盘卷器转动轴上加润滑剂，试转几下，把胶皮管拉出，再卷回去；

　　2) 打开消防卷盘旁的供水阀门，消防水管的水就会流进胶皮管。此时水管上的射嘴仍然关闭，可检查出水管与射嘴是否漏水。可把水管拉到厕所或楼梯口，将射嘴上的阀门打开使水射出来，以测试水压的强度；

　　3) 检查消防卷盘旁的消防报警装置，可用测试钥匙插入测试或将螺丝及玻璃松开，当其内电源接通后，就会开动天台的消防加压水泵，并且鸣响消防警钟；

　　4) 检查楼梯间的消防栓，可试转几下其阀门及加润滑油。为要试验其水压，可在大厦顶层的消防栓接上水管，然后把水管装有射嘴的另一端带到天台去，并开动消防加压水泵，便可测试射水的压力，及从压力表记下读数以作参考；

　　5) 测试温感探测器及烟感探测器的效应。将热量及烟雾接近探测器，如操作正常，温感探测器及烟感探测器受热或烟感应后，就会鸣响大厦的消防警钟；

6）通常由于环境不允许，很难测试消防喷淋系统喷淋头喷水，但也应设法将排水阀门放水及开动消防喷淋系统入水测试消防水的压力。消防喷淋系统与消防警钟的联动也要测试；

7）各式灭火器也应趁着消防设施检查时逐一检查，察看有否漏气，按钮有否操作失灵等；

8）测试应急发电机的联动运行。

四、消防安全检查

业主、使用人、经理人、建筑物管理代理人、物业管理公司、法团或负责大厦管理的其他人士和组织，均须按照民政事务总署所编印的消防安全巡查表（见表 8-6），对大厦的消防安全设施进行例行检查，若发现有违规之处，便须加以纠正。

消防安全巡查表　　　　　　　　　　　　　　表 8-6

大厦名称：＿＿＿＿＿＿＿＿　　　　　　　　　日期：＿＿＿＿年＿＿＿＿月＿＿＿＿日

序号	存 在 问 题	楼层	位 置			备注
			走廊	楼梯	出入口	
一	防烟门的管理					
1	防烟门被拆除或损毁、门铰损坏或镶嵌玻璃破烂、自掩装置失效					
2	防烟门被楔开或没有关闭妥当					
二	出口通道的管理					
1	防盗闸门外开，阻塞出口通道					
2	公用地方的门、闸装有门锁，如不使用钥匙，便无法从内开启					
3	通往天台的门被锁上					
4	在楼梯围墙开凿通口，以安装抽气扇、空调机、门或窗					
5	出口通道有违规搭建，如壁柜、架子或财物架					
6	出口通道堆积垃圾、弃置家具或其他障碍物					
7	出口通道的照明装置损坏或缺乏照明					
8	出口标志损毁或缺乏照明					
三	消防设备的保养					
1	装设于大厦内的灭火器被损坏或移走					
2	手动警报装置被其他物体阻塞或被破坏					
3	消防卷盘及消火栓被阻塞或被破坏					
4	消防卷盘或卷盘位置的字句模糊不清					
5	大厦正门入口的消防入水口被开启的铁闸或其他物料阻塞					
6	所有消防装置没有依从规定每年经由注册消防装置承包商检查一次					
四	供电系统的保养					
1	电线损坏或凌乱					
2	发电机没有按时保养及测试					
五	其他					
1						
2						

检查人：＿＿＿＿＿＿＿＿＿＿　　审核人：＿＿＿＿＿＿＿＿＿＿

五、消防保养员工守则

1. 进入物业范围须遵守物业制定的管理制度。

2. 活动范围指定在消防设备区域。

3. 在测试任何消防系统时，须预先通知物业管理公司安排时间。

4. 进入封闭场地（消防水箱）须有合格批准工人证明书人员方可进入。

5. 在物业内发生事故须马上通知管理公司，由管理公司处理。

6. 处理危险化学药品及压缩气体时，须穿上个人防护装置。

7. 测试电力装置时，须确定电力设备在没有漏电情况下，方可进行。

8. 在检查运行中水泵及电机时，衣服及头发需整理整齐，不可戴手套，确保安全。

9. 保养员工须持有建造业安全训练证明书（平安卡）。

第五节　大厦的一般火警起因及防火措施

香港大厦稠密，人口拥挤，人口高度集中在高层大厦中，一旦发生火警，火势会迅速在大厦蔓延，造成严重后果。虽然香港拥有训练有素的优秀消防队伍和先进救火设备，能将火灾所造成的伤亡及财物损失减至最低限度，但每年因疏忽、大意或无知而造成的火警，仍然数以千计，酿成家破人亡及财物尽毁的悲剧。为确保家人生命及财物安全，每位市民都应提高警惕，小心防火。

一般由于居住环境人多狭窄，市民疏于防范或缺乏防火知识，以致不慎，温暖家园即为火神所毁，甚至死亡。为确保家人生命及财物安全，每位市民都应提高警惕，小心防火，特别留意可能发生火警危险的事物，做到及早发现、及早预防。

下面介绍大厦的一般火警起因及防火措施，包括客厅、厨房、睡房、浴室、走廊、楼梯、屋顶等，及易于引起火灾危险的地方。住户若能时常小心防火，遵守防火守则，对保障安全及财物安全大有帮助。

一、大厦的防火通道及耐火结构管理

逃生途径（防火通道），是给人们遇到火警或其他灾难时逃出大厦的通道。屋宇署会审核每幢新建大厦的设计图纸，确认逃生途径的设计符合《建筑物条例》要求。

在建筑完成和入住后，逃生途径便由消防处和屋宇署负责。业主擅自改建大厦结构，便违反《建筑物条例》，屋宇署可采取行动。消防处也可根据消防条例，向擅自改变逃生途径或导致防火通道阻塞，而增加火警危险的情况等的任何人采取行动。

1. 出入通道管理

（1）火警发生时，消防队员须利用消防电梯前往救援，因此，大厦内应设有可直接从街道进入地面通往消防电梯的通道，通道须畅通无阻。

（2）消防电梯门廊可保护使用消防电梯前往救援的消防队员。因此，门廊的墙及门不得作任何改动。

（3）消防队员也使用出口楼梯前往救援，因此，出口楼梯须畅通无阻。

2. 逃生途径的管理

（1）出口路线必须畅通无阻。不得在楼梯内搭设建筑物及堆放杂物。

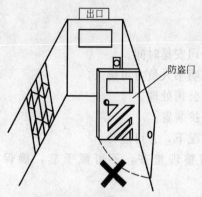

图 8-21 不正确（防盗门开启时阻塞出口路线）

（2）大厦如只有一条出口楼梯，更须让有关人员随时进入天台，以进行救援。通往天台的通道必须畅通无阻。通往单楼梯的大厦天台的门必须随时可以从内向外开启而毋须使用钥匙。

（3）住宅单位的门或防盗门不得开向楼梯及公用走廊，以免阻塞逃生途径。防盗门可选用推拉式。防盗门不得向外开启以致阻塞出口路线；例如公用走廊、楼梯和后巷等（图 8-21）。

（4）出口门如装有门锁，则应可随时从内开启，而无须使用钥匙，如图 8-22 所示。公用地方的出口防盗门必须随时可以从内向外开启而毋须使用钥匙。出口路线不得受任何违例搭建物（例如支架、壁架、壁柜和财物房等）所阻塞。

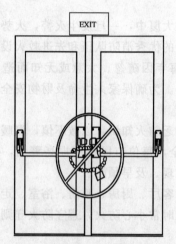

(a) 不正确（出口门用铁链锁上，紧急时不能开启）

(c) 正确（安装出口控制锁的门，紧急时可从内部推开门，而毋须使用钥匙）

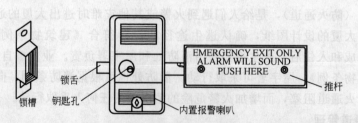

(b) 出口控制锁内部安装有报警系统

图 8-22 出口门门锁安装方法

（5）不得在楼梯及防烟廊围墙开凿通风口及进行改动。防烟廊或楼梯不得安装抽气扇、空调机或同类装置。防烟廊或楼梯围墙不得开凿孔口，供安装上述装置或开设门窗之用。

（6）在每一楼层均可经公共走廊从一条楼梯通往另一条楼梯。

（7）地面层的出口楼梯须与大厦其他部分分隔。

（8）可容 30 人以上的建筑物出口门必须开向出口。

（9）地面出口如有台级，出口门或防盗门处须设平台，供出入时使用。

（10）各出口线路须设有足够照明，而所安装的照明设备必须妥加保养，确保操作正常。

3. 耐火结构管理

（1）墙壁及楼板通常可阻止烟火从大厦的一部分蔓延至其他部分，或蔓延至另一幢大厦，不得在该墙壁及楼板开凿通口。

（2）防烟门必须具有足够的耐火特性才可阻止烟火从大厦的一部分蔓延至其他部分，防烟门也应设有自动关闭装置，以保持经常关闭。应避免换上其他种类的门。

（3）楼梯除设置灭火设备及装置外，不得敷设电缆、排气管或类似设施。

（4）高险房间如机房及配电房的耐火围墙可阻止火势蔓延，因此绝对不得在围墙开凿通口。

二、一般大厦常见的火警危险

一般大厦常见的火警危险包括：

（1）出口通道的门及防盗门、通往楼梯出口及其他逃生门被锁上（图 8-23）；

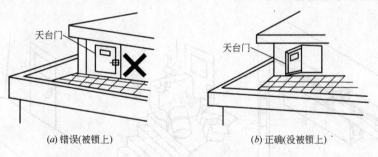

(a) 错误(被锁上)   (b) 正确(没被锁上)

图 8-23 通往天台的出口门

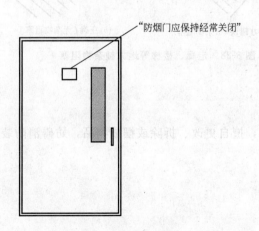

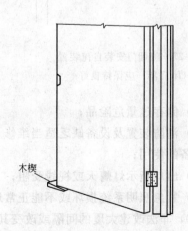

图 8-24 应在防烟门张贴告示牌   图 8-25 不正确（防烟门被楔开）

（2）未在防烟门上张贴"防烟门应保持经常关闭"的告示牌（图8-24）；

（3）防烟门被楔开（图8-25）或没有关闭妥当，当有火警发生时，防烟门起不到阻止烟雾扩散的作用（图8-26）；

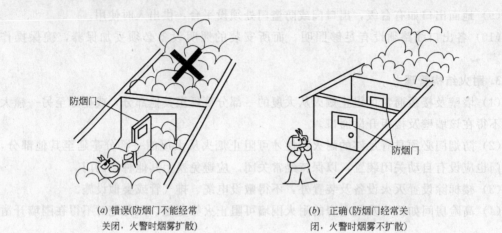

(a) 错误(防烟门不能经常
关闭，火警时烟雾扩散)

(b) 正确(防烟门经常关
闭，火警时烟雾不扩散)

图 8-26　防烟门起不到阻止烟雾扩散的作用

（4）防烟门被拆除或损毁、自掩装置（图8-27）损坏或镶嵌玻璃破烂；

（5）防火通道，例如走廊、楼梯等地方被杂物阻塞；出口通道堆积垃圾、弃置家具或其他障碍物而阻塞逃生途径（图8-28）；

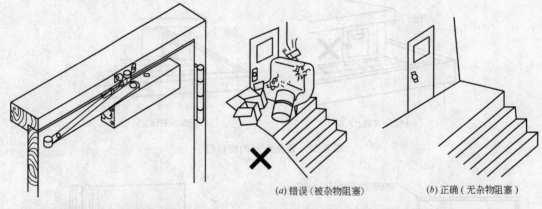

(a) 错误（被杂物阻塞）

(b) 正确（无杂物阻塞）

图 8-27　防烟门安装自掩装置　　图 8-28　走廊、楼梯等地方被杂物阻塞

（闭门器）应保持良好

（6）储存过量危险品；

（7）消防装置及设备缺乏适当维修及保养，擅自更改、拆除或摆放物品，妨碍消防装置及设备的使用；

（8）出口指示灯熄灭或视线受阻；

（9）紧急照明系统损坏或不能正常运行；

（10）非法改建大厦的间隔或改变其用途；

（11）在楼梯围墙开凿通口，以安装抽气扇、空调机、门或窗；

（12）出口通道有违章搭建，如壁柜、架子或储物架等；

（13）防盗门外开，阻塞防火通道；

（14）电线损坏或凌乱；

（15）不小心处理火种，如烟头、蜡烛等；

（16）电力负荷过重；

（17）疏忽炉火；

（18）小孩玩火等。

三、一般火警起因及防火措施

1. 常见的火警起因

（1）不小心弃置燃烧着的香烟或火柴；

（2）积累垃圾、纸张或其他容易着火物料；

（3）保养不佳或负荷过重的电线、插头及插座；

（4）电器不使用时接上电源（除非设计上规定要长期接上）；

（5）易燃物体放在热源附近；

（6）阻碍暖炉、机械或办公室仪器的通风；

（7）未充分清洁工作地点；

（8）不小心处理和存放过量危险物品；

（9）防火设备缺乏保养。

2. 防止机器缺乏保养维修而导致过热

防火措施：

机器要定期检查及维修。如果发现噪声过大或有过热现象，必须立刻关掉机器，并由合格人员进行检查。

3. 防止不适当或疏忽大意地使用电焊机

防火措施：

（1）使用电焊机工作时，必须做好一切防火措施，不可在易燃物品附近使用焊接、切割工具。应该采取特别措施防止火焰、火花或金属溶液接触到易燃物料；

（2）须在工作场地配备合适及足够灭火器或灭火沙桶；

（3）在离开工作场地之前，须确定由焊接或割切工序产生的火种已全部熄灭；

（4）上层工作台焊接时，要搬开下面的易燃物品。当上面焊接时，下面发生火警的情况经常发生，要特别引起注意。

4. 大厦防火措施

防火措施多是常识，员工仍须要留意什么情况可能引起火警。下面是应该注意的地方：

（1）不在大厦内或其临近处堆积可能着火的垃圾、废纸或其他物料；

（2）易燃物体须存放在合适地点，存量也须适中；

（3）电器设备要正常运行，不超负荷，维修理应聘用合格人员进行；

（4）关上不在使用中的电器（除非设计上规定要长期接上电源）；

（5）容易着火的物料不可放在热源旁边；

（6）机械及任何办公室仪器要通风良好，并且要定期清理（尤其是在易积累毛絮和尘埃及沾染油渍的工厂更为重要）；

（7）定期清洁所有工作地点；

（8）确保防火通道经常保持畅通无阻；

（9）防烟门必须保持关闭；

（10）妥善保养防火设备。

上文只简述常见的一般火警起因及防火措施。其实，只要我们多留意身边所发生的事物和观察周围环境，如发现有可能导致火警的因素时，立刻采取适当行动把他消除，便可达到预防火警的目的。

四、维修工程施工时的防火措施

建筑物内进行维修工程施工时，若需要使用火种，要报告管理处批准，准备好灭火设备。并须签订施工单位大厦（维修）工程现场防火责任书及动火申请表。责任书及样本如下：

1. 大厦（维修）工程现场防火责任书样本

大厦（维修）工程现场防火责任书

为了保障大厦内的安全，贵单位必须在施工前或施工过程中注意及承诺遵守以下各项：

（1）须负责保护本工程，包括供本工程使用的所有临时建筑物、机械、物料或任何其他物品，并确保做好防火措施。

（2）须于施工地点明显处，配备适当的灭火器、沙桶等，并确保工人了解使用方法。

（3）须做妥一切措施防范火警的发生，否则，如因贵单位或所雇用的工人的疏忽引起火警而对大厦造成破坏或伤亡者，贵单位需负起一切赔偿及法律上的责任。

（4）如因贵单位的疏忽导致施工地点发生火警隐患，管理公司有权立即要求贵单位停止施工，并作进一步调查。除管理公司认定为事件为不可抗力原因引起外，贵单位不得延迟工期。管理公司有权按情节的轻重，终止与贵单位所签订的合同，并代表业主保留一切追讨的权利。

（5）在施工前必须按实际情况为本工程购买适当的火险及第三者保险。

（6）在施工地点范围内，除施工需要并已获得管理公司所指定的物料外，决不允许于施工现场内存放易燃性、危险性或有爆炸性物品。

（7）未经管理公司同意，不得在施工现场内用明火。

（8）在施工地点范围内严禁吸烟。

（9）如有意外发生，请实时通知管理处。

如贵单位已详阅上述条文后，请于此责任书的左下方处盖章及签署。

（施工单位）

_____年_____月_____日　　　　　　　　　　_____年_____月_____日

2. 大厦（维修）工程现场动火申请表样本

大厦（维修）工程现场动火申请表

大厦名称：　　　　　　　　　　　　　　　　　　　　　　　　　　编号：

承办商	工程名称：		合同编号：
	动火地点：		
	工作内容：		
	使用者姓名：		证件号码：
	使用设备	□气焊设备＿＿台 □电焊设备＿＿台 □其他：＿＿＿＿＿＿	
	安全措施	□摆放灭火器＿＿个 □摆放灭火沙筒＿＿个 □其他：＿＿＿＿＿＿	
批准人	结论：检查现场认为消防设备	□完备，同意动火 □不完备，不同意动火	
申请单位：＿＿＿＿＿＿＿＿ 负责人签字：＿＿＿＿＿＿ 日期：＿＿＿年＿＿＿月＿＿＿日		批准单位：＿＿＿＿＿＿＿＿ 负责人签字：＿＿＿＿＿＿ 日期：＿＿＿年＿＿＿月＿＿＿日	

注：此单需复印两份，一份交施工单位存放在动火现场，以便查验。

五、防火知识教育

1. 加强防火知识教育

告知新雇员发生火警时应采取的措施，包括行走一遍防火通道。最少每12个月要进行防火演习一次，测试已定防火程序的效果。在所有明显地点张贴通告，指出发现火警时全体雇员应采取的行动。所有防火指示通告应张贴在墙上。

通告的内容应包括以下指示：

（1）火警时怎样敲碎消防报警按钮玻璃报警；

（2）怎样及向谁报告火警；

（3）雇员听见火警警报时应在哪里集合；

（4）应立即疏散，不要停留及取回个人财物；

（5）在安全情况下，使用就近的灭火器具扑灭火警，但不可使用水扑救因电器引起的火警；

（6）处所在没有证实可安全进入之前，不要再次入内；

（7）于任何时间应关闭所有防烟门；

（8）当遇上火警时，切勿使用电梯；

（9）知道召唤消防人员的方法。

妥善的管理及合理的防火措施，可以减少发生火警的可能性。相反而言，不良的工作场所管理不但使火灾机会增加，也会使火势蔓延得更迅速。

雇主或占用人应指派一位雇员负责定期巡查防火设备，和鼓励雇员向督导员或其他主管人员通报任何危险情况。

2. 知道发现火警时的处理程序

（1）知道发出警报的方法，包括指明在工作地点内的火警警报点（如设有火灾自动报警系统）及警报显示盘位置；

（2）知道听到火警警报时采取的行动；

（3）知道灭火设备的位置和使用；

（4）认识防火通道、集合点及点名程序；

（5）关上机器及停止工作；适当情况下将电源关上；

（6）为建筑物而设的疏散程序，要包括为伤残雇员所作的特别安排，以及禁止使用电梯。如有公众人士在场，应包括检查公众地点、通知公众人员使他们离开或陪同他们到出口，及于任何时间关闭所有防烟门。

第六节　火警发生时应采取的行动及疏散程序

当居住的大厦发生火警时，保护自己及邻居最佳的办法是熟悉火警时应采取的措施。每一宗火警都不相同。当听到火警警报响起或发现火警时，必须迅速行动。应采取措施，以免吸入浓烟，要记住，大多数的人是因为吸入浓烟而致命，并非被火烧死。

一、应急的走火计划

1. 平日应与家人预先详细策划当火警发生时的逃生途径及路线以及指定会合的地点。深夜，当人们熟睡时是可能发生火警的最危险时刻，事先应拟定逃生的其他办法及第二条路线，并做好随时要迅速撤离的准备。

2. 对于不能自己逃生的人，如体弱、年老、伤残或幼儿，应为他们作出特别安排。

3. 应在晚上进行练习紧急逃生训练，从而根据实际情况订出最切实可行的计划。

4. 如果你的逃生途径须通过大厦的其他地方，则每当你走过一道门时，应随即将门关上。这样可限制烟火的蔓延及减少所造成的损失。

5. 将消防处的紧急电话号码贴在电话机旁，发生火警时，必须从速通知消防处。

6. 将住宅清理得干干净净是防火的先决条件。

7. 万一不幸有一天，你要应付发生的火警，那你就要懂得镇静去应付。

8. 应熟悉大厦灭火设备的操作。

二、遇发生火警时应怎样应付

（1）保持镇定。

（2）必须立即撤离。

（3）立即打电话通知消防处。

1. 记住：消防安全，由你开始

（1）熟悉大厦的设计。

（2）事前应熟悉防火通道的方向及路线，并作好迅速疏散的准备。

（3）准备火警发生时详细的紧急逃生路线，并安排会合地点。

（4）离开大厦后，除非消防人员表示已经安全，切勿返回受火警影响的大厦。

2. 应做的

（1）当你离开房间时，应将房门关上，以便防止火势及浓烟的蔓延。（此举可减少损失及防止热力和有毒气体由该大厦内散播四周）。

（2）如所居大厦发生火警时，应查明火警所在地点。

（3）敲碎消防报警按钮玻璃，发出警报及时通知其他住户。

（4）如果火场在居所之上，可沿楼梯向下走到街道上。

（5）如果火场在居所之下，可沿楼梯向上走到天台或走到大厦的防火层。

（6）当室内浓烟密布时，应俯伏在地面上逃走，及用湿毛巾掩盖口鼻。

（7）尽快带领屋内人员离开至安全地点，及时查点人数。

（8）向消防人员报告火警情况。

3. 不应做的

切勿返回屋内收拾任何东西，如贵重物品。

4. 如果你被困于火场

最好的办法是到一个面向马路的房间去，随手将房门关上，拿地毯或毛毡将门底部的空隙塞住，以便阻止浓烟渗入。然后在窗前呼救。

三、若居住的单位发生火警时应采取的行动

（1）保持镇定；

（2）呼唤单位内所有人员离开；

（3）离开时关上所有门；

（4）敲碎消防报警按钮玻璃报警，并高呼"火警"；

（5）使用最接近的楼梯离开大厦；

（6）切勿使用电梯；

（7）离开时切勿浪费时间取回贵重物品；

（8）抵达安全地点时，致电通知消防处；

（9）在安全的地点会合消防员，并告知他们有关情况。

四、当听到火警警报时应采取的行动

当听到火警警报时，留下或离开由你自己判断决定。

多数情况下，尽快离开大厦是最佳的做法。但某些情形下，不可能离开并要留在住所内。无论是何种情况，都必须迅速行动。不管决定留下或离开，均应采取保护措施，以免吸入浓烟。

1. 若决定离开大厦

应依据下述步骤使用楼梯逃生：

（1）检查居住单位的大门。若有烟由门缝隙渗入屋内，不要打开门。在屋内采取防御措施，以免吸入浓烟。

（2）若没有烟，把门打开少许，若看见烟或感到热力，赶快关上门并采取措施保护自

己。若走廊没有烟，应马上离开，把门关上并记住带钥匙，走最接近的楼梯。

（3）切勿携带大件物品或重物。

（4）不要使用电梯撤离。

（5）应依据下述步骤使用楼梯逃生：

一般大厦通常设有两道楼梯。在逃生时，你应小心地打开最接近你单位楼梯的门。

1）如果楼梯内没有烟，使用此楼梯离开大厦；

2）若如楼梯内有烟，则不要进入并关上门。往另外一道楼梯，并小心地打开门。若此楼梯没有烟，可使用这条楼梯离开大厦。若此楼梯有烟，不要进入；

3）假如大厦还有其他楼梯，尝试使用这些楼梯离开。假如已没有其他楼梯，应返回住所并采取保护措施，以免吸入浓烟。

2. 当你已在楼梯内

（1）若在走下楼梯时发现有烟，尽快离开楼梯间。

（2）使用其他没有烟的楼梯离开。

（3）假如不能使用任何楼梯，在情况许可下应返回住所或返回走廊，并往其他住户处敲门，直至找到地方躲避为止。

（4）应记住无论身在何处，假如遇上浓烟，应在烟之下爬行。因为接近地面的空气会较清新。

3. 假如要留在居住单位内

应采取措施以防止吸入浓烟。留在住所直至获救或获通知可以离开为止。这可能需要一段时间，如火警警报已响起一段时间，不要尝试离开住所。因为等待的时间越久，浓烟已扩散至楼梯及走廊的危险越大，而你生存的机会便越少。应采取保护措施如下：

（1）防止浓烟渗入屋内。使用胶纸密封门周围的缝隙，并把湿毛巾放在门底，用同样方法密封通风孔或气槽。

（2）若仍有浓烟渗进屋中：

1）致电通知消防处你被困的位置并走往最没有烟的房间，关上门并用胶纸及毛巾密封缝隙。打开窗户让新鲜空气进入室内；

2）在露台或窗户上悬挂被单，向救援人员显示你的位置；

3）尽量靠近地面，因为地面的空气较清新；

4）听从救援人员的指挥。

第九章 电梯及自动扶梯系统

香港人口密度高，大部分人口居住或工作在高楼大厦内，绝大部分的香港人每天都会使用电梯来进出他们的居所或工作地点。安全快捷的电梯服务是每个人的要求。

目前，香港已有接近 50000 多部电梯及 6600 多部自动扶梯在运行。电梯拥有人可以从注册电梯承包商名册中选择合适的承包商为他们的电梯提供保养服务。

电梯的发展可源自古代。人类自古以来不断研究方法把人及物品有效地提起至高处。19 世纪首先出现卷筒式电梯。在 20 世纪初，曳引式电梯研究成功。由于这个突破，电梯开始被广泛地应用。

电梯的发展经历了一系列的变化。由最早期的交流电动机单速驱动，双速驱动，发展至变压调速驱动，以及变压变频调速驱动。运行速度也由最初的低于 1m/s 发展到今天的高于 10m/s。目前在香港最快的电梯运行速度为 9m/s。

电梯运行控制方面也由早期的继电器逻辑操作控制发展到微处理机操控以至今天的计算机群组操控。电梯的安全标准也不断地被修改、提高。今天的电梯朝着高度安全性、可靠性、节能、环保、高效及计算机智能化方向发展。由于电梯的设计日趋复杂，因此，对维修保养人员的技术要求也相应提高，他们都需要有一定的机械、电气、电子以及计算机方面的知识及训练。

第一节 电梯结构介绍

一、电梯结构

电梯一般由传动设备、升降设备、安全设备及控制设备等组成。电梯结构及井道截面图见图 9-1 及图 9-2。电梯按用途可分为乘客电梯、货用电梯、消防用电梯及各种专用电梯。电梯主要是用于相邻楼层的人流输送，可以在很小空间运送大量人员，常用于住宅、写字楼、大型商场、酒店和娱乐场所、机场及火车站等。

二、电梯常用曳引方式

电梯常用的曳引方式有三种，如图 9-3 所示。

三、电梯的种类

电梯的设计时要考虑的因素包括行车速度、开关电梯门时间、乘客上下时间、安全系统及机房设计等。常用的电梯种类有：

1. 乘客电梯

用于运送乘客，要求运行平稳，装修好，通风良好。

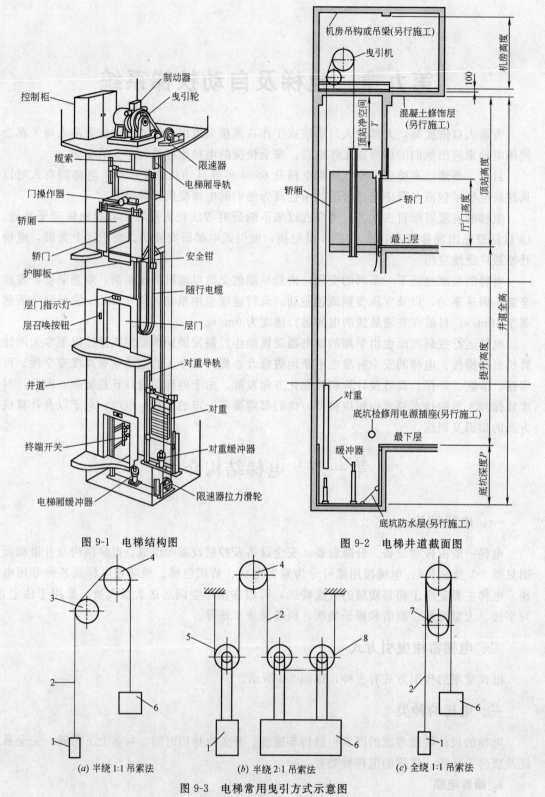

图 9-1 电梯结构图

图 9-2 电梯井道截面图

图 9-3 电梯常用曳引方式示意图

1—对重；2—曳引钢丝绳；3—导向轮；4—曳引轮；5—对重轮；6—轿厢；7—复绕轮；8—轿顶轮

2. 消防电梯

消防电梯不是逃生的工具，而是救火救人的工具。

以下是消防电梯的设计须知：

（1）超过24m高度的建筑物就必须要一部消防电梯；

（2）该电梯须由街边可供消防员直达大厦各层使用；

（3）该电梯的电源供应须独立及有后备电源供应；

（4）在基站（即与外界直接相通的层、多用于地面层）有一独立开关（图9-4），当消防员按下时，轿厢即从上层不理各层按下的召唤直达地面层，跟着由消防员进入轿厢后手动控制；

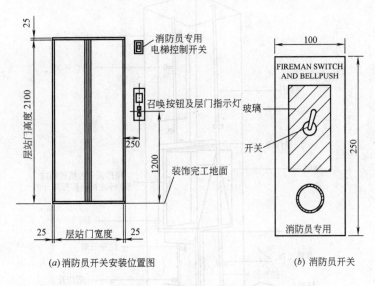

(a) 消防员开关安装位置图　　　　　　(b) 消防员开关

图 9-4　电梯消防员开关图

（5）消防电梯最低载重量为544kg，最少的使用面积为1.44m²。

3. 货运电梯

货运电梯的设计与客运电梯相似，用于载货的电梯内部装修比较简单，准确的平层，坚固的结构，高效率的启动装置等。

4. 病床电梯

病床电梯最重要是平层准确，方便病床轮子通过。电梯的速度约在0.25～1m/s之间，轿厢最少长度为2.4m，宽度1.4m及高度不少于2.2m。

5. 厨房电梯

厨房电梯的设计使用载重不超过250kg，爬升速度为0.25m/s或0.5m/s。厨房电梯多应用在酒店或医院的厨房服务。轿厢的设计以不锈钢为主，不锈钢的电梯门也只规定在正面或后面开启。

四、电梯的动力系统

电梯按牵引动力系统分为三大类：

1. 交流机

用感应电机以改变电压及频率达到变速，经齿轮箱再连接缆轮将轿厢升降。

2. 直流机

顾名思义它是使用直流电机作动力装置。需要将交流电经整流器转换成直流电再供应直流电机使用，或使用感应电机带动直流发电机将直流电输往直流电机使用。

3. 油压机

油压机一般在运行层数较少时使用，如商场、会所的观光电梯及停车场用载车用电梯。它由一部油压泵将高压机油输送至一组类似起重臂的油压机内，以两节或多节柱塞逐级升起而推动轿厢上升，由于直顶式油压机没有缆绳或其他滑轮装置，所以机房占地较少。液压电梯的结构见图9-5。

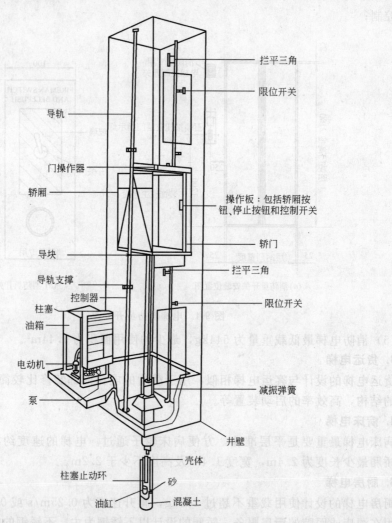

图 9-5　液压电梯结构图

以上各机种都各有其优劣特性，大致而言直流机速度高，停车及启动比较平稳，但直流机一般零件较多，维修率也相对较高，至于速度方面，新式的交流机特别是 VVVF 系统（VARIABLE VOLTAGE VARIABLE FREQUENCY），利用变频变压的原理控制感应电机，使电梯的速度可达到每分钟爬升 150m。而油压电梯也有其机房占地面积少，维修率低，价钱便宜及相当平稳的起降表现而占有一定市场。

五、电梯的安全保护装置

1. 限速器

为防止因断缆或电器故障而导致轿厢失速下坠，一套安全装置是不能缺少的，一般限速器都安装在机房内一个直径不少于 300mm 的滑轮上，滑轮由独立的钢缆带动，而该钢缆的一端固定在轿厢底的刹车系统再向上绕过调节器滑轮后回落至井底另一个滑轮再上返轿厢。当轿厢行驶时钢缆就会使得调节器滑轮转动。

当电梯失速时，附于滑轮上的限速器感应弹簧受离心力弹出，推动一组机械装置以便首先关闭电源及启动轿厢底部的刹车系统。

2. 安全钳

电梯厢底部的刹车系统被调节器滑轮上的钢缆驱动时，它设计上的安全钳便会把路轨夹紧。它的机械性有以下两类：

（1）瞬间制动

一般在低速电梯中使用，它包括一套表面切有坑纹的突轮在路轨两面，当安全装置启动时把路轨实时夹紧，此刹车系统来得非常突然使乘客非常不适。

（2）渐进式制动

渐进式制动使用在高速电梯上，它装配着一组经硬化处理的楔形钢夹，当使用时不断增加稳定的压力于路轨上直至轿厢停下，它于减速时不会发出刺耳声及停车比较顺滑。

3. 缓冲器

置于电梯井底部的缓冲器有耗能型如弹簧式或蓄能型如油压式两种。当电梯因意外下降至电梯井底部时，缓冲器起了一个垫子作用避免轿厢直接撞击。

4. 逃生门

当一条电梯井道超过 11m 高时，每隔 11m 高度下都要安装逃生门，通过井道墙身进入电梯内，以便意外时能进行救援。该门的设计不能从电梯内随便开启，必须要完全关紧方可启动电梯。

5. 轿厢安全装置

（1）开门按钮

按动时电梯门保持开启。

（2）求援/警钟按钮

按动时发出鸣响，使管理员察觉。

（3）电话/对讲机

乘客可用此设施与管理员通话。

（4）保险

被触动时电梯门会重新开启。

（5）超载感应器

电梯的额定载重如被超过时就会发出警报。

（6）电眼

如探测到阻碍物时，电梯门即不能关闭。

（7）紧急照明

在电力供应发生故障时，保持电梯内有限度照明。

第二节　自动扶梯结构介绍

自动扶梯首部于 1900 年在巴黎安装使用，它持续性的载客能力，相对乘搭电梯时轮候、开门、减速或加速等较为省时方便，所以现今的大型商场等人员密集的场所都装设有自动扶梯，以方便顾客。

一、自动扶梯的结构及工作原理

自动扶梯在构造上与电梯有些相似，在许多方面都比电梯简单，它一般由驱动装置、

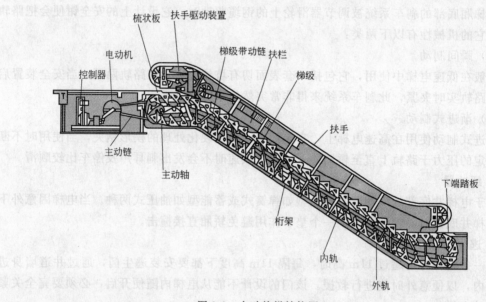

图 9-6　自动扶梯结构图

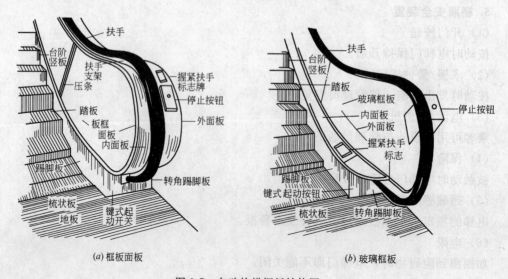

(a) 框板面板　　　　　　　　　　(b) 玻璃框板

图 9-7　自动扶梯框板结构图

运动装置和支撑装置等组成。自动扶梯的结构见图 9-6 及图 9-7 所示。

自动扶梯的动力结构如同摩托车原理，由发动机带动齿轮，齿轮带动钢链循环，沿着自动扶梯的钢架转动，而梯级就安装于这条钢链上进行上下运行。还有跟自动扶梯作同步转动的胶皮扶手带。

二、自动扶梯安全设施

（1）扶手带与梯级必须要保持同步，使乘客上下及出入时能站稳。

（2）梯级的设计使乘客不会滑脚。

（3）自动扶梯的踏脚位须有 2～3 级长度，以便乘客出入时有一段缓冲区以免碰撞前面乘客。

（4）自动扶梯上下位置必须设有栏杆、挡板、梳状板及脚踏板等，以防止乘客夹伤。

（5）每部自动扶梯的上下位都须设有紧急停车按钮，供意外时使用。

（6）有足够的照明，在上下梳状板脚踏位处。

（7）自动扶梯及行人运输带也受电梯条例监管。

（8）维修工作、证书签发等都须由合格的工程人员进行。

（9）自动扶梯的行车告示必须张贴于自动扶梯旁的明显处。

第三节 电梯条例介绍

早在 20 世纪 50 年代，电梯在香港已被广泛使用，为确保电梯安全运行，政府在 1961 年颁布了第一部有关的法规《电梯及自动扶梯（安全）条例》（香港法规第 327 章），此条例的目的就在电梯及自动扶梯的设计、建造和保养、检验及测试等制订条文。在 1961 年法规生效时，当时香港已有 2000 多部电梯及自动扶梯。之后，政府又陆续修订和制订了一些相关的法律及法规用于电梯及自动扶梯的监管。根据法规规定，电梯拥有人必须安排注册电梯承包商对电梯进行维修保养。

一、政府对电梯承包商的监管

根据《电梯及自动扶梯安全条例》，任何人进行有关电梯及自动扶梯的工作前，均要向政府机电工程署注册。对于电梯及自动扶梯的安全，一直以来机电工程署都进行着认真监管，所有新安装的电梯及自动扶梯必须得到机电工程署长准许才可使用。若有任何违反法律事项，电梯或自动扶梯的拥有人可能会被检控。所有电梯工程都需要由合格电梯技工进行，每部电梯每年都需要由政府注册的电梯工程师检查及签发证书，证书需要交由机电工程署审核及加签后展示于电梯内，机电工程署也会不定期派出督察检查电梯是否满足安全条例的要求，由于机电工程署的监管加上电梯工程师及合格电梯技工的各方面配合之下，现时香港绝大部分电梯均极为安全。

二、电梯及自动扶梯拥有人的责任

根据《电梯及自动扶梯（安全）条例》，电梯拥有人必须就有关设施进行定期保养、测试及领取定期测试证明书，如不遵守规定，有关装置的拥有人须负上法律责任。

1. 电梯拥有人

电梯拥有人包括：

（1）业主、住户、租户（按有关法规及大厦公约而定）；

（2）业主立案法团、管理组织；

（3）物业管理公司、管理人；

（4）有关设施保养公司；

（5）注册承包商及注册电梯工程人员。

2. 电梯拥有人应负的责任

根据香港法律，电梯拥有人应负的责任包括：

（1）雇用注册电梯承包商，进行每月定期保养、每年定期检查及测试电梯；

（2）安排电梯及自动扶梯测试证书的批核。注册电梯承包商完成每年定期检查及测试电梯后，将会签发一份表格证书，业主收到证书七天内，将证书连同由业主负担的证书费用交到机电工程署（业主可要求电梯公司代为办理，但电梯公司并非必须接受这项安排，因此部分电梯公司需要另行收费）；

（3）定期申请电梯安全使用证书，把机电工程署署长交回已加签的证书张贴于电梯内，自动扶梯应张贴在明显的位置；

（4）协助注册电梯承包商保障电梯符合安全条款，以免抵触法规，管理人员提供良好环境和设备给注册电梯承包商进行保养工作，保障电梯能正常运行；

（5）保存一份最新的工作记录簿，核对及加签每个注册电梯及自动扶梯承包商输入的记录，以备机电工程署查阅；

（6）当电梯发生意外事故时，须立即通知注册电梯承包商并向机电工程署署长报告，并向投保的保险公司申报；

（7）如管理员察觉到电梯有任何异常情况，请尽快通知注册电梯承包商进行维修及加以改善，保障安全；

（8）雇用注册电梯及自动扶梯注册承包商进行大型改建工程，工程完成后，检验及测试电梯。

三、电梯条例介绍

电梯条例对电梯的设计、建造、保养及维修有规定，主要条款包括：

（1）每一部电梯安装后，必须由注册的电梯工程师检验正常后签发证书，（俗称合格证）交与电梯拥有人，并于电梯内明显处张贴该合格证副本。

（2）维修保养电梯或被困电梯放人的工作必须由合格的工程人员负责。

（3）维修合格后由机电工程署批准后的记录簿，必须存放在管理处，以便将维修事项记录，而管理处职员须签收。

（4）电梯拥有人不能允许任何人在超载下使用电梯。

（5）当大厦装配超过一部以上的电梯时，每部电梯必须配上数字编号，以便识别，必须将一份电梯的分布图呈交机电工程署。

（6）当电梯井底部低于电梯大堂地面 1.6m 时，必须设立一通道进入，该通道大门不得掩入，必须张贴如下告示，所有字体尺寸不少于 25mm 高度：

```
BUILDINGS ORDINANCE
(CHAPTER 123)
DANGER
LIFTWAY
UNAUTHORIZED ACCESS PROHIBITED
DOOR TO BE KEPT LOCKED


建筑物条例
（香港法律第一二三章）
危险
电梯井道
未经许可  严禁进入
此门必须经常锁紧
```

（7）所有电梯机房必须有足够灯光及空气调节，而机房门必须自动关上，门外张贴一中英文告示牌，字体尺寸不少于 25mm 高，内容如下所示：

```
BUILDINGS ORDINANCE
(CHAPTER 123)
NOTICE
DANGER
LIFT MACHINERY
UNAUTHORIZED ACCESS PROHIBITED
DOOR TO BE KEPT LOCKED


建筑物条例
（香港法律第一二三章）
公告
危险
电梯机器
未经许可  严禁进入
此门必须经常锁紧
```

（8）轿厢内必须张贴乘客人数及载重量，每个乘客的重量被设定为 75kg。另外电梯的内外必须以中英文字作如下通告，字体高度不能少于 13mm。

```
WHEN THERE IS A FIRE
DO NOT USE THE LIFT


如遇火警
切勿使用电梯
```

（9）1969 年 5 月 3 日之后安装的电梯必须设有过载系统，如超过 10% 以上超重情况，电梯不会启动，此外，当停电意外时必须有后备电力照明。

（10）所有电梯必须安装紧急救援按钮及警钟。

第四节 电梯保养方法

根据香港《电梯及自动扶梯（安全）条例》的规定，电梯与自动扶梯的保养及维修应由注册的承包商负责。保养的目的是维持电梯的可靠性，使其运行正常，防止机件失灵而造成故障，并减少因坏机而导致的损失。良好的保养可保障电梯的安全，可提供可靠的电梯服务，也可减低维修费用，延长电梯的使用寿命。一般的保养工作包括检查、清洁、抹油及调校电梯与自动扶梯使其运行正常，以避免故障及发生意外。

一般电梯如果能够维持良好的保养状况，不断作出适当的维修更新，电梯使用的寿命不但可以维持及延长，电梯本身的运行效率也可以保持，且能保障使用者的安全。

保养一部电梯需要有良好的技术人员。同时，不同类型的电梯需要有不同的技术和保养方法。所以，工作人员是要接受严格及适当的各项专业训练，工作人员的技术、表现和素质对维持电梯的良好操作效果起着重要的作用。

一、电梯保养包括内容

1. 资料及记录

为了确保电梯及其相关系统的安全可靠、避免触犯法例，电梯及有关装置的拥有人应存有一份清楚和准确的资料及保养记录，这一记录不但能够记录下大厦电梯的运行情况，而且可以显示任何不正常及超负荷的情况，以便作出适当的检查、测试和保养维修。

2. 定期检查

制订电梯及有关装置的检查测试系统，如有任何不妥善之处，可及时发现，以免在发生事故时才找出原因，避免重大损失。

3. 专业管理及维修

聘用专业承包商保养电梯，有关装置的工作应交由合格注册承包商及注册工程人员负责，并经常与保养商保持沟通，了解设施运行情况。

4. 设立维修基金

由于维修保养是维持物业价值最重要的一环，大厦管理公司及业主立案法团应采取积极主动态度，制订各项长远的维修工程计划，并设立维修及设施重置基金，为将来更换老化的设施作好准备。理想的方法可拟定一个五年计划以"偿债基金"的计算方法来决定每月管理费所预收的款项，这个基金可免除日后向业主征收额外费用或大幅增加管理费。

5. 维修保养的质量控制

必须与有关保养承包商共同制订一套严谨的评估准则，工作进度及安全措施等，确保维修保养工作得到质量保证。

二、电梯保养方法

注册电梯承包商一般以合同形式提供保养服务。为避免触犯法律，大厦的管理人员应向注册承包商提供协助，确保电梯符合安全标准。电梯的保养方法分为三类，它们是：

1. 经常性保养

一般来说，电梯保养承包商会每星期或每两星期进行巡视性保养，对电梯主要部件进行检查，如发现异常或损耗便及时处理。由于电梯的部件甚多，每次作巡视性保养时，检查员都不会（也不需要）对每一个部件都进行检查。因为如每一次例行保养都检查每一个部件的话，不但费时，而且会大大增加保养费用。一般来说，保养承包商会采用"按计划保养"方法来进行维修保养。办法是按照制造商对每个部件所指定的时间周期来进行检查。这种保养方法省时且能保证一定的安全水平。但是"按计划保养"需要按照每一部电梯的要求，作出详细而合适的计划表，切实监督员工执行。也需要保留一份详尽的保养记录。

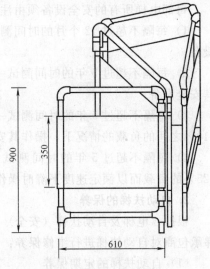

图 9-8　折叠式围栏结构图

在检查及维修时，预先通知拥有人有关的时间。在发现电梯及自动扶梯出现问题时，立刻通知有关的承包商。每次在电梯井道工作时，在电梯门外应用保护围栏围挡。围栏结构如图9-8所示。

2. 年度测试

年度测试是对电梯进行全面综合性检查、修理和调校，更换已损耗的部件，使电梯保持在良好的运行状态。

3. 专项修理

电梯装置保养工作应交由合格注册承包商及注册工程人员负责，并经常与保养商保持沟通，了解设施运行情况。

专项修理是对电梯磨损严重或老化或性能下降的部件进行更换或检修调校。一般来说专项修理应根据生产商的技术资料来进行。如发现部件损害严重，会导致安全问题，便须进行紧急修理，以便安全。

三、电梯的保养计划

电梯及自动扶梯的保养工作计划如下：注册承包商最少每月小型检查一次；每年大型检查一次。电梯及自动扶梯的机件则须5～10年按需要更换，注册承包商要确保电梯及自动扶梯安全及操作正常，更要负责取得机电工程署的证书。

1. 电梯的保养

每部电梯及相关的机械及设备以及电梯的安全设备，必须于每隔不超过一个月的时间由注册电梯承包商进行检查、清洁、抹油及调校。

（1）电梯的定期检验

每部电梯须每隔不超过12个月的时间由注册电梯工程师彻底检验一次，以决定该电梯和所有相关的机械及设备是否均处于安全操作状态，而在不损害前述规定的一般性的原则下和在适用的情况下，如此作出的检验须包括检验该电梯的电动机、制动器及控制设备、井道及轿厢的门或门所设有的连锁装置，以及该电梯所设有的安全设备。

（2）电梯安全设备的定期测试

每部电梯所有的安全设备须由注册电梯工程师进行下列测试:

1)每隔不超过 12 个月的时间测试一次,方法是在电梯内无负载的情况下操作其安全设备;

2)每隔不超过 5 年的时间测试一次,方法是在电梯内有足够额定负载的情况下操作其安全设备;

3)每隔不超过 5 年的时间测试一次,方法是在电梯内载有重量在额定负载的 90％～110％之间的负载的情况下,操作其安全设备中的超载装置;

4)每隔不超过 5 年的时间测试一次,方法是在电梯内载有重量为电梯额定负载的 125％的负载而以额定速度下降时操作制动器。

2. 自动扶梯的保养

根据《电梯及自动扶梯(安全)条例》的规定,自动扶梯拥有人必须安排注册自动扶梯承包商对自动扶梯进行维修保养:

(1)自动扶梯的定期保养

每部自动扶梯及相关的机械及设备以及该自动扶梯的安全设备,必须于每隔不超过一个月的时间由注册自动扶梯承包商进行检查、清洁、抹油及调校。

(2)自动扶梯的定期检验

每部自动扶梯须每隔不超过 6 个月的时间由注册自动扶梯工程师彻底检验一次,以决定该自动扶梯和所有相关的机械及设备是否均处于安全操作状态。

(3)自动扶梯安全设备的定期测试

每部自动扶梯的安全设备须每隔不超过 12 个月的时间由注册自动扶梯工程师测试一次,方法是在自动扶梯上全无负载的情况下操作安全设备。

3. 电梯及自动扶梯定期维修保养及检查表

为保障电梯的设备正常安全地运作,法规规定注册电梯承包商要进行下列工作,见表9-1。

电梯及自动扶梯定期维修保养及检查内容表 表 9-1

序号	工 作 内 容	维修保养周期		承包商要求	备注
		电梯	自动扶梯		
1	检查、清洁、抹油及调校	每月一次	每月一次	注册电梯承包商	法规规定
2	定期检验及测试	每年一次	每半年一次		
3	定期试验安全设备	每年一次	每年一次		
4	安全设备满载试验,超载感应器和制动器测试	每 5 年一次			

注册电梯承包商一般都设有 24 小时处理故障服务,为客户提供紧急修理,例如抢救被困乘客,为失灵电梯作紧急修理等。另外,当收到客户书面意外通知,注册电梯承建商须进行调查并报告机电工程署。

四、电梯及自动扶梯工作日志的保存

为了确保电梯及其相关系统的安全可靠以及避免触犯法例,根据现行法规,电梯或自动扶梯拥有人须存有一份经机电工程署署长批准的工作日志,并安排由注册电梯承包商,或注册电梯工程师将所进行的工作的详细资料记录在工作日志中。不但记录下大厦电梯的运行情况，而且可以显示任何不正常及超负荷的情况，以便作出适当的检查、测试和保养维修。

1. 电梯日志应记录的有关进行电梯保养工程的内容见表 9-2。

电梯及自动扶梯工作日志 表 9-2

1. 基本数据

大厦名称：	
电梯地点：	
电梯地点编号：	
电梯编号：	
电梯规格：	
电梯安装承包商	
电梯安装日期：	
保养商名称：	
开始保养日期：	
24h 联络电话：	
负责人：	

2. 工作日志

接获通知		抵达现场		工作类别		机械装置类别	工作说明/更换部分	恢复操作		技工姓名及签署	管理公司签署
日期	时间	日期	时间	紧急	例行			日期	时间		

2. 工作日志应包括以下资料

（1）电梯的地点（包括由机电工程署署长所编订的地点编号）；

（2）安装电梯的日期及承包商的名称；

（3）现时保养电梯的承包商名称及开始保养的日期；

（4）电梯的编号及其规格。

3. 工作日志的保管包括以下内容

（1）工作日志需要采用机电工程署核准的格式，应保存最少一年。

（2）每逢有人进行电梯工作时，业主或管理公司必须确保有关事项正确地记录在工作日志内，业主或管理公司必须在每次记录后加签，以表示同意资料正确。

（3）对工作日志作出修订时，应将旧资料划掉，不可涂掉资料或使用涂改液修订数据。

（4）当机电工程署人员要求时，业主须要交出有关工作日志，以供查阅。

（5）注册电梯及自动扶梯承包商在其电梯及自动扶梯保养合同终止时，不应拿走工作日志。

（6）根据《电梯及自动扶梯（安全）条例》的规定，业主未有履行上述的责任，可导致有关电梯遭到禁止使用和操作或罚款 5000 元及监禁六个月。

五、电梯常见的保养问题

保养不良的电梯，常常见到下述的现象：

（1）机房

1）机房里摆放有杂物；

2）机房地面及墙壁不清洁；

3）机房抽气扇损坏，通风不良。

（2）井道底

1）井道底积水，积满垃圾；

2）井道底没有照明灯。

（3）轿门（外门）

1）外门与门框间隙过大；

2）中央分开式外门在低位很容易用手掰开；

3）外门门锁装置不稳固，能够用手大力掰开外门；

4）外门门锁电气触点不良，令电梯在运行中突然停顿；

5）外门地槛积有杂物，令外门不能顺利地关闭。

（4）轿厢

1）轿厢底长期受水湿导致腐蚀、穿孔；

2）超重感应器调校不良，超重状态下仍能行车；

3）紧急灯不亮；

4）紧急救援钟电力不持久。

（5）其他机件部分

1）井道平楼层感应器调校不良，导致轿厢未能在最后平层位置停止；

2）曳引轮过度磨损，未及时更换，结果曳引力降低以致平楼层不准确。

六、电梯意外事故的处理

如发生电梯意外事故导致乘客伤亡或者没有伤亡，但是该意外是涉及重要的机件故障时，应立即通知机电工程署署长及负责该电梯保养的承包商。该承包商需要在 7 个工作日内向署长呈交一份报告。

导致大厦电梯意外事故的主要原因包括：

1. 欠缺妥善保养及维修

法规规定业主必须就大厦内的电梯作定期检查、测试其安全程度及作出适当保养及维修，并提供安全证明。但有很多单幢式大厦，由于没有聘用专业物业管理公司提供管理服务，因此对大厦公共设施，如电梯等，只提供基本修理服务，欠缺长远保养及更换配件如钢缆等计划。容易造成意外事故。

2. 缺乏维修基金

很多业主立案法团经常遇到管理维修基金短缺问题，由于一般业主都希望管理费能够维持在低水平，因此，对一些主要设施维修项目都漠不关心，不愿支付较高的维修费用，一般只着重外表粉饰部分而忽略内在设施及配件的更换，导致主要设施更换及翻新工程不能适当地进行，直到发生意外时才将责任推卸在业主立案法团身上，对参与立案法团义务工作的热心业主实在不公平。

3. 没能正确的选用电梯保养公司

一般安装大厦电梯的承包商，在电梯安装后最初几年都会根据合同提供保养维修服务。但当合同保修期届满后，很多业主立案法团由于希望降低电梯保养费而将保养工作重新招标，交由最低中标保养公司提供保养维修。有部分保养公司由于未能提供电梯原装配件而选用代用品，导致电梯运作出现毛病，严重者更危害使用者的安全。

以往也有案件，由于业主立案法团未能与原来的电梯安装及保养公司达成保养续约协议，将部分保养工作，如更换电机等工程分开对外承包，对保养质量构成影响。

七、电梯保养守则

1. 电梯保养员工守则

（1）进入物业范围须遵守物业制订的管理制度；

（2）活动范围在电梯指定区域；

（3）在物业内发生事故须马上通知物业管理公司，由物业管理公司处理；

（4）进入电梯井道，须持有效证件的专业合格人士；

（5）进入电梯检查时，电梯门外须放置有警告字眼的围栏；

（6）进入电梯检查时，须确定电力设备在没有漏电情况下才可进行检查；

（7）进入电梯检查时，须穿上个人防护装置；

（8）在检查运行中的电机时，衣服及头发须整理齐整，不可戴手套，避免转动部分将身体拉伤；

（9）保养员工须持有建造业安全训练证明书（平安卡）。

2. 电梯保养工作守则

（1）检查轿厢内设备；

（2）检查电梯门设备；

（3）检查轿厢内紧急照明、对讲机、警钟；

（4）检查轿厢内指示灯、按钮；

（5）检查电梯外层门指示灯、召唤按钮、消防开关；

（6）检查电梯外门、地槛、门框；

（7）检查电梯平楼面及运行情况；

（8）检查电梯机房照明、门锁、通风、灭火器；

（9）检查电梯主电机；

（10）检查电梯刹车系统；

（11）检查电梯控制柜；

（12）检查电梯井道内安全栏、安全标志、油盅、缆辘、机底、平衡砣；

（13）检查电梯井道内补偿缆、电线、主缆、上下限位器；

（14）检查电梯井底内缓冲器、平层装置、保险缆张力辘；

（15）检查电梯外控制板。

第五节 电梯保养合同种类

大厦业主通过物业管理公司或业主立案法团，履行电梯保养的责任。新电梯的保用期过后，业主需要继续保养电梯，与有关的承包商订立定期维修保养合同。我们知道维修保养服务的收费受多种因素影响，例如大厦的电梯数目、电梯的机龄以及电梯本身结构的复杂程度（特别是较新款的电梯）等。保养的费用通常只包括按照安全标准规定需要定期检查保养电梯所涉及的人工或一些零件的置换等。

要维持电梯的日常运行，必须具有完善的维修保养服务，从而增加电梯的使用寿命。故此，电梯保养费用的支出不应只注重定期的保养费，也应包括每年的维修保养支出总和；换言之，一部电梯的保养收费是否昂贵，应以保持良好的操作性能、高效的运作效率、电梯费用的总支出及电梯的寿命来衡量。另一方面，电梯公司的保养成本支出，也在于零件更新及维修工作的多少，以及人力资源的消耗；例如一幢楼层较高、使用单位数目较多的大厦，由于人员流动较频繁，电梯使用率较高，电梯公司相应须付出较多的人力物力，以应付实际情况的需要及保障电梯的运行质量。

一、保养合同内容

通常注册电梯承包商以合同形式为客户的电梯保养、检查和测试，确保客户的电梯达到安全标准。

一般电梯保养合同，应包括下列各项内容：

（1）合同生效日期及终止日期，但有部分公司并没有在合同内明确终止日期；

（2）电梯装设的地点；

（3）每月保养费用，所有电梯公司均为每月上旬收费；

（4）每月检查、清洁、抹油次数，一般有每星期一次、每两星期一次及每月一次等，当然抹油次数多，对电梯的保养更好，这也是选择保养公司时，其中一个考虑因素；

（5）所有保养公司均会提供24小时的紧急修理服务；

（6）保养公司负责按照《电梯及自动扶梯（安全）条例》要求，提供每年的年度检查，部分保养公司需要另行收费；

（7）如果电梯损坏，合同说明业主或管理公司要负责通知保养公司；

（8）如果电梯井底有积水或垃圾，业主或管理公司要负责清理，保养公司将给予配合；

（9）保养公司只会负责由其员工直接导致的意外事件，其他原因导致的意外均由业主负责，因此业主必须为其电梯购买意外保险；

（10）如果业主欠交电梯保养费或零件费时，电梯公司有权停止有关电梯的保养服务；

（11）中途终止合同方法，一般分为一个月前通知、三个月前通知及六个月前通知；

（12）全保或半保合同应说明哪些零件需要收费；

（13）合同应说明更换零件时，价格超过若干时需要保养公司预先报价。

二、电梯保养商的选择

大厦拥有人在选择电梯保养及维修服务的时候，他们应对电梯及电梯保养方面有一定程度的认识和了解，知道如何审查及委托信誉良好的保养公司。住户也应注重电梯维修保养的质量，慎重地选择可靠及高素质的电梯维修保养服务，在聘用电梯保养公司的时候，可以委托有关的专业人士或顾问公司，吸取他们的宝贵意见。

事实上，一般业主确实难以知道一部电梯是否真正需要更换或维修，但如果电梯能够得到良好的维修保养，其寿命不但可以维持十多年，甚至能够维持多达 30 年以上。因此，是否需要更换一部电梯或进行维修，业主必须选择合格及可靠的电梯保养公司，接纳他们的专业意见。

现在在香港注册的电梯保养公司五十几家，除了部分只做自己代理的电梯保养，不做其他牌子电梯保养外，其余二三十家电梯公司均可为各种型号的电梯提供保养及维修服务，如果我们对于现有的电梯保养服务或收费等有不满的情况，我们可以考虑更换电梯保养公司，但如何选择更好的电梯保养公司，这方面应详细考虑，电梯拥有人也应小心考虑选择哪一种保养合同是最适合自己情况。

首先我们要知道各类保养方式的优缺点，电梯保养合同可分为三类：全保、半保及标准保，下面介绍三类保养方式。

三、电梯保养合同分类

1. 全保

全保，一般而言是维修保养费已包括更换正常损耗的零件，更换的零件范围为看不见、摸不着的所有零件。因此如果选择全保保养的话，每月的电梯保养费支出将会固定，不会出现因电梯需要更换钢缆或电缆等而需要支出的巨额修理或零件费，但一般而言全保的保养费比标准保的保养费贵约百分之六十。由此可知，全保保养费内其中有超过百分之四十的费用是预先交付的零件费，换句话说，业主方面每月都有部分零件费交由电梯保养公司代存，以便当需要支出巨额修理或零件费用时，由电梯保养公司负责，业主方面也可作为电梯修理或零件费购买了一份保险。但最大问题是如果我们中途转换电梯保养公司的话，新接手的保养公司因电梯已旧，很多时不会同意提供全保保养，我们也无法向上手的保养公司要回预先缴交的零件费，也不可能考虑转换保养公司前要求旧公司提早更换所有日后将要更换的零件，因此，有人认为标准保较全保更划算。

2. 标准保

"标准保"维修保养费只包括人工费用，所有零件费用另计。

标准保与全保比较，主要分别是标准保保养费只包括保养及修理费用，不包括其他更换任何零件费用，哪怕一颗螺丝均要收费。如果业主将电梯交由保养公司提供标准保保养的话，电梯保养费用将会每月不同，业主对大厦的财务控制将会增加困难，一部旧电梯，经常会有零件费高过保养费的情况出现，事实上长远而言，用于电梯的费用标准保会比全保多。但因为标准保保养费最低，全保保养费最贵，当业主希望转换电梯保养公司时，管理公司及电梯保养公司通常会向业主提议选择标准保，其中主要原因是管理公司要表示可为大厦节省金钱，电梯保养公司也希望以低价接生意，所以会极力推荐标准保，因此现在大部分曾经转换电梯保养公司的大厦，现在电梯保养都变成了标准保，初期转换电梯的保养公司时，因标准保保养费较低，所以大厦每月都有盈余，但因大厦大多并无储备一笔电梯修理费，当数年后如果电梯需要大修，就很有可能发生财政困难而电梯维修保养困难，这是电梯选择标准保时最大缺点。

3. 半保

半保又名综合保养，他处于标准保及全保之间，一般而言，半保保养费内包括更换正常损坏的小零件，例如灯泡、炭刷等，但不包括更换钢缆、电缆等贵重零件，半保的保养费大约比标准保贵百分之二十，较全保便宜百分之二十五，现时香港只有数家电梯保养公司提供半保保养服务。

四、三种保养合同比较

三种保养合同比较见表 9-2。

三种保养合同比较表 表 9-2

序号	保养类别	包括工作	保养费用	优缺点	备 注
1	全保	保养及零件费	高	管理方便，可控制预算	不包括在外边看得见的零件费用
2	标准保	保养、不包括零件费	低	无储备一笔电梯修理费，无法控制保养费用	
3	半保	保养及小零件费	中	不可控制预算	

五、非原厂保养

香港电梯保养，由非原厂注册电梯承包商保养由来已久，消费者要向本地生产厂商或其代表公司购买使用电梯配件，在大部分的情况下并没有困难，因各原厂承包商均表示他们不拒绝出售零件给非原厂保养电梯的消费者，但现在香港的消费者只可由现聘保养商直接或间接购买零件。如需要向原厂商（非保养客户）直接购买，在价格、供货期等问题，都会出现一定程度困难。而两个电梯联合会共 25 家会员公司负责供应全港约百分之八十以上配部件及保养服务，因此消费者在无法规保障情况下，需要专用零件或工具作为保养服务使用时而向原厂求助，此时消费者很大机会会遇上不同程度的困难。

选择由非原厂公司保养，首先要考虑新接保养公司是否有资格，并应考虑以下问题：

（1）零件是否无缺；

（2）技术能力：所有有责任及使命感的注册承包商都非常自律，量力而为；

（3）服务水平；

（4）收费：消费力强则多数考虑原厂服务，情况有如日常消费，富裕人士与普通大众消费水平有所不同，但最重要一点是乘客使用电梯的安全程度与收费并无直接关系，因为机电工程署与承包商已有一套完善监察系统管理及保持电梯的运行，达到规定的安全标准。

第六节　在日常使用电梯时管理公司应注意的事项

电梯的性能良好，安全可靠，不但使住户方便，也可保障住户的生命安全。管理人员要注视电梯的运行是否正常，例如：讯号灯是否失灵；不停某层的情况；注意是否超载，特别是当搬运货物时；还要注意儿童单独使用电梯的情况。

一、管理公司在电梯及自动扶梯方面要注意的事项

物业管理公司在电梯及自动扶梯方面要注意以下事项：

（1）平时要使管理人员熟悉轿厢内控制箱的按钮及控制电梯指示板的按钮，不致在有需要时不知所措，甚至损坏各电梯的运行。

（2）管理人员巡楼时要注视各电梯的讯号灯是否失灵，按钮是否损坏，内外轿门的开闭是否正常，电梯升降时是否发出异常声音，风扇能否开动，电梯开门时平层是否高过或低过地面，电梯机房的通风设备与室温是否有问题及机房门是否打开等。如有发现问题，应立即记录下来并及时转交值班主任。

（3）除了要经常注意各电梯不要有过载与滥用的问题发生及不可让儿童单独使用电梯外，也要留意在消防警钟鸣响后，无论是误鸣或真有火警，都要在弄清情况后，才可决定是否准许使用电梯。不过很多大厦多已能在消防警钟鸣响后自行将电梯停到基站，不能使用。

（4）大厦消防电梯对协助消防人员前往扑灭火警至为重要，故在测试应急发电机运行时，也必须注意消防电梯的当时运行是否正常。有问题必须尽快修理。

（5）如遇大厦有水浸的情况发生，管理人员必须第一时间把各电梯调升到高层地方，务求各电梯不受水浸。清洗走廊及楼梯时，也要留意勿让水流入电梯井道，以免浸坏电梯井道内的机件设备。

二、在日常电梯管理时要注意的问题

电梯的不适当使用，会导致电梯故障、损毁或提早损耗，所以在电梯日常管理时应注意以下事项：

（1）指定管理人员及负责维修人员；

（2）机房门要锁好，禁止未经注册电梯承包商准许的任何人员进入；

（3）不可在机房及通往机房的通道、出入口处放置杂物妨碍通行；

（4）机房内要备有扑灭电气火灾用的灭火器具（如二氧化碳灭火器）；

（5）严禁使用轿厢紧急救生窗作非维修保养及救生用途；

（6）日常清洁电梯应用较干的洁具及无腐蚀性清洁剂，轿厢内切勿有水湿情况。不应有水流进电梯井道内；

（7）轿厢内严禁吸烟，并在轿门处备有烟灰缸，防止任何杂物掉入门槛及掉下井底；

（8）当进行定期检查时，管理处须通知住客电梯暂停使用，使检查得以顺利进行；

（9）电梯的任何工程必须由注册电梯承包商进行；

（10）机房内空气要流通及保持温度在40℃以下；

（11）搬运沉重物品而有可能超载时，请与注册电梯承包商联系，代为考虑可行性，

避免发生意外；

(12) 大厦如有损坏而影响电梯的运行，应即时修理；

(13) 电梯若有运行不正常或有任何损毁，应立即向注册电梯承包商报告。

三、管理人员巡视时要注意以下事项

(1) 门的开关是否平稳及有无异常声音；

(2) 安全门是否操作正常；

(3) 电梯的起、停及运行有否异常；

(4) 乘客使用的紧急装置（对话机、紧急灯、警钟等）是否损坏；

(5) 电梯平层时，轿厢地台与楼层地面是否有很大水平及垂直差距；

(6) 各按钮动作是否正常及确实有效；

(7) 轿厢内的电灯、楼层显示、排风扇及轿门的层门显示灯等电器装置是否操作正常等。

第七节 安全使用电梯

一、安全使用电梯守则

(1) 确保所有安全设备正常运行；

(2) 注意电梯的载重量，严禁超载，用电梯运载货物时，每件货物的重量不应该超过电梯总载重量的四分之一；

(3) 进出电梯时，应确认电梯已经停稳；

(4) 乘搭电梯时，不要靠近及干扰电梯门及设备；

(5) 乘搭电梯时，不要在电梯内玩耍或跳跃，否则可能引起电梯不正常运行；

(6) 儿童应由成人陪同方可乘搭电梯，同时要照顾老年人；

(7) 如果被困于电梯内，应按动警钟及对话机等候救援，切勿自行走出电梯，未经训练的人员，不要试图放人；

(8) 火警发生时，不要乘搭电梯。

二、安全使用自动扶梯守则

在自动扶梯的框板上张贴安全使用自动扶梯标志图，如图9-9所示。

(1) 紧握扶手带，图9-9 (a)；

(2) 站立位置应离开自动扶梯边的踢脚板或黄线，图9-9 (b)；

(3) 紧握儿童的手，照顾老人及儿童，图9-9 (c)；

(4) 勿将身体任何部分伸出扶手带以外；

(5) 勿在自动扶梯上嬉戏或奔跑；

(6) 只可在紧急情况下使用紧急按钮，平时不得乱按此按钮；

(7) 勿在自动扶梯上使用手推车、婴儿车或携带大件行李物品，图9-9 (d)；

(8) 勿阻塞自动扶梯的出入通道。

(a)　　　　　　(b)　　　　　　(c)　　　　　　(d)

图 9-9　安全使用自动扶梯标志图

三、何时要避免使用电梯

当有火警、地震、水浸等紧急事故时，绝对禁止使用电梯逃离大厦。由于电梯的电源可能因种种紧急事故而停止供电，使利用电梯逃离灾场的乘客被困轿厢内造成更大的危险。利用楼梯逃离灾场是较安全的方法，因此要时常保持逃生通道或楼梯畅通无阻。

乘客如发现电梯的电气设备或按钮有水时切勿触摸，避免触电。如轿厢内有异常情况，应尽快通知管理人员处理。

第八节　电梯困人时应采取的行动

如发生有人被困在电梯内意外时，管理人员应立即通知负责的电梯保养商或消防处，不要擅自用钥匙强行打开电梯门，一定要等候保养商或消防处前来处理。管理人员只可设法安慰被困者，使其减轻烦躁。管理人员如果强行打开电梯门，除违反使用电梯安全条例外，也可能招致伤亡意外。

一、当电梯有故障时，管理人员应采取的行动

如有乘客被困，管理人员应尽快与电梯保养商故障处理中心联系，以便立刻派出专门技术人员救出被困乘客及检查电梯，管理人员切勿尝试私自打开任何电梯轿厢门试图救出被困乘客，避免因电梯突然恢复运行造成更严重意外事件。

管理人员应向被困的乘客说明留在轿厢内十分安全，以缓和不安全的情绪及等候救援。

当管理人员与电梯保养商的 24h 故障处理服务中心联系有关被困事故时，应详细说明以下事项：

(1) 大厦名称及地址；

(2) 失灵电梯的管理编号；

(3) 电梯停止状态（如厢门半打开或轿厢与候机厅有距离而门打开等情况）；

(4) 轿厢内被困乘客人数；

(5) 电梯所停留楼层；

(6) 联络者姓名与电话号码。

管理人员及被困乘客应与电梯保养商的技术人员合作，使其能迅速及安全地救出被困乘客。

二、乘客被困在电梯内时，应采取的行动

一般来说，乘客被困时可按动警钟求援。

警钟与紧急照明等设备的电源可供应因停电困人时的应用，被困乘客也可大声呼叫，引人注意，仍应保持镇定，留在机厢内等候救援。

被困时切勿慌张，应保持镇定，使用紧急设备，按动警铃或使用对话机，与管理人员及电梯技术人员联系，听从指示。

切勿尝试撞开机厢门或由救生窗爬出，可能因电梯突然恢复运行或位置有危险性，造成更严重意外事件，导致伤亡。

电梯的安全设计与紧急设备及通风装置均已保障了被困在机厢内乘客的安全，所以只要依照指示，保持镇定，对外取得联络，等候救援，留在机厢内更为安全。

三、当大厦发生火警时，管理人员对电梯应采取的措施

管理人员要注意在机厢内是否有被困者，如有乘客被困，除报警外，应立刻通知电梯保养商派员到场协助及救出被困乘客。

电梯困人及火警后，电梯保养商应作详细检查电梯有否损坏及进行修理。

第九节　电梯更新工程安全措施

一、目的

确保员工正确安全地工作及获得在工作范围内的安全保障。

二、安全措施

1. 各楼层设置临时围栏，确保其他人员不能进入工作范围内。

2. 给员工提供符合标准的个人保护器具，如安全帽、安全鞋、全身式安全带等，并训练员工如何正确使用个人保护器具。

3. 井道通架由合格工人搭建，并根据规定定期检查及签发证书。

4. 工作地方必须有足够照明及通风。

5. 工作进行时必须备有灭火器。

6. 所有吊索及起吊器具使用前，根据规定要求由专业人员检验并发证书，吊装物品时必须安全，并须确保其他人员不能进入吊装范围。

7. 工作出口及通道必须经常保持通畅。

8. 工作地点必须保持干爽，保证不会滑倒。

9. 木板或墙壁突出的钉子，必须清除，以免导致刺伤。

10. 设置合适的容器，作为弃置物料之用。

11. 用完的工具及用具不能随处乱放，须妥善保存。

12. 设置合适的药箱，药箱内药物齐全及有清单，列明数量。

13. 更新工作前，员工须进行风险评估，明白有关工作的风险，存在危机及控制

方法。

14. 在电梯外门处挂上停电梯牌，确保其他人清楚知道电梯正进行工程，暂时不能使用。

15. 在电梯井道进行任何工程前，必须稳固地放置井道安全绳。

16. 每次工序完成后，必须打扫工作范围干净。

第十节　电梯保养合同实例

一、电梯保养服务计划示例

（一）电梯承包商服务范围及指标

1. 依照现行政府法规，定期派熟悉大厦电梯的技术员检查、调校、抹油等工作；并负责保养电梯设备，使电梯在正常及安全的情况下运行。

2. 接手保养维修服务第一个月，承包商需派员工每周例行检查及抹油一次或多于一次（根据实际情况需要），使电梯恢复应有的服务水平。其后，承包商派员工每两周例行检查及抹油一次。

3. 承包商储存一定数量适合大厦电梯使用的零件，保证不会因缺乏零件而导致停机。

4. 24h 紧急修理服务。（接到通知后，1h 内到达现场。如遇困人情况优先处理，30min 内到达现场。）

5. 根据电梯条例定期测试电梯安全设备及负责安排电梯每年年检及每 5 年的负重检查。

6. 免费供应润滑油、钢缆防腐剂及抹油用的棉纱布等。

7. 保养服务详情：

（1）每月定期检查及修理。

（2）维持电梯安全运行。如有需要更换电梯钢缆，平衡电梯钢缆的张力；维修或更换井道及机房的电线。

（3）定期提供及加适当规格的润滑油、清洁机器、发电机、电机、电梯顶及底，检修控制柜、轴承、电梯轨道。

（4）定期测试所有安全装置及限速器，每年进行一次全面安全测试。

（5）有系统地测试、调校及润滑所有电梯配件，如有需要维修或更换配件，包括：

1）电机、发电机、直接驱动电机线圈、转动附件、转换器、炭刷、轴承、柱塞及液压调节装置；

2）控制柜、选层器及附件、平楼层设备和门刀、继电器、附件、电阻、电容、功率放大器、变压器、触点、引线、缓冲器、定时器；

3）钢片、机械及电力驱动设备、电机启动电阻、电路控制整流器；

4）限速器、限速轮及轴、轴承及安全钳；

5）轿厢及外门按钮、层门指示灯及上下指示灯；

6）压辘或缆辘、轴承、轿厢及对重路轨、缓冲器、上下限位器、限速器张力轮、补偿缆辘、轿厢及对重砣、导靴片及导靴轮；

7）外门闸锁、外门吊门码、辘路及辅助关门器；

8）开门电机、内门吊门码、内门闸锁、门安全设备、超重设备、警钟及轿厢架。

（6）不包括的电梯配件：

1）电梯轿厢：机身旁板、机身门、机身闸、裙脚板、假顶棚、照明塑料片、灯泡、日光灯管、扶手、玻璃、地板、地毯及其他建筑设备和附件；

2）井道：围墙、外闸、外门板、外门框、导轨、油缸、油压柱及电线管；

3）其他：机房配电总开关、对讲机、音响、保安系统及其他非电梯的装备及电线；

4）因疏忽或不正常的使用：任何因水湿而损坏的零件或被人为破坏的零件；任何由于使用者的疏忽及不正常使用电梯所造成的损坏。

（二）电梯保养服务承诺

1. 本公司提供每两星期进行定期电梯的维修保养工作及抹油服务。

2. 本公司负责安排电梯每年度的检验和安全测试及 5 年一次的大检。

3. 本公司提供 24 小时紧急维修保养服务，服务时间为：

（1）如遇困人事故，接报后在 30min 内到达现场；

（2）如遇没有困人事故，接报后在 60min 内到达现场。

4. 本公司提供充足的零配件，以备进行电梯的维修更换工作。

5. 本公司备存有各牌子电梯的电路板，以配合更有效率的维修保养服务。

6. 进行更换电梯零配件所须工作时间：

（1）主吊缆　　　　1 日；

（2）主缆辘　　　　1 日；

（3）外门/内门　　　1 日；

（4）导轨　　　　　1 日；

（5）保险缆　　　　半日；

（6）导靴　　　　　半日；

（7）选层器　　　　半日；

（8）风扇　　　　　2 小时；

（9）按钮　　　　　2 小时；

（10）照明灯管　　　1 小时。

二、电梯保养合同示例一（全保）

电梯保养合同（全保）

日期：＿＿＿＿年＿＿＿＿月＿＿＿＿＿＿日

某电梯（香港）有限公司（以下简称某公司）

＿＿＿＿大厦业主立案法团（以下简称客户）

＿＿＿＿物业服务有限公司代行

香港某道 139 号

中国某大厦某楼某单位

某公司根据以下条款，提供电梯的保养及维修服务。

第一部分

1. 某公司提供以下电梯的保养服务：

电梯：8 部电梯

机器编号：＿＿＿＿＿＿＿

载重：1250kg

速度：每秒 2.5m

服务楼层：＿＿＿层＿＿＿站（机器编号）

＿＿＿＿层＿＿＿站（机器编号）

2. 上述电梯安装于

大厦名称：

大厦地址：

3. 协议的条款

本合同由 2006 年 1 月 1 日开始签订生效，某公司与客户任何一方欲终止合同，必须在两年合同期满之前的三个月，以书面通知对方。期满时如双方未能执行上述的规定提出终止的通知，本合同得自动每次延续两年。

4. 保养费用

保养费每月为港币（大写）＿＿＿＿＿元整（HK＄＿＿＿＿＿），客户须于每月第一日之前缴付。付款条文列于第八部分。

第二部分　本公司服务承诺

1. 合格的技术人员

本公司会提供合格的技术人员来调校及保养电梯的设备，使电梯能正常及安全运行。

2. 有计划的保养

本公司会定期及有系统地检查、调校及润滑电梯配件。

3. 修理或更换配件

如有需要本公司会维修或更换损坏的电梯配件，所有配件列于第二部分的第 4 项。

4. 保养电梯配件包括

（1）本公司会维持电梯安全运行。如有需要本公司会更换电梯钢缆；平衡电梯钢缆的张力；维修或更换井道及机房的电线。

（2）提供本公司适当规格的润滑油。

（3）定期测试所有安全装置及限速器，每年进行一次全面安全测试。

（4）有系统地测试、调校及润滑所有电梯配件，如有需要，本公司会维修或更换配件，包括：

1）曳引机、蜗杆、蜗轮、轴承、驱动轮、驱动轮轴承、制动靴、线圈绕组及触点；

2）电机、发电机、直接驱动电机线圈、转动附件、转换器、炭刷座、轴承、柱塞及液压调节装置；

3）控制柜、选层器及附件、平楼层设备和门刀、继电器、固体附件、电子电路板、电阻、电容、功率放大器、变压器、触点、引线、缓冲器、定时器、电子附件、微型计算器；

4）钢片、机械及电力驱动设备、电机起动电阻、电路控制整流器；

5）限速器、限速轮及轴、轴承及安全钳；

6）轿厢及外门按钮、层门指示灯、上下指示灯；

7）压轮或二层缆轮、轴承、轿厢及对重路轨、缓冲器、上下限位制、限速器张力轮、补偿缆轮、轿厢及对重砣导靴片或导靴轮；

8）外门闸锁、外门吊门码、轮路及辅助关门器；

9）开门电机、内门吊门码、内门闸锁、门安全设备、超重设备及轿厢架。

5. 保养标准

本公司会依照所订的标准来保养各电梯装置。本公司并会依照客户的要求或法规的变更而向客户提供或建议改装工程。

6. 保养性质

本公司会维持电梯的独特性能，并会依照原厂的设计来保养所安装的电梯，或经双方书面协议更改电梯。

7. 群控系统

本公司（若适用）会检查或测试电梯群控系统，确保所有线路及设定的时间正常操作。

8. 清洁范围

本公司负责清洁机房，但不包括由外来因素导致的垃圾。

9. 检查及报告

本公司每年（或有需要时）会由合格的工程人员对电梯进行检查，然后通知客户有关需要维修或更换不在此合同内所包括的配件，以保持电梯正常运行。

10. 配件存货

本公司储存有合理数量的配件，作为更换的需要。

11. 由客户支付款项的工作

本公司不需要预先通知客户，更换或维修合同内不包括的配件。此项更换或维修费用，须由客户支付，总额不会超过港币_____元整。

12. 工作时间

根据此合同内所提供的维修及保养服务，都会在正常工作时间内进行。如客户要求超时工作，本公司将会收取额外费用。所有费用会以每小时计算。

13. 公众假期

在公众假期内，本公司将不会进行保养服务。

第三部分 紧急及维修服务

1. 紧急救援服务

本公司会提供紧急救援服务及电梯小故障维修，在此合同下，无论在白天或晚间工作，都不需要收取任何额外费用。同时，本公司会在一个合理时间内到达现场，并按照本公司的指定程序进行维修工作。

2. 故障及维修服务

本公司会在正常工作时间内，提供故障及维修服务。

3. 不恰当使用紧急及维修服务

本公司保留权利向客户追讨有关不恰当或非法使用紧急及维修服务的费用。

第四部分 客户的义务

1. 通道

客户必须准许本公司雇员或其承包商进入大厦各楼层、大堂、电梯机房及在此合同内所列明的地方进行保养或维修。

2. 只有本公司才能进行维修

在合同生效期内，客户不能授权或批准非本公司所指派的工作人员进行维修、更换或干扰电梯的配件，否则，本公司有权终止保养合同。

3. 客户报告

当客户发觉电梯有不正常现象，应立即通知本公司，不可尝试或企图干扰电梯。

4. 足够设备

客户有责任提供电梯机房内足够的灯光、通风及湿度控制等设备，使电梯房内的装置更有效率地运作。

5. 大厦维修

若大厦结构影响电梯操作，本公司会因需要而要求客户负责大厦维修费用。

6. 保安

客户须提供足够的保安装置，以符合安全标准。

7. 禁区

由于避免发生危险，客户应禁止任何未经本公司授权人员进入电梯井道及机房。

第五部分 不包括项目

1. 不包括的电梯配件

以下电梯配件不负责维修或更换：

（1）轿厢包括：固定及活动旁板、机身门、机身闸、裙脚板、假顶棚、照明塑料片、灯泡、日光灯管、扶手、玻璃、地板、地毯及其他建筑设备和附件；

（2）井道包括：围墙、外闸、外门、外门框、导轨、油缸、油压柱及管道；

（3）其他：机房总配电开关、对讲机、音响、保安系统及其他非本公司安装的装备及电线。

2. 疏忽或不正当使用电梯

根据本合同，任何由于使用者的疏忽及不正当使用电梯所造成的损坏，及一切在本公司控制能力以外的配件损坏，本公司均不会负责。而有关更换及维修费用须由客户负责。

3. 其他安全测试

除每年一次政府规定安全测试外，其他由保险公司或有关机构所要求的额外测试及与原设计有不符的设备，本公司将不会负责。

第六部分 本公司责任

1. 本公司责任

在此合同生效期内，一切由本公司及其所属的雇员，基于明显、直接或可预知的错误行为所导致的财物损失。如客户直接或间接通过其他途径要求赔偿，皆由本公司所指定的保险公司负责，本公司不会负责任何赔偿。

2. 非本公司责任

对未能预测到的意外或间接导致的损毁、受伤或死亡，本公司将不会负责。除非此意外是本公司应该发觉到或应该合理地推测到，或对电梯进行测试时发现到，或已书面通知本公司此项问题。

3. 非保险合约

此合同不属于保险合同，所以，不能要求意外及损毁赔偿。本公司会保障其雇员的安全。

4. 非控制范围

在本公司不能控制下及非能力范围内导致的任何损失、破坏或延误等，本公司将不会负上任何责任，例如：船位缺乏、禁运、政府措施、罢工、停业、火灾、爆炸、盗窃、水灾、骚动、暴动、暴乱、战争、恶意破坏或天灾人祸。

5. 本公司并无财产权

全部电梯装置都属物主或借贷人拥有，本公司不会负责或接管有关电梯的财产权及其管理权。

第七部分 终止合约的条款

1. 本公司在下列情况下，有权终止保养合同

（1）大厦业权更改。

（2）根据本公司意见，电梯遭不适当使用。

（3）本公司被妨碍进行有关保养维修工作。

（4）根据本公司意见，电梯原来设计或大厦使用性质改变。

（5）在此合同有效期内，未经本公司同意，电梯遭受非本公司雇员作任何性质的维修工作。

（6）本公司于保养时，发现有非正常磨损而导致需要维修或更换，本公司将会以书面通知客户，客户如拒绝或未能在一个限期内授权本公司进行维修或更换。

（7）客户未能于付款限期内一个月，缴付保养费。

（8）如果客户申请或被要求破产、或清盘（除了合并或重组外）、或与债权人公司合并、接管或承受任何类似行动，而此行动是由于客户未能支付其负债。

（9）本公司有权在六个月前以书面通知业主终止合同。

2. 客户于下列情况下，可以在三个月前以书面通知本公司终止此保养合同

（1）客户证明大厦业权更改。

（2）如果本公司进行清盘，无论强迫或自愿（除了合并或重组外）、与债权人公司合并或承受任何类似行动，而此行动是由于本公司未能支付其负债。

（3）大厦已经空置或准备拆卸。

（4）业主有权于六个月前以书面通知本公司终止合同。

3. 终止合同的意义

任何一方不依照合同条款而取消合同，对方都可以根据合同的内容，向对方以法律途径要求作出赔偿。

第八部分 付款及保养费用调整

1. 付款方法

保养合同规定发票于每月发出，并需要预先缴款。

2. 款项

客户需要支付合同费用外，任何由政府法规所征收的费用，如交易税、合同税或所有税项，基于现在或将来的法律须交的费用。

3. 不能扣除或提出反要求

无论任何情形下，客户没有权利向本公司扣除任何费用。

4. 延误付款

本公司有权向客户征收所欠费用的利息，息率为月息二角。另外，本公司也有权向客户收取一切因应追收所欠费用的额外开支，例如：律师费、行政费等等。

5. 额外付款

任何额外费用，客户须在收到通知单十四日内缴付。

6. 保养费用调整

因为人工或物料成本增加或递减，以后每年的保养费用会有所调整。如客户要求，本公司会提供独立核数师、政府核准或有关组织机构，直接反映此项调整的文件，以供参考。

第九部分 其他

1. 通讯

一切通讯均依照客户最近一次提供的地址传递，因此，如通讯地址或立约人有更改时，客户应尽早通知本公司。

2. 政府法例

本合同受到香港法律监管。

第十部分 认可

当双方法定授权人签署此合同及经本公司核准后，此合同便成为有效的法律文件，以前所订立的合同与承诺，将会被取代。

合约号码：＿＿＿＿＿

机器号码：＿＿＿＿＿

客户　　　　　　　　　　　　某电梯（香港）有限公司

（公司名称）＿＿＿＿＿＿＿＿

授权人＿＿＿＿＿＿＿＿＿＿　　授权人＿＿＿＿＿＿＿＿＿＿

职位＿＿＿＿＿＿＿＿＿＿＿　　职位＿＿＿＿＿＿＿＿＿＿＿

日期＿＿＿＿＿＿＿＿＿＿＿　　日期＿＿＿＿＿＿＿＿＿＿＿

三、电梯保养合同示例二（全保）

电梯维修服务协议

编号：＿＿＿＿＿＿

本协议于＿＿＿＿年＿＿＿＿月＿＿＿＿日订立。协议双方为：

（1）客户名称及客户地址＿＿＿＿＿＿＿＿＿＿（下称"业主"）；

（2）＿＿＿＿＿电梯有限公司，注册办事处设于香港九龙＿＿＿＿街＿＿＿＿号＿＿＿＿中心＿＿＿＿号楼（下称"承包商"）。

双方兹协议如下：

1.1 业主同意委聘承包商而承包商同意向业主提供本协议第4条所载维修服务（下称"维修服务"），为期＿＿＿＿年，由＿＿＿＿年＿＿＿＿月＿＿＿＿日起至＿＿＿＿年＿＿＿＿月＿＿＿＿日止，首尾两天包括在内。

1.2 除本协议第2.1款外，本协议一切规定，此后应按年自动延续。若承包商或业主任何一方需要终止本合同，必须在本合同到期或续期前以不少于三个月之书面形式通知对方。

2.1 业主同意每月月初支付港币＿＿＿＿元整（HK＄＿＿＿＿）给承包商，作为承包商根据本协议在该月份提供维修服务的酬金（下称"维修服务费"）。

2.2 协议双方又同意，维修服务费应每月付款。

2.3 业主同意于承包商发出发票或付款通知书后七天内，支付修理及/或更换后述设备（下称"该设备"）的费用给承包商。

3 承包商收取维修服务费作为酬金，同意为安装在（下称"该大厦"）的（"该设备"）提供维修服务。

4.1 承包商须定期派员在正常工作时间，核查、清洁、调校、抹油及润滑该设备，确保该设备获得妥善维修，处于安全操作状态。

4.2 维修该设备所需的润滑油及棉纱，由承包商提供。

4.3 承包商只限于维修及更换该配件因正常损耗而需维修及免费更换。不包括政府有关部门所需增减的项目、人为及意外所导致的损坏。

4.4 该设备如出现机械故障或其他毛病，业主须立即向承包商报告。在收到报告后，承包商须派员到场修复故障，令该设备恢复运行。

4.5 承包商须在正常工作时间，定期进行年度测试及每五年一次的满载测试，确保该设备安全运行，符合香港法规第327章《电梯及自动扶梯（安全）条例》。而年度测试承包商免收费用，政府发证所需的费用则由业主负责。

4.6 在进行每五年一次满载测试前，协议双方应议定该项测试的费用。每台电梯不超过港币贰仟元整（HK＄2000.00）。

4.7 除本协议第4.5条所载明的测试外，业主如有请求，承包商也可进行其他测试。如需进行其他测试，除维修费外，承包商有权向业主收取合理费用。

5 如电梯井道水浸，业主须负责清洁及抽干电梯井道中积水。业主如有请求，承包商可提供协助，业主须向承包商支付合理费用。

6 协议期内及续合同期内，未得承包商书面同意，业主不得允许任何人士（承包商所授权的人员除外）为该设备进行任何性质的维修，否则日后该设备如有损坏或导致意外，承包商不承担任何责任。此外，业主需允许承包商修复该设备，费用由业主负责。

7.1 如承包商向业主发出发票或付款通知书后七天内，业主未向承包商支付维修服务费及/或该设备的修理或更换费用，承包商有权无须另行通知，立即暂停维修服务，直至维修服务费及/或该设备的修理或更换费用，获得适当支付为止。除本协议第7.3条另有规定外，承包商基于本项原因暂停维修服务，无须退还及/或扣减此段期间的维修服务费。

7.2　假如由于业主过失，或由于非承包商所能控制的原因，维修服务暂停超过三十天，则安全测试费用及该设备的更换费用，由业主支付。

7.3　如业主拒绝或未有遵守本协议条款及条件，或业主拒绝或未有授权承包商，进行由业主自费的非因正常损耗所需的维修工程或更换该设备，则承包商经发出书面通知给业主后，有权立即终止本协议。在此情况下，承包商无须就任何性质的损失、损坏、损伤或索赔承担责任，可没收剩余的维修服务费作为因此导致的损失。

7.4　如承包商认为该设备或其中任何部分，因正常损耗以外原因，必须维修或更换，承包商有权不请示或不事先征求业主同意，进行修理或更换，费用由业主负责，但有关修理或更换费用不得超过港币 2000.00 元。如费用超出港币 2000.00 元，承包商须通知业主，业主可选择委托承包商进行有关工程，或在征得承包商同意后委托第三者进行有关工程。如业主未有立即委托承包商或第三者进行有关工程，纵使上文第 7.3 款另有规定，承包商有权立即终止本协议；因未能进行有关工程所导致的任何性质损失、损坏、损伤或索偿，承包商无须承担任何责任。

8　除本协议所载的安全测试外，承包商无须进行其他安全测试，也无须为该设备，安装任何附件，而不论保险公司或政府当局有否提出建议或发出指令。

9　承包商无须翻新、重新油漆及修复电梯面板及附件、装修及配件、机井围板、井口门、闸门、侧板、底梁、电梯井道，也无须更换电动机；承包商无须因为滥用设备、氧化、侵蚀或非承包商所能控制原因，修理、更换、翻新或修复全部或部分设备或其中任何有关部分。

10　因非承包商所能控制的原因，在不影响上述规定的一般性原则下，包括因海外供货商缺货或迟交替换零件、政府法令、盗窃、火灾、爆炸、罢工、停工、暴动、民众骚乱、恶意破坏、战争、水灾、台风、闪电、地震及其他天灾所造成的任何损失、损坏或延误、承包商无须承担责任。在任何情况下，承包商无须就因此造成的损坏承担责任。

11　承包商无须负责为该设备，进行任何装饰性质的维修或修理工程。

12　协议双方明确同意，业主拥有该设备的绝对控制权与拥有权，任何人员因乘搭该设备或在该设备内或附近损伤或遇到意外，不论是否由于该设备或其任何部分的操作、维修或状况所导致，承包商均无须承担责任。除非此意外全因承包商疏忽所导致。业主须负全责，就任何人员或财物的伤亡或意外，投购一切有关第三者保险。

13　协议双方又同意，因执行、尝试执行或未能执行本协议所载的任何工程或服务所导致的任何性质损失、损坏或损伤，承包商无须对业主或任何其他人员承担责任。除非此等损坏或损伤是因承包商的显著疏忽而构成。

14.1　根据本协议所发出的任何通知或其他文件，应采用书面形式，并须以预付邮资挂号邮件、电传或传真方式，发送至本协议所载的另一方当时的地址或注册办事处，或发送至另一方最后书面通知的其他地址或电传或传真号码。

14.2　任何该通知或文件，如以传真方式发送，收到时即视为送到；如以电子邮件方式发送，于发送机收到收件人的确认应答时即视为送到；如以邮递方式发送，于投邮寄出三天后作即视为送到。在证明通知已送达时，只须证明通知已交到适当地址，或内载有通知的信封已适当填写地址及寄出，或已适当收到适用形式的通讯（视情况而定），即为确证。

15 本协议受香港特别行政区政府法律管辖，因本协议而起的任何争议，香港特别行政区政府法院对协议双方有绝对性的审判权。

客户代表签署：＿＿＿＿＿＿＿＿＿＿＿＿＿

客户签章：＿＿＿＿＿＿＿＿＿＿＿＿

承包商代表签署：＿＿＿＿＿＿＿＿＿＿＿＿

承包商签章：＿＿＿＿＿＿＿＿＿＿＿＿

四、电梯保养合同示例三（全保）

电梯全保保养合同

编号合同：＿＿＿＿＿＿＿＿＿＿＿＿

此合同由＿＿＿＿年＿＿＿＿月＿＿＿日以＿＿＿＿＿＿＿＿（香港）有限公司为一方（以下称承包商）与另一方某物业管理有限公司（以下称客方）地址：香港湾仔＿＿＿＿道＿＿＿号＿＿＿＿大厦＿＿楼＿＿单位订立下列各条款：

1. 承包商同意由＿＿＿＿年＿＿＿＿月＿＿＿日起至＿＿＿＿年＿＿＿＿月＿＿＿日按合同条款履行客方＿＿＿＿＿＿＿＿（地址）＿＿＿＿＿＿＿＿"＿＿＿＿"，两部电梯保养及维修责任。

2. 承包商同意依照劳工条例之劳工工作日及工作时间内（八号或以上的台风除外）定时及于需要时委派曾受训练的工作人员到贵大厦作电梯检查、保养及调校等工作，以维持电梯于正常而安全状态。

3. 承包商同意免费供应所需的润滑油、缆油、棉纱布、齿轮箱油及正常使用情况下损坏的配件。

4. 承包商将不负责免费进行轿厢及其附件、机身门、机身导轨、井道、各层外门、闸、门框、井底及外导轨的装饰、翻新或更换等工作项目。

5. 客方须同意如在承包商要求下，清理因水灾或人为疏忽所导致的井底积水。若客方须承包商提供特别协助，承包商有权收取双方议定的费用。

6. 承包商同意依照《电梯及自动扶梯（安全）条例》履行检查工作，并定期每周一次派员进行例行保养。每年一次的年度检查及每五年一次的全负荷测试，在此合同有效期内将不另行收费，政府对使用证书征收的费用须由客方支付。

7. 除另外在此合同注明外，承包商将依本合同第六条于正常工作时间内（八号或以上台风除外）进行每年的检查。如客方要求在非办工时间内进行工作，承包商有权要求额外费用。

8. 在本合同内承包商将不负责第六条以外的安全测试，也不负责加装无论由保险公司或政府所要求额外设备的费用。

9. 承包商提供 24 小时的服务，当电梯发生故障时，在客方或其代表的要求下，承包商将会派受过训练的工作人员尽可能迅速到达处理故障或提供客方所需的协助，或采取合理而必须的行动放出被困乘客，及执行承包商认为必须的其他步骤，以保证电梯的安全。

10. 若客方发现电梯有任何故障，须立即通知承包商，而承包商则负责修理。客方在通知承包商后须在其外门挂上暂停服务告示牌。

11. 对于因人为破坏、水浸或火灾所导致的故障而须进行承包商认为必须的任何修理或更换零件，承包商有权收取费用。

12. 此保养工作服务费为每月 HK＄＿＿＿＿（2 部电梯）。

13. 承包商将负责购买最高赔偿额港币壹仟万元的第三者意外伤亡保险。

14. 只有在本合同内提及的工作和责任是有效。其他协议除非另行书面确认，否则一律无效。

15. 配件除因正常损耗外，承包商将不会负责因疏忽、恶意破坏、错误使用、生锈腐蚀或在承包商控制范围以外所导致的任何损毁。若电梯须进行整台更换或性能升级等重大改造工程，承包商将予以报价，获客方签认同意后方可进行。

16. 承包商将不会负责因火警、爆炸、雷电、盗窃、入屋行劫、恶意破坏、水灾、风暴、外敌入侵、战争性行动（包括战争爆发前后）、内战、罢工、骚动、叛变、革命、篡夺权力或其管辖能力以外所致的损毁。

17. 客方同意于承包商保养任期内，事前若未得到承包商的书面同意，将不会批准任何人等（除承包商雇员外）对电梯进行任何工程，否则将视作客方单方立刻终止合同。承包商有权立刻停止提供服务而无须履行代通知期或代通知金等条款，更不会就因第三者进行工作而导致的一切意外或损失事件负责。

18. 若客方未有合理理由而拒绝承包商进行以确保电梯或乘客安全所需的修理工程，承包商有权暂时封闭有关的电梯或以书面通知客方取消本合同，并无须对客方履行终止合同、代通知期或代通知金的条款。终止合同期限后不论是否因未能进行修理或其他原因而导致任何损失、损坏、伤害而要求的赔偿，承包商将不须负责。

19. 双方同意若在本合同所述的地点工作时，尝试工作或未能执行工作情形下而导致任何损毁或受伤，除非证明损失或受伤是因承包商或其授权的雇员的疏忽所直接引起，承包商将不须对客方或任何人负责。在任何情况下，不论损毁是否由承包商或其雇员的疏忽所导致，承包商将不须负责因此电梯损坏所导致的利益损失或因电梯故障导致不能正常使用大厦的损失和任何类似的赔偿要求。

20. 除特别书面协议外，合同期满前终止合同或不予以续新合同，双方均须不少于三个月前予对方提出书面通知或以三个月代通知金代替。

21. 如客方在此合同的月费或修理工程上有任何欠款，经协商未能达成协议，承包商有权立即终止此合同及停止保养服务，并无须对客方履行终止合同所须代通知期或代通知金的条款，同期客方必须立刻予以清付欠款，若须经由法律诉讼程序处理，承包商于胜诉后有权向客方索偿因此而导致的一切损失。

22. 承包商在将有关此合同的通知或文件邮寄客方时而使用客方通知的最后地址即可作为已送达客方。

23. 除非由承包商一名董事书面确认，此合同不得更改，此合同双方在见证人见证下签署而于上述日期内生效。

备注：此合同连同同意接任授权书盖章签署确认，及交回本公司办妥通知机电工程署手续后，方正式生效。

客方见证人签署：_____

客方签认及盖章：_____

承包商见证人签署：_____

_____（香港）有限公司（盖章）

第十章 气 体 装 置

根据《气体安全条例》规定，气体供应系统的维修保养工作，必须由注册气体工程承包商及注册气体装置技工进行，以确保该系统的安全运行，《气体安全（装置及使用）规定》第 7（2）条表明，任何人不得做任何事影响气体配件或影响与该配件连同使用的烟道式通风设备，以致其后使用该配件时，对任何人或财产构成危险。

第一节　气体装置及危险品

一、气体装置工程

气体装置工程包括装配、截断、试验、投入运行、停止运行、维修、修理或更换气体管道、用具及配件。气体装置工程包括：
（1）安装气体用具（例如平头炉及热水炉）；
（2）更换气体软管；
（3）修理气体用具。
气体装置工程类别划分见表 10-1。

气体装置工程类别表　　　　　　　　　　　表 10-1

序　号	用　途	级　别	内　　容
1	住宅	第一级	安装及测试石油气瓶的平头炉
2		第二级	安装住宅用气体管道(不包括测试)
3		第三级	安装、测试住宅用气体管道及设备
4		第四级	安装、测试、维修住宅用气体设备
5	商业用	第五级	安装非住宅用气体管道(不包括测试)
6		第六级	安装、测试非住宅用气体管道及设备
7		第七级	安装、测试、维修非住宅用气体设备
8	供应用	第八级	安装、测试、维修工业用气体设备

根据气体安全条例规定，客户必须聘用注册气体工程承包商来进行气体装置工程，而注册气体工程承包商则须派遣有关级别的注册气体装置技工亲自进行施工。进行气体装置工程后，注册气体工程承包商要求用户在工作记录单上签字，以作为完成工程的证明文件。这文件载有工程的详情、日期、时间及气体装置技工的姓名及注册编号。注册气体工程承包商必须要保留这些记录，以供政府气体安全督察查阅。

注册气体工程承包商必须在其营业地点展示证明书及告示，让公众得知他们是注册气体工程承包商。他们所聘用的注册气体装置技工在进行气体装置工程时，必须携带技工注册卡。客户为得到有关保障，应向为其工作的人员要求查阅注册证明文件。

二、危险品的储存

根据《危险品条例》的规定，超过获豁免数量的危险品，均须储存在领有牌照的危险品仓库内。常见危险品有酒精、指定类别的精油、石油气及汽油等。其他危险品通常作为商业及工业用途。所有危险品均须小心处理，使用时附近不可有明火，以免发生火警或爆炸。

第二节　气体装置的保养

气体炉具管道因老化而损坏或安装使用不当而导致漏气，后果非常严重。所以煤气及石油气管道的定期维修和保养非常重要。

一、维修保养责任的划分

气体装置的拥有人，包括业主、业主立案法团、大厦管理公司、租户、住户或气体供应公司，有责任确保气体配件状况良好及安全。

气体装置的拥有人，有责任对大厦范围内的气体供应系统安排至少每 18 个月由气体供应公司进行一次定期检查，并就检查结果作出相应的维修工作，以确保气体装置的安全。

气体供应系统的维修保养工作必须由注册气体工程承包商或注册气体装置技工进行，以确保气体供应系统的安全运行。

二、气体装置的保养

在大厦范围内的气体供应系统应尽量避免被建筑物遮盖，并应适当地保护气体管道免受侵蚀。煤气管道用耐用材料制造，一般能使用 20 年。但有些大厦使用不足 10 年，更有甚者使用不足一年，就已出现管道锈蚀情况。原因是外墙的煤气管道因被混凝土半遮盖，容易积聚雨水及泥尘，使侵蚀严重。另外一些大厦用酸性溶液清洁外墙，也会使煤气管道提前损坏。

在进行大厦维修工程时，须注意保护气体配件（包括供气管道）不受危害。气体供应公司或注册气体工程承包商可为客户提供定期维修服务，例如，检查炉具和室内气体管道的安全及操作情况。气体装置定期检查周期见表 10-2。

气体装置定期检查周期表　　　　　　　　　　　表 10-2

序号	项　　目	工作内容	周　　期	承办商要求	备　注
1	固定气体配件（包括供气管道）	定期检查	至少每 18 个月进行一次	注册气体工程承包商	法规规定
2	气体炉具	定期检查		合格技工负责安装	法规规定
3	炉具	胶管	每 3 年更换一次	合格技工负责安装	法规规定

住户须定期检查气体装置，以确保安全。如有疑问，请向有关的气体公司查询。煮食炉、烤炉及热水器的安装，必须由核准的承包商进行。禁止使用无烟道式气体热水炉。

1. 住户气体炉具的保养

（1）应由合格技工负责安装气体炉具。

（2）定期检查炉具胶管，每三年更换一次。

（3）避免食物溢泻，经常清理炉具，因炉头积众油污，容易着火。

（4）保持炉灶周围空气流通。

（5）炉具旁切勿放置易燃物品。

（6）切勿把炉具安装在窗户附近或风口位置，若不可避免，请留意附近是否有易燃物品，如活动窗帘，以免引起火警。

2. 公司炉具保养服务合同

公司炉具也可选择专业公司进行定期保养维修，下面为保养合同条款示例：

（1）客户可享用下列各项服务：

1）定期炉具保养及检测；

2）24h 紧急电召维修服务；

3）提供煤气咨询服务。

（2）定期炉具保养包括：

1）清理炉头及燃烧系统；

2）检查及维修安全阀及其他安全控制系统；

3）胶管安全检查。

（3）以下的项目需另行收费：

1）炉具翻新；

2）更换零件；

3）发出符合规定或安全证明书。

（4）客户在更新合同时，合同年费将视上一年度的维修情况决定。

（5）合同费用均须预缴下月费用，不退回，客户可选择现金或支票缴付。

（6）在完成每次维修服务后，客户须授权有关的人员在维修单上签名。

三、气体热水器的保养

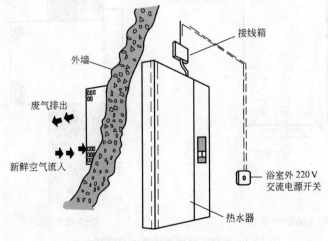

图 10-1　对衡式热水器结构图

1. 安全使用对衡式热水器

（1）对衡式热水器结构

对衡式热水器为气体热水器，由 220V 电源供电进行点火，这种热水器会从户外直接抽取供燃烧用的新鲜空气，而燃烧后的废气也会排出户外。因此，热水器不会消耗或污染室内的空气。对衡式热水器结构见图 10-1。

（2）对衡式热水器安装方法

如楼宇已预留合适的烟道墙孔，以备安装对衡式热水器供浴室使用，则用户不得安装任何其他种类的气体热水器作同样用途。对衡式热水器安装方法如图 10-2 所示。

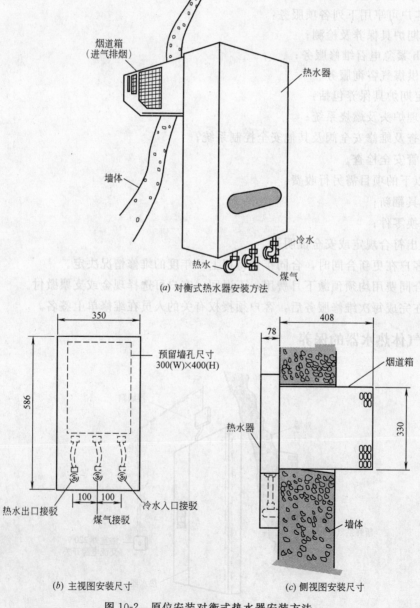

（a）对衡式热水器安装方法

（b）主视图安装尺寸　　　　　　　　　　　（c）侧视图安装尺寸

图 10-2　原位安装对衡式热水器安装方法

安装时注意事项如下：

（1）确定所安装的热水器使用的气体型号与楼宇供气类型相同；

（2）确定墙上的烟道箱是否与要安装的热水器配合；

（3）检查烟道箱是否状况良好；

（4）如需要更换墙身瓷砖，须留意新换陶瓷锦砖面厚度与原来陶瓷锦砖面厚度一样，墙身厚度要保持一致，否则热水器背面不能紧贴烟道箱的表面，就不能安装；

（5）请注意热水器的煤气位、冷水、热水水位不能被新造的陶瓷锦砖或混凝土所遮盖；

（6）如原有的烟道箱因上述或其他原因必须更换，则需要搭棚架。更换前如有需要，煤气公司可派估价员到场勘察，以便向用户提供报价（进行搭棚架工程前，须获得大厦管理处的批准）。

2. 安全使用机械排烟式热水器

机械排烟式热水器内置排烟系统，其安装方法如图 10-3 所示。这种热水器在大多数情况下均容易安装。排烟式热水器燃烧时要吸收室内空气，通过热水器内置排烟系统经过排烟管将燃烧的废气排出室外，使用时应保证有新鲜空气进入室内，并应确保热水器内置排烟系统工作正常及排烟管良好。

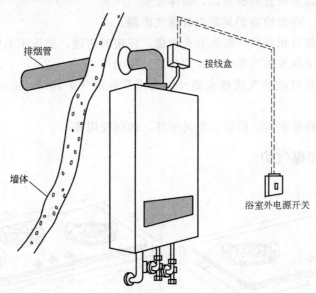

排烟管

接线盒

墙体

浴室外电源开关

图 10-3　机械排烟式热水器安装方法

3. 禁止使用及售卖无烟道式气体热水器

浴室或淋浴间无烟道式气体热水器属于危险装置，因该类热水器会从室内抽取供燃烧用的空气，而燃烧后的废气（包括有毒的一氧化碳），直接带进热水器的房间内，如在通风不足情况下可能使废气积聚到危险水平。

由 2000 年 7 月 1 日起，《气体安全（装置及使用）规定》禁止使用无烟道式气体热水器供应浴室或淋浴使用。

《气体安全（杂项）规定》明确任何人不得在香港售卖或建议售卖提供任何无烟道式气体热水器。此项修订意味自 2000 年 4 月 1 日起，任何人不得供应无烟道热水器作任何用途。不遵守新规定将被惩罚。任何人若违反禁止新安装或使用现有无烟道式热水器作浴室或淋浴用途的规定，即属犯法，可被罚款。

第三节 安全使用煤气

一、煤气的认识

煤气较空气轻（相对密度约是 0.52 比 1）。如一旦漏气，便会浮升及消散在空气中。煤气内已加有一种特殊气味，一旦泄漏即可察觉，确保安全。

煤气用户管的气压极低（低于 2kPa），管壁所承受的压力小，仅相当于吹熄一支燃烧的火柴的力量。

二、使用煤气安全守则

（1）切勿损坏煤气表及煤气管。

（2）若有一段时间暂不使用煤气时，应暂时关闭煤气总阀。

（3）切勿在炉具旁放置易燃物品，确保安全。

（4）在点火前，应先检查炉具是否有煤气泄漏。

（5）油渍及污渍日积月累，容易着火燃烧，应按时清理，防患于未然。

（6）经常检查通风及抽气系统，并定时清洗隔油网。

（7）除对衡式及机动抽气式热水器外，使用其他煤气炉具时，必须开窗，保持空气流通。

（8）定期维修检验炉具，以防止失灵损坏，确保使用安全。

三、安全使用煤气炉

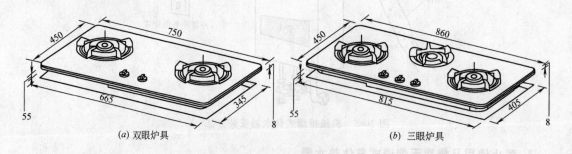

(a) 双眼炉具　　　　　　　　　　　(b) 三眼炉具

图 10-4　煤气煮食炉具图

1. 煤气煮食炉具（图 10-4）

煤气煮食炉具的保养方法：

（1）定期检查炉具胶管，每三年更换一次。

（2）避免食物溢泻，并经常清理炉具，因炉头积聚油污，容易着火。

（3）炉具旁切勿放置易燃物品。

（4）切勿把炉具安装在窗户附近或风口位置，若无可避免，请留意附近有否易燃物品，如活动窗帘，以免引起火灾。

2. 煤气煮饭煲

煤气煮饭煲、煮食炉除一般煮食功能外，设有内置饭煲，饭熟自动熄火。使用内置煮饭煲注意事项：

（1）点火时必须先将饭煲放进炉内，以免明火将炉身内壁烧焦；

（2）确保使用随炉附带的煲盖；

（3）煮饭时，炉顶排气口不可堵塞；

（4）取出及放入饭煲时，小心保持平衡，以免倾倒；

（5）不可使用过多水煮饭，以免米水溢出；

（6）完成自动煮饭熄火后，必须将控制钮按至"关"位置，确保安全。

3. 智能煮饭煲

部分台式煮食炉及嵌入式平面炉，备有煲饭、三种油温设定煎炸及沸水功能。使用沸水程序时，水开后持续保温 5min 以彻底杀灭细菌，然后自动熄火。使用智能煮食炉头注意事项：

（1）使用智能炉头煲饭时，必须将火力调至"煲饭"位置及按亮"煲饭"按钮，以免将饭烧焦；

（2）使用自动调温作煎炸时，油量不可在 200mL 以下，否则可能使油着火；

（3）不要用硬物剧烈碰撞智能炉头温度感应器，检查感应器是否顺滑地上下移动；

（4）完成自动程序熄火后，必须将控制钮调至"关"位置，确保安全。

4. 煤气热水炉

如仍使用普通烟道式或无烟道式热水炉，使用时必须将最近的窗户尽量打开，确保室内空气流通，以保安全。无烟道式热水炉是为厨房洗碗及清洁用途而设计，不可连续使用超过 5min；不应安装在设有空气调节的地方使用。此外，无烟道式热水炉不可作淋浴之用。

5. 无烟道式热水炉

最理想的做法是安装新型的密封对衡式热水炉。由于密封对衡式热水炉是通过特设的烟道排放废气和抽取新鲜空气，故你在使用这款热水炉时，无需把窗户打开。

6. 煤气干衣机

煤气干衣机只需 40min 便可烘干 4kg 衣物，内置计算机智能干衣程序，柔顺至理想状态。

使用煤气干衣机注意事项：

（1）使用时，请打开窗户或开动抽气扇，使空气流通；

（2）不可烘干含有液体燃料（如汽油）或腐蚀性液体（如漂白液）的衣物；

（3）若使用机顶直接排湿，干衣机运行时必须保持窗户开启；

（4）干衣机顶部排气口必须保持畅通；

（5）干衣机使用排湿管时，应注意管没有损坏，连接牢固，确保湿汽排出；

（6）干衣机底部不可放置杂物，以免堵塞通风系统；

（7）干衣前必须用清水洗净并以洗衣机脱水；

（8）放进干衣机的衣物不可太湿（大量滴水状态），以免漏电发生危险；

（9）清除衣物袋内所有东西，尤其钥匙及硬币；

（10）不可超重使用干衣机。

7. 其他安全事项

（1）如出外旅游，紧记关掉炉具及煤气表总阀门；

（2）切勿在煤气管或煤气表附近摆放睡床；

（3）切勿自行拆卸或改动煤气管，请聘用注册气体工程承包商或致电煤气客户服务热线，安排有关服务。

第四节 安全使用石油气

在香港使用的石油气，是丁烷气和丙烷气的混合气，并无毒性，比空气重，会在地面积聚。石油气经压缩后以液态储存在方便搬运的气瓶内，供多种用途。

1. 石油气瓶的储存

除非有根据气体安全条例给予的特定许可，否则在任何时间储存标称总容量超过130L（约是标称重量50kg）的石油气（包括空瓶），均属违规。表10-3列出一些普通型号石油气瓶的最高许可储存数目，以供参考。

石油气瓶的最高许可储存数目表 表 10-3

序 号	标称石油气重量(kg)	许可储存瓶数(个)	序 号	标称石油气重量(kg)	许可储存瓶数(个)
1	2	27	5	15～16	3
2	8	6	6	21～22	2
3	10.5	5	7	45～50	1
4	12～13.5	4			

2. 存放及处理石油气瓶须知

（1）小心处理，以免损坏。

（2）将气瓶垂直放置在通风良好和容易到达的地方。

（3）要远离热源及火源，更换气瓶时，这点尤为重要。

（4）不可在地平面以下地方、排水沟附近或地库内使用或存放瓶装石油气。

3. 使用瓶装石油气时须知

（1）检查气瓶及调压器是否有损坏或漏气。

（2）只可使用由有关的气体供应公司所提供的调压器，并要保护调压免受损坏。

（3）胶管应每3年更换一次，日期可参考胶管上所印的，并需经常检查胶管连接位可有松脱、损坏或漏气，若发现有任何毛病，应通知注册气体承包商更换胶管。

（4）气体设备远离易燃物品。

（5）不可让气体设备在无人看管的情况下燃点。

4. 更换石油气瓶的安全措施

（1）熄灭附近所有火种，不可吸烟。

（2）关掉气体用具。

（3）关掉并拆除调压器，然后更换石油气瓶。

（4）小心地将调压器稳固连接，然后检查气瓶连接是否有漏气的气味及声音。

（5）开启调压器，然后检查气体炉具是否操作正常。

5. 用毕或弃置的石油气瓶

石油气瓶使用完毕后，应尽快交回气体分销商，不应摆放在公众地方。如发现弃置或无人看管的石油气瓶，应致电紧急热线通知有关的气体供应公司收回。

6. 使用瓶装石油气安全守则

（1）小心处理，以免损坏。

（2）不得储存容量总共超过130L的过多石油气瓶。

（3）将气瓶垂直放置在通风良好和容易到达的地方。

（4）要远离热源及火源，更换气瓶时，这点尤其重要。

（5）不可在地面以下地方、排水渠附近、地库内或公众通道如行人通道、走廊等使用或存放瓶装石油气。

（6）如发现公众地方摆放弃置的瓶装石油气，应通知注册气体公司收回。

第五节 气体泄漏时的处理方法

为减少气体泄漏的危险，用户应尽量在不使用气体时将供气总阀关上。如使用石油气瓶，应关掉调压器开关阀，尽可能储存最少数量气体为佳。任何人如发觉有煤气或石油气泄漏，在确定本身安全的情况下，必须马上采取下列行动：

（1）熄灭所有会引起火灾或火花的物品；

（2）切勿点火，切勿使用火柴或打火机；

（3）切勿开关任何电器开关（如开灯或关灯）；

（4）切勿使用室内的电话或无线电话；

（5）检查炉具开关是否关妥。关闭煤气总阀或石油气罐上的供应阀；

（6）尽量打开所有门窗，让气体散发户外，保持空气流通；

（7）如果关闭气体供应阀后气体不再泄漏，应立即通知气体供应商检查气体装置及维修；

（8）若情况严重或有任何怀疑，应立即离开有关的单位并通知其他住客疏散，但不要按任何电动门铃；利用楼梯离开建筑物；

（9）用屋外电话，通知消防处及通知气体供应公司24h紧急服务人员到来处理；

（10）在未采取一切必要步骤以防止气体再外泄之前，切勿重开供气阀，切勿用火测试漏气来源；

（11）所有室内气体装置包括炉具及管道必须要由气体供应公司检查，以确定安全后，才可再次使用。

第十一章 智能建筑

智能建筑系统的维修保养通常都是由专业保养公司负责，专业保养公司须获得政府颁发的有关牌照，智能建筑系统的保养法律没有规定保养时间，但应保持设备的运行正常。通常的做法为每1~3个月对设备进行一次保养，并提供紧急维修服务。管理公司每年都会与智能建筑保养商签订保养合同，以保障智能建筑系统工作正常。

第一节 视频安防监控系统

视频安防监控系统是一种电子监视系统，是利用摄像机监视某个地方的情况，拍摄得来的视觉和视听画面经过接收、分析和处理。视频安防系统属于被动的装置，只可监视受保护的地方的情况，不能阻止外人进入受保护的地方。

一、视频安防监控系统的组成

视频安防监控系统主要由前端设备和后端设备两大部分组成，其中后端设备可进一步分为中心控制设备和分控制设备。前后端设备有多种构成方式，它们之间的联系（也可称作传输系统）可通过电缆、光纤或微波等多种方式来实现。电视监控系统由摄像机部分（有时还有麦克风）、传输部分、控制部分以及显示和记录部分组成（图11-1）。在每一部分中，又含有更加具体的设备或部件。

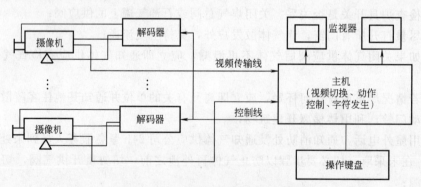

图 11-1 闭路电视监控系统组成图

二、大厦视频安防监控系统

视频安防监控系统特别适合用于监视公众地方。大厦的摄像机通常安装在大厦的出入口、大门对讲机、电梯等处，通过电缆将讯号传送到大厦保安控制中心或管理处，通过监视器实现大厦公众地方的保安监视及管理（图11-2）。视频安防系统可以独立使用或按需要配合其他保安系统一起使用，如入侵报警系统、出入口控制（门）禁系统等。

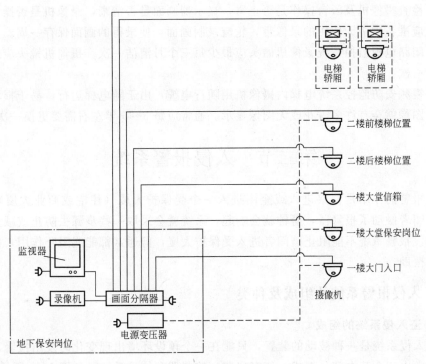

图 11-2 大厦常用视频安防控制系统图

三、常见视频安防监控系统的操作法

理论上一个操作员可以监控许多台摄像机，但实际上摄像机数目越多，操作员能兼顾的画面就越少。下面的操作方法能够让视频安防系统的功能发挥得淋漓尽致。

（1）连续跳画面：多台固定的摄像机所拍得的影像轮流在一个监视器上显示。

（2）行动影像侦察器：受保护的地方如有异常动静，安装在摄影机的探测器会发出警报，使影像传送到监视器。

（3）连续跳画面行动影像侦察：遇上受保护地方有异常动静，连续跳画的操作会暂停，发出警报的摄像机所拍摄的影像会出现在监视器上。

（4）人手操作：操作员可随意从监视器收看任何一台摄像机的影像，或者利用控制云台，从不同角度，不同距离拍摄。

（5）分割画面监视器：这种监视器的画面可同时收看多台摄像机所拍摄的影像。若要仔细观察个别摄像机管理范围内的活动，可用整个显示器来收看一个画面。

若在视频安防系统内加设录像机，就可以把情况录下来。市面上有多种录像机供选择。

四、视频安防监控系统保养

视频安防系统保养包括：摄像机、云台、机房设备及确保系统正常运行的其他设备及软件。闭路电视监控系统应定期检查及保养，确保系统操作正常，发现问题应及时修理。维修保养应注意以下问题：

（1）检查摄像机及云台操作是否正常，显示器画面是否清晰，录像机是否操作正常。

（2）应准备供 7 天使用的录像带，轮流录制画面，使录得的画面保存一周。

（3）闭路电视监控系统录像机磁头应最少每三个月清洁一次。摄像机镜头应最少每三个月清洁一次。

（4）视频安防监控系统电梯内摄像机用随行电缆，由于随电梯运行，易于损坏，损坏时显示的图像就会有许多雪花或无图像显示。通常应每 3～5 年左右需要更换一次。

第二节 入侵报警系统

入侵报警的作用是侦察进入或企图进入一个受保护大厦（住宅或商业大厦）的擅闯者。当擅闯者触动了报警器，警钟就会响起，系统就会采取一些步骤去防止或减少大厦的损失。入侵报警系统不能阻止擅闯者进入受保护大厦，但通常都能起阻吓作用，警告袭击者或寻求援助。

一、入侵报警系统的组成及种类

1. 防盗入侵系统的组成

防盗入侵系统是一种被动的装置，只能在一个预设环境出现变化时发出报警。一套报警系统通常由三个基本部分组成：侦察仪器、控制器和信号系统，如图 11-3 所示。

图 11-3 入侵报警系统组成示意图

侦察仪器设于受保护大厦内，用来侦察擅闯者，通过电路装置与整个系统的中枢神经控制箱相连。控制器则为侦察器提供电力，并负责接收和鉴别侦察信号。控制器收到信号时，便通知信号系统发出警报。警报可分三种：一种是立刻发出的；另一种是在一段时间后才发出的；最后一种则只会在保安公司的监察中心显示，不会发出声响。

2. 入侵报警系统的种类

（1）现场报警：擅闯者触动报警器，设在大厦的警钟响起或者闪灯亮起。

（2）监视式报警：报警系统侦察到擅闯者后，通知保安公司控制中心或监视中心，由保安公司代为报警。

（3）上述两种系统也可结合使用。

3. 入侵报警系统布置方法

用户在不同的位置布置不同的报警系统设备。用户使用键盘操作防盗主机，系统处于布防状态，各种探测器处于工作状态，完成报警系统布置。如图 11-4 所示。常见的探测器种类及使用方法有：

（1）探测非法入侵的移动探测器，可分为被动红外入侵探测器、被动红外/微波双技术探测器等。主要用于大厅、室内、走道等大面积的报警；

（2）探测外围的门（窗）磁开关。主要用于门、窗的报警；

（3）探测打破玻璃的玻璃破碎探测器。主要用于大面积窗的报警；

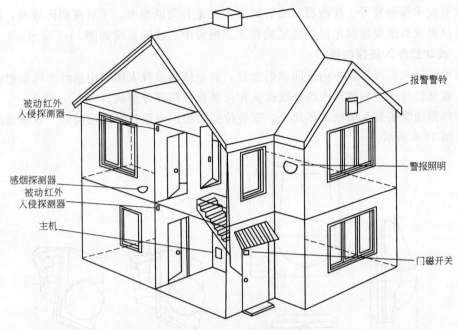

图 11-4 入侵报警系统布置方法

（4）探测振动的振动入侵探测器。主要用于保险柜、金库等防止撬凿的报警；

（5）探测烟雾的感烟探测器。适用于火灾报警；

（6）报警按钮。适用于各种场合，尤其银行等重要部门的人工报警；

（7）主动红外入侵探测器。主要用于围墙、走廊及大片窗等的报警。

以上各种类型探测器可按实际需要适当地选择。

二、入侵探测报警器介绍

入侵探测器的种类很多，包括超声波入侵探测器、微波入侵探测器、主动红外入侵探测器、被动红外入侵探测器、玻璃破碎探测器、被动红外/微波双技术探测器、被动红外/

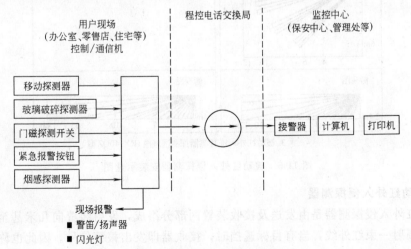

图 11-5 报警中心联网系统图

超声波双技术探测器等。探测器在安装时要先阅读有关说明书，了解探测区域图，探测器的安装位置及高度要能满足保护区域的要求。报警中心联网系统如图 11-5 所示。

1. 被动红外入侵探测器

被动红外入侵探测器不向空间辐射能量，而是依靠接收人体发出的红外线辐射来进行报警。被动红外入侵探测器由红外线探头和报警控制两部分组成。

探测器通常安装在墙壁或吊顶上，安装位置应根据要保护的区域确定。探测器的安装方法如图 11-6 所示。

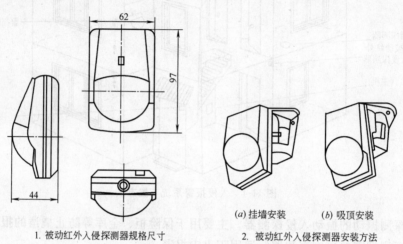

1. 被动红外入侵探测器规格尺寸

(a) 挂墙安装 (b) 吸顶安装

2. 被动红外入侵探测器安装方法

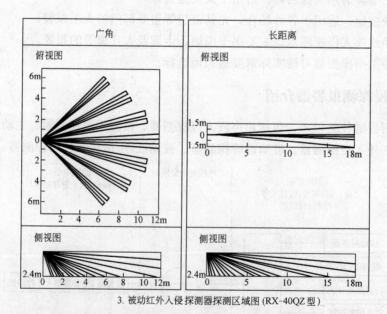

3. 被动红外入侵探测器探测区域图 (RX-40QZ 型)

图 11-6 被动红外入侵探测器安装示意图

2. 主动红外入侵探测器

主动红外入侵探测器是由发送及接收装置两部分组成，发射装置向几米甚至几百米远处接收器辐射一束红外线，当有目标遮挡时，接收器即发出报警信号。因此也称阻挡式探测器或对射式探测器。主动红外入侵探测器安装方法如图 11-7 所示。

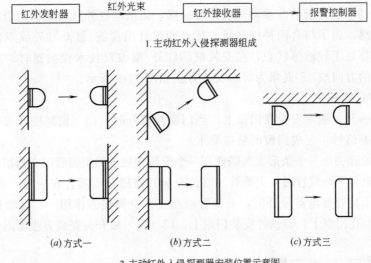

1.主动红外入侵探测器组成

(a)方式一　　(b)方式二　　(c)方式三

2.主动红外入侵探测器安装位置示意图

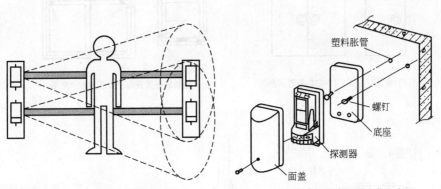

3.主动红外入侵探测器探测示意图　　4.主动式红外入侵探测器安装方法

图 11-7　主动式红外入侵探测器安装方法

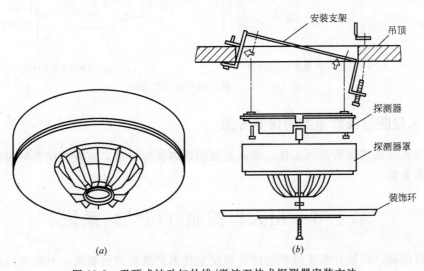

(a)　　　　　　　　(b)

图 11-8　吸顶式被动红外线/微波双技术探测器安装方法

3. 被动红外/微波双技术探测器

微波探测器一般对沿轴向移动的物体最敏感，而被动红外线探测器对沿横向切割探测区的人体最敏感，为了结合两种探测器的优点而设计出微波/被动红外线双监探测器。为使这两种探测都处于较敏感状态，在安装被动红外/微波双技术探测器时，宜使探测器轴线与保护对象的方向成45°夹角为好。安装方法如图11-8所示。

4. 门（窗）磁开关

门（窗）磁开关通常安装在门窗上，当门窗被打开时，门（窗）磁开关可通过连接的电路，发出报警信号，完成门窗的防盗要求。

门（窗）磁开关由一个条形永久磁铁和一个带长开触点的干簧管继电器组成，当条形磁铁和干簧管继电器平行放置时，干簧管两端的金属片被磁化而吸合在一起，于是电路接通。当条形磁铁和干簧管继电器分开时，干簧管触点在自身弹性的作用下，自动打开而断开电路。干簧管安装在门框上，磁铁件安装门扇上。门（窗）磁开关安装方法如图11-9所示。

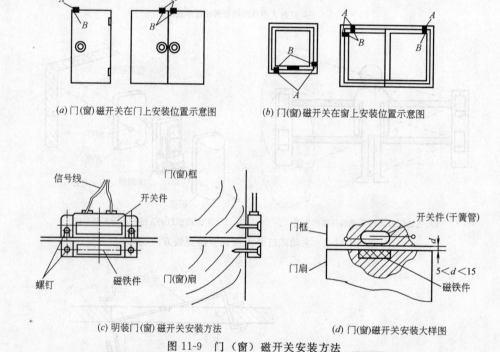

(a) 门(窗)磁开关在门上安装位置示意图　　　(b) 门(窗)磁开关在窗上安装位置示意图

(c) 明装门(窗)磁开关安装方法　　　(d) 门(窗)磁开关安装大样图

图 11-9　门（窗）磁开关安装方法

三、入侵防盗报警系统的保养方法

应确保入侵防盗报警系统工作正常，发现问题时及时维修，定期测试各种报警器的工作状态是否正常。

第三节　出入口控制（门禁）系统

出入口控制（门禁）系统能根据建筑物安全技术防范管理的要求，对需要控制的各类出入口，按各种不同的通行对象及其准入级别，对其进出实行及时控制与管理，并应具有报警功能。

一、出口控制锁

出口控制锁由集成电路控制，内装有电池及报警扬声器，结构坚固。出口控制锁主要安装在"紧急出口"处的门上，它能阻止外人未经许可进入内部，而允许内部的人在紧急时推动推杆外出。出口控制锁广泛安装在商场、电影院、住宅等公共场所的紧急出口，消防出口通道等处，出口控制锁安装方法如图 11-10 所示。

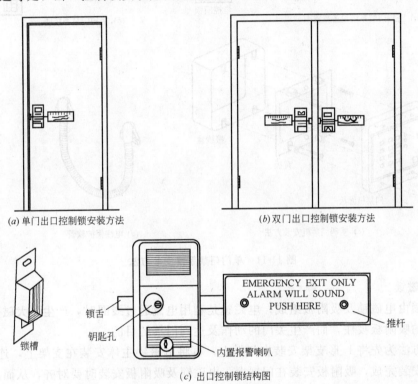

(*a*) 单门出口控制锁安装方法　　　　　　(*b*) 双门出口控制锁安装方法

EMERGENCY EXIT ONLY
ALARM WILL SOUND
PUSH HERE

锁槽　　锁舌　　钥匙孔　　内置报警喇叭　　推杆

(*c*) 出口控制锁结构图

图 11-10　出口控制锁安装方法

出口控制锁平时可用钥匙从内外开门进出，当紧急时从内可推动推杆开门外出，此时扬声器发出高分贝报警信号，只可通过钥匙使其停止报警及复原。出口控制锁自成体系，独立安装使用，无需外接电源供电。

平时只有管理人员根据需要用钥匙开启门锁，其他人员不可随便乱动，当紧急情况时，可推动推杆开门外出，用于疏散逃生。如有需要防止他人乱动，可在锁的推杆处安装保护盒，盒盖用玻璃制成。在紧急时打破玻璃，推开推杆逃生。

二、出入口控制（门禁）系统

1. 单门门禁系统

门禁系统的组成包括门禁机、控制器、电控（磁）锁、出门按钮、电源装置等组成。如图 11-11 所示为单门门禁系统安装方法。安装在办公室等场所。室外可通过输入密码开门进入室内；室内按出门按钮开门外出。

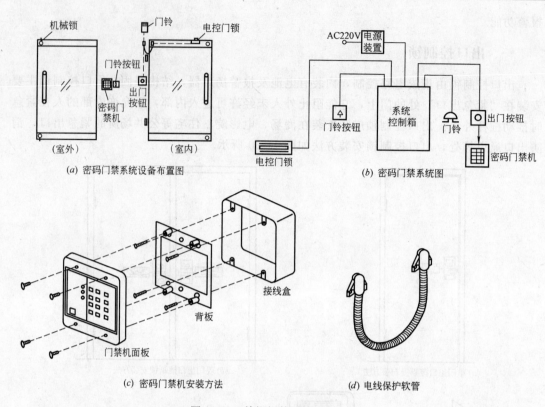

(a) 密码门禁系统设备布置图　　　　(b) 密码门禁系统图

(c) 密码门禁机安装方法　　　　(d) 电线保护软管

图 11-11　单门门禁系统安装方法

2. 电磁锁

电磁锁由电磁锁及吸附板组成。电磁锁是利用电流通过线圈时，产生强大磁力，将门上所对应的吸附板吸住，而产生关门的动作及达到门禁的目的。

安装方法为先将 L 形支架安装在门框上，再将电磁锁主体安装在支架上，连接线路，电磁锁就安装完成，吸附板安装在门框上。电磁锁及吸附板安装时要对齐，从而产生最大吸力。安装方法如图 11-12 所示。

3. 防火通道门电（磁）锁选择方法

电（磁）锁安装方法：

电（磁）锁装置通常都是安装在防火通道（例如大厦入口及天台出口）的门上，作为大厦保安之用。电（磁）锁装置主要分为"停电开"（fail-safe）及"停电锁"（fail-secure）两类。

（1）操作特点

这两类电（磁）锁装置的操作特点如下：

1）"停电开"类型，当电力供应中断时，这类锁会开锁或可从处所内开启。

2）"停电锁"类型，当电力供应中断时，这类锁依然紧锁。

香港大部分建筑物都安装了"停电开"类型的电（磁）锁装置。

（2）法律责任

假如大厦内安装的电（磁）锁装置属"停电锁"类型，发生火警时，电力供应受影响，这类电（磁）锁装置便会对居民构成潜在危险。此外，根据香港法规第 95 章《消防

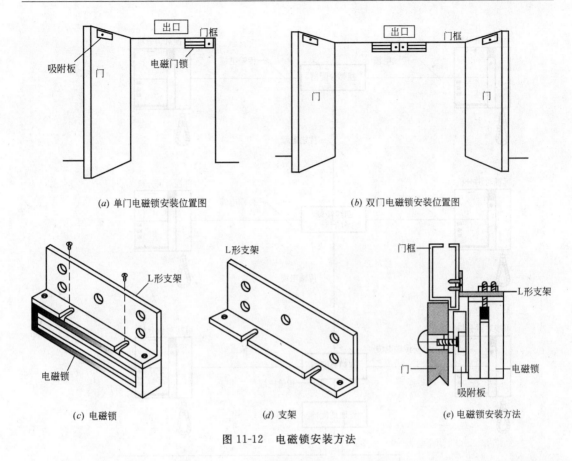

(a) 单门电磁锁安装位置图　　　　　　　(b) 双门电磁锁安装位置图

(c) 电磁锁　　　　　　(d) 支架　　　　　　(e) 电磁锁安装方法

图 11-12　电磁锁安装方法

条例》第 9B 条的规定，任何人以任何锁或其他器件关牢或导致、许可或容忍以任何锁或其他器件关牢任何处所内的逃生途径，而该锁或其他器件不能在无须使用钥匙的情况下随时和方便地从处所内开启，即属违法。首次定罪，可处罚款 25000 元；其后再定罪，可处罚款 50000 元及监禁 1 年，并在罪行持续的期间内，每日另处罚款 5000 元。

（3）安全措施

为安全起见，物业管理公司、法团成员以及住户应确保大厦防火通道的门或门上安装的门锁，在电力供应中断时，可以无须使用钥匙便能够从大厦内开启。不合规格的门锁应立即更换。

第四节　访客对讲系统

访客对讲系统包括一个大门对讲主机和多个对讲分机组成（图 11-13），分为可视和非可视对讲两种。系统通常使用在住宅楼宇中，大门口安装一台对讲主机，每个用户安装一台对讲分机，大门口的对讲主机可与每个用户对讲分机对话，由住户开启大门电磁锁，管理处安装一台分机与各方沟通。

大门口对讲主机及用户对讲分机结构如图 11-14 所示。

1. 大门口对讲主机使用方法

（1）对讲机面板显示"请键人"指示灯会亮着，表示系统在正常状态。

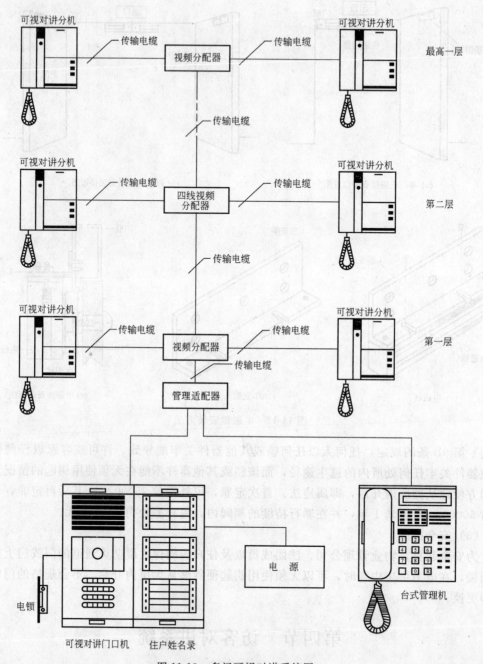

图 11-13 多门可视对讲系统图

（2）访客输入探访单位的层数及单位，输入的数字即会在显示器上显示。

（3）当选择完成后，指示灯会转为"请等候"，并自动拨住户单位号码。

（4）如访客输入的单位并不存在或单位号为未曾设定，指示灯会转为"输入错误"，并自动回到正常状态。

（5）住户在响铃时拿起对讲机听筒，即可与访客对讲，如住户按下对讲机的"0"按钮，便可开启大门电锁，指示灯会转为"请进"，开锁后系统会自动回到正常状态。如等

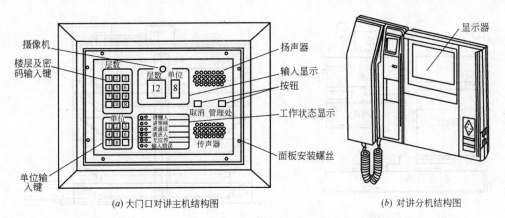

(a) 大门口对讲主机结构图　　　　　　(b) 对讲分机结构图

图 11-14　可视对讲机结构图

候及通话时间超过 1min，系统也会恢复到正常状态。

（6）如超过 1min 无人接听对讲机，系统会自动出现"无应答"，并回到正常状态。

（7）住户如要使用密码锁，先按面板"R"按钮，显示器会显示"R"字样，然后输入四位的开门密码（预设）。如密码正确，"请进入"指示灯会亮着，电（磁）锁也会自动开启。如密码错误，指示灯会转为"输入错误"，并自动回到正常状态。

（8）如要取消操作，按"取消"按钮即可回到正常状态。

2. 访客对讲系统保养方法

访客对讲系统大门口对讲主机控制面板上的按钮，由于使用频繁，易于接触不良而损坏，须定期检查维修。

对讲机的密码通常应每三个月更换一次。

第五节　电子巡查系统

为了保障楼宇安全，保安管理人员应每天定期对大厦进行巡逻。管理公司应根据大厦的特点，编制巡逻路线图，要求保安人员按时、按事先编制好的巡逻路线进行巡逻。并在每个电子巡更点进行记录，巡逻路线图示例如图 11-15 所示。

电子巡更系统有不同的方法及设备，下面介绍几种常用的方法。

一、设置巡更笔记本

最简单的方法是在巡更站设置笔记本，笔记本可用绳子挂在墙上、也可制作一些小盒子放置笔记本，保安员巡逻到此时，在笔记本上记录日期、时间、情况及签名等。

二、巡更钟系统

巡更钟系统由一个巡更钟及数个巡更站等组成（图 11-16）。巡更钟为便携式设计，尺寸 170mm（宽）×61mm（厚）×118mm（高），有一个背带，重量 0.8kg，内有一个石英钟、记录系统、感压纸及电池等。感压记录纸每卷长 12m，可以打印 2000 个记录，电池可使用 6 个月以上。

巡更站由钥匙盒及用链安装在盒内的钥匙组成，每个钥匙有一个不同的编号，编号可

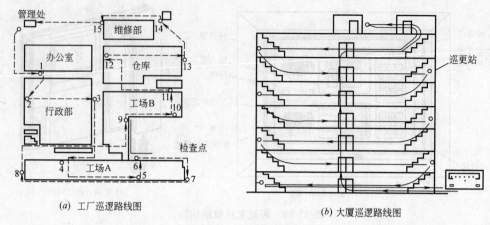

(a) 工厂巡逻路线图　　　　　(b) 大厦巡逻路线图

图 11-15　巡逻路线示例

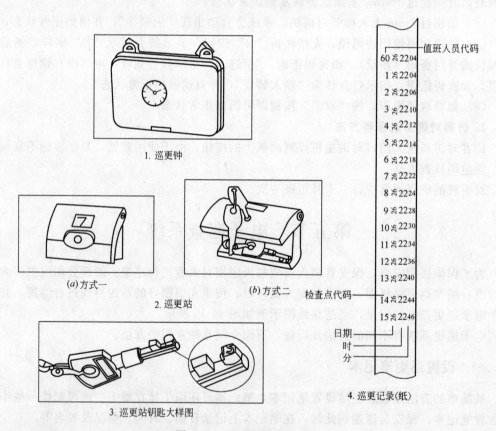

1. 巡更钟

(a) 方式一　　　　　(b) 方式二

2. 巡更站

3. 巡更站钥匙大样图

图 11-16　巡更钟系统组成

从 1 到 999 号。大厦巡更线路确认后，每个巡更站安装一个钥匙盒，盒内放置不同编号的钥匙。钥匙盒可用塑料胀管及螺丝安装在墙上，安装高度 1.4m。

巡更人员携带巡更钟沿着指定路线进行巡更，当到达每个巡更站时，从钥匙盒内取出钥匙插入巡更钟的钥匙孔扭动至检查记录位置一次，于是巡更钟将日期、时间、巡更站的编号记录在感压记录纸上，从第一个巡更站依次进行到最后一个巡更站，直到巡更完成。巡更钟系统无需敷设导线，巡更站设置灵活，安装方便。

保安员每次巡逻完成后，取出巡逻记录纸，可贴在一个记录本上，每天由保安主管或管理处检查记录，核实巡逻路线、时间是否正确，若有问题应及时向保安员了解情况，记录事情原因。因为巡更钟系统只能记录日期、时间、巡更站编号等，所有保安员在巡逻时要带笔记本，记录巡逻时所发生的事件。

三、在线式电子巡查系统

系统包括巡更站、控制器、计算机等组成，如图 11-17 所示。

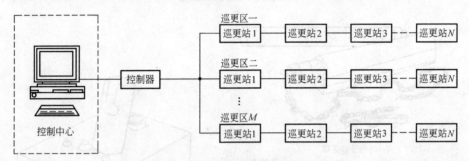

图 11-17 在线式电子巡查系统图

在建筑物施工期间，按照设计图纸要求完成在线式电子巡查系统的建设。每一个巡更站有一个固定的地址编号。

保安员到达每个巡更站时，用相同的钥匙插入巡更站钥匙孔扭动，控制中心的计算机就会得到保安员当时的位置和时间信息记录。巡更站还可同时作为紧急报警使用，如果在规定的时间内，计算机未收到某个巡更站的信息，计算机就会按事先设置的等级提醒和实施自动报警功能。若巡更站设计有通话器，保安员还可将钥匙扭动到对讲位置，通过通话器与控制中心通话，将情况及时通报控制中心。巡更站安装方法如图 11-18 所示。

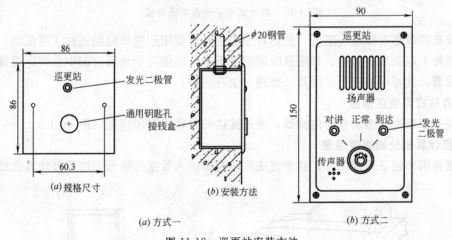

图 11-18 巡更站安装方法

四、离线式电子巡查系统

离线式电子巡查系统由巡逻棒、数据传输器、钮扣式巡更站、计算机等组成。如图 11-19 所示。

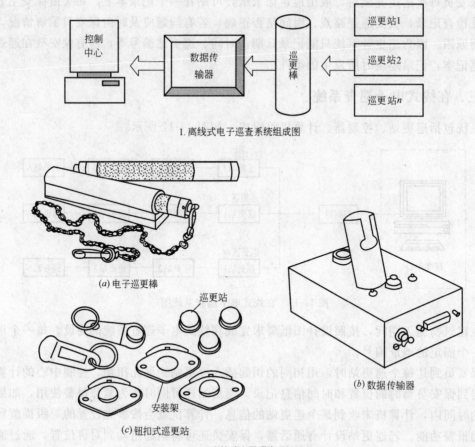

1. 离线式电子巡查系统组成图

(a) 电子巡更棒

(b) 数据传输器

(c) 钮扣式巡更站

2. 离线式电子巡查系统设备

图 11-19　离线式电子巡查系统组成

保安员携带巡逻棒进行巡逻，到达每个巡逻站时使用巡逻棒轻触钮扣式巡更站，巡逻棒就会将每个巡更站的名称、日期及时间记录下来，巡逻完毕返回控制中心将巡逻棒插入数据传输器，就可以处理上述信息，处理方法有三种：

1. 直接打印巡逻信息

可将巡逻棒直接插入数据传输器，通过连接的打印机打印信息（图 11-20）。

2. 经计算机处理巡逻信息

巡逻棒用来记录巡逻信息，巡逻完成将巡逻棒插入数据传输器，可通过计算机处理及

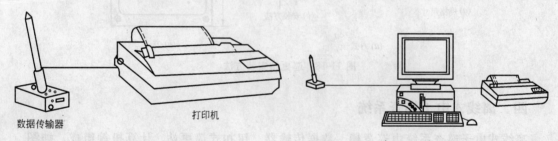

数据传输器　　　　　　　　打印机

图 11-20　直接打印巡更报告　　　　　图 11-21　计算机处理后打印巡更报告

打印出巡逻日期、时间、地点等巡逻报告（图 11-21）。

巡逻报告举例如下：

某大厦巡逻报告

路线：路线一（A座）　　　　　　　　　　　　　　　　　　　　　　　　巡逻棒编号：298243

巡逻员：

日　期	时　间	次　序	地　点	备　注	事故类别
2005 年 10 月 25 日	06：42：19	1	电梯机房		
	06：44：08	2	加压泵房		
	06：45：08	3	八楼走廊		
	06：46：08	4	七楼走廊		
	06：47：08	5	六楼走廊		
	06：48：08	6	五楼走廊		
	06：49：00	7	四楼走廊		
		8	三楼走廊	漏巡	
	06：51：26	9	二楼平台花园		
	06：52：01	10	一楼水泵房		
	06：53：31	11	一楼商铺		
	06：57：05	12	外围地方		

巡逻时间：0 日 0 时 14 分 46 秒

巡逻总结报告

总巡逻时间：	0 日 0 时 14 分 46 秒
已完成路线：	11
未完成路线：	1
巡逻速度：	正常
错误次序：	无
漏巡：	1
巡逻站点总数：	12
已完成站点总数：	11

3. 信息的远程传输

巡逻棒记录的信息，可通过传输器或在远程位置通过调制解调器将数据下载至管理中心的计算机，然后将所有巡更站的数据与设定的数据进行比较处理，实现科学的管理（图 11-22）。

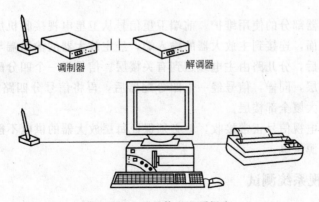

调制器　　　　解调器

图 11-22　远程传送巡更报告

五、几种巡逻设施比较

几种巡罗设施比较见表 11-1。

序号	名　称	巡更站安装	优　点	缺　点
1	记录本	挂在墙上、放置箱内	成本低,只需笔记本即可,可随时增加巡更站	易丢失,检查不方便,不便于管理
2	巡更钟系统	安装在墙上	成本适中,检查方便,可增加巡更站	记录简单。不能及时传送信息
3	在线式电子巡查系统	根据图纸要求,建筑物完成时安装好	巡逻站数据可及时传送到控制中心计算机显示,管理方便	巡更站要在建筑施工完成,增加巡更站不方便,需要增加电气线路
4	离线式电子巡查系统	可用胶粘贴在墙上	增加巡更站方便,可用于计算机联网	不能及时传送信息

第六节　卫星电视及有线电视系统

一、卫星电视系统组成

卫星电视系统主要有以下四个部分组成:

(1) 卫星接收天线部分;

(2) 前端卫星信号的处理设备部分;

(3) 干线网络放大器部分;

(4) 分配网络的用户终端部分。

卫星电视系统结构如图 11-23 所示。

其中卫星接收天线部分及分配网络的用户终端部分,它们均是无源设备,所以,一旦安装调试好,以后就不需要特别监护,只做定期保养观察天线设备外观有无破损。

前端卫星信号处理设备部分,是整个系统的心脏部分。信号处理设备需要用专用测试仪器进行调整,系统开通运行后不能随意改变设备参数,否则,将影响整幢大厦电视系统的正常运行。前端卫星信号处理设备部分的使用维护,要保证设备供电不能间断,否则,影响电视信号。

干线网络放大器部分的使用维护。前端卫星信号从卫星电视接收机房进入主干线,由线槽一直到系统下面,连接到主放大器的输入端,经主放大器的输出端与来自一楼的有线电视系统信号混合后,分几路由主电缆送到有关楼层。信号经一个四分配器后,再将信号分四路送到四个楼层,同样,信号经一个四分配器后,再将信号分四路送到另四个楼层,最终将信号覆盖到大厦全部楼层。

要保证大厦的电视信号正常接收,就必须保证每层放大器的供电不能终断。平时要经常检查放大器的电源供电。

二、卫星电视系统测试

为保证系统终端用户所接收的电视信号满足设计要求,符合电视系统标准（60～

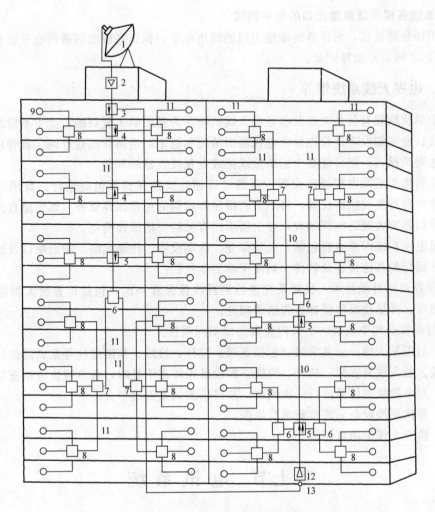

图 11-23 卫星电视系统结构图

1—卫星天线；2—前端放大器；3—二分配器；4—三分配器；5—三分配器；6—用户一分支器；

7—用户二分支器；8—用户二分支器；9—系统出线端；10—同轴主干电缆；

11—同轴分支电缆；12—中间放大器；13—电缆接线盒

80dBμV），对系统分以下三个步骤进行调试，之后再重复这三个步骤，直到系统性能满足设计及使用要求为止。

1. 卫星接收前端设备的调试

使用场强测试仪，依据图纸上整个系统的理论设计值，按照干线电缆每 100m（10C-HFB）的损耗指标（2.1dB/50MHz，9.8dB/860MHz），在卫星电视接收机房，分别调整卫星电视接收调制一体机及本地电视单频道放大器的输出电平，并做好记录。调整卫星接收信号，设定其对应频道。确保系统的所有输出频道之间无任何干扰。

2. 系统干线放大器及分配放大器设备的调试

在干线主放大器安装位置，调整干线主放大器的输出电平，并做好记录。保证各输出频道的电平值满足设计要求。分别调整楼层分配放大器的输出电平，并做好记录。使其满足设计要求。

3. 系统各楼层终端输出口的电平测试

使用场强测试仪，测试各终端输出口的输出电平，保证各输出频道的电平值在（60～80dBμV）之间。并做好记录。

三、电视天线系统保养

每个单位均装有公共电视及收音机天线插座。为免影响大厦观瞻，业主不得增设个别户外天线。业主如发现单位内接收电视画面情况不稳定，请向管理处查询。若管理处未有接获其他同类投诉，则可能是个别单位线路或电视接收器的问题。

业主若需要更改电视插座位置，可通过管理处安排保养承包商进行，费用由业主自付。若业主自行更改插座位置，将不会获得保养期间的免费保养服务。如因擅自改动电视插座位置而影响大厦的电视接收，业主需承担有关的一切维修费用。

卫星电视系统保养内容包括：天线部分、前端设备、传输线路、输出端口及确保电视系统正常运行的其他设备及软件。具体保养工作包括：

1. 保养商每月派技术人员对系统进行例行维修保养一次，包括检查放大器输出讯号及分线箱等，并呈交维修保养报告给管理处。

2. 每年在合约生效后一个月内免费完成下列项目：

（1）对卫星天线、公共天线（包括支架、拉杆、拉线、基础螺栓等金属部位）进行除锈及油漆。若发现有支架，拉杆、拉线、螺栓已损坏或不足时，负责报价重新安装；

（2）对所收频道信号进行一次测试，并提供测试报告给甲方；

（3）每次更换设备后须重新填写报告；

（4）检查天线的防雷接地。

第七节　电讯系统

政府致力于确保有效提供电讯及广播服务。根据《电讯条例》第 14 条，网络承办商有法定权力在私人大厦的公共部分安装所需器材与大厦内置系统连接，提供服务给大厦的用户。大厦业主应尽力协助已获授权的承办商在大厦连接设施；不应收取任何费用或与任何承办商订立专营合同。

一、大厦业主须遵守下列守则

设于大厦公共部分用以连接公共电讯和广播服务的电缆和设备的导线设施（包括立管、导管、电线管、电缆线槽、接线箱和设备房等），须时刻保持良好的使用状况，并加以防护，使免受火灾、水灾及遭人恶意破坏等情况。

电讯和广播服务导线设施的提供、连接及使用，必须按照电讯管理局 1995 年 5 月发出的《业主、发展商及管理公司就物业发展提供设施连接公共电讯及广播服务的指引》进行，并符合该指引其后修订的各项规定。

1. 简介

让香港市民在电讯和广播服务方面有更多选择是政府的一贯政策和目标。除现有的一家收费电视承办商和四家固定电讯网络服务（固网服务）承办商外，另有五家无线固网服务承办商和一家新固网服务承办商于 2000 年初获发牌照，向市民提供电讯服务。至于广播服务方面，当局将会增发牌照给新承办商为市民提供崭新的广播服务。

为向各住户提供服务，所有电讯和广播服务网络承办商（下称网络商）均需接通大厦内置系统，包括个别大厦的电讯及广播设备室、天台、竖井等，及在有关大厦的公用部分装设必须的设备、电缆和相关的设施。如不接通大厦内置系统及装设必须的设施，便不可能为市民提供更多电讯和广播服务的选择。

政府鼓励发展商、管理公司及业主与网络商通力合作，为网络商提供足够的大厦内置系统，装设网络设备，以确保每一住户均可享用各式各样的本地电讯及广播服务，进而增加物业本身的吸引力和价值。

目前，本港共有十家电讯服务网络商，经营公共电讯及广播服务。

2. 进入私人大厦的法定权力

电讯管理局局长会根据《电讯条例》第 14 条的规定授权该网络商进入私人大厦的公共部分铺设线路和装设设备，以便为客户提供服务。

3. 网络商应对所造成的损坏如数赔偿

网络商应合理地行使他们进入大厦的法定权力，并应尽量减少对大厦住户造成滋扰。如在装设或操作网络时造成任何损坏，网络商有责任向发展商、管理公司、业主及大厦住户如数赔偿所蒙受的任何损失。

4. 不应收取进入大厦的费用

发展商、管理公司或业主无权向网络商收取进入大厦的任何费用。

5. 共享线路设施和装置设备的空间

鉴于各种具体限制，网络商在大多数情况下须共享大厦的线路设施和装置设备的空间。对现有大厦而言，管理公司或业主在收到网络商提出任何加装线路设施和设备的要求时，应立即通知该网络商就有关工程与其他网络商互相协调。对新建大厦，物业发展商应遵从电讯管理局发出有关大厦内置设施的实务守则所订的要求。

6. 一视同仁提供大厦内置系统

发展商、管理公司或业主应一视同仁向所有网络商公平提供大厦内置系统。物业发展商、产业经理或业主不应保留大厦内置系统的任何部分供某一网络商专用。

二、电讯网络进入大厦的权与责

为使市民能得到更多元化的电视和电讯服务，政府已全面开放本地固网市场。因此固网及收费电视承办商必须将网络接到大厦内的系统，方能为住户提供服务。

电讯局长根据《电讯条例》第 14（1）条授权承办商进入私人楼宇的公用部分，装设及维持楼宇内置电讯系统，包括所需的电缆和设备，以便向有关楼宇的住户或占用人提供服务。

1. 大厦业主无权收入屋费

对于电讯服务承办商的"入屋"权，给予网络承办商的授权，旨在落实政府的电讯政策目标，使全香港消费者可按其选择毫无障碍地接通各种公共电讯及广播服务。如用户要求提供服务，只需把用户连接至网络，便可有效地提供服务。承办商只获授权进入大厦的公共部分，一般包括楼宇外墙、通道、走廊、楼梯间、天井等。当个别住户决定选用某一家承办商的服务时，该承办商才会从公用部分拉线进入个别住户的单位内。在现行法规下，大厦业主、法团和管理公司均无权向网络承办商收取"入屋费"。

2. 网络商可申请强制令铺线

承办商必须承担装设设备和电缆设施，以及与有关楼宇的楼宇内置系统进行互连的全部成本。承办商也需要支付在楼宇内装设系统所耗电力的费用。在装设及经营网络电缆和设备的过程中，承办商更有责任尽量减少对楼宇造成损坏；否则需支付足够的补偿。

反之，若大厦业主、法团和管理公司拒绝或拖延让固网商进入楼宇，有关固网商可按《电讯条例》第 14（4）条向裁判官申请命令，责令大厦管理公司不得阻止或妨碍他们进入楼宇内装设所需设备；或可按第 14（9）条向电讯局长申请证明书，证明有权根据《电讯条例》第 14（1）条进入有关楼宇；以及当有关的大厦管理公司仍然阻止该固网商进入该证明书所指明的楼宇时，向法庭申请强制令进入楼宇。

第十二章　私家路及停车场管理

第一节　私家路管理

私家路指私人土地上物业内的道路或街道，包括所有屋苑道路、通路、设有或没有行人路的车道，包括紧急车辆通道。

私家巷、私家路及空地与私人大厦一样，均受《建筑物条例》管理。如需要在这些地方进行建筑工程，业主须聘请认可人士负责统筹监管。本节简要解释有关私家路的法规以及其重点和施行范围。管理公司及法团有责任维修及保养所有私家路。管理公司及法团平时应留意下列几方面：

（1）所有车辆通道、车路及紧急车辆通道必须在长、宽、通行高度、转弯半径、斜度、地面负荷及材料方面符合法规的基本要求；

（2）道路上不得有危及使用者安全的伸出或加建物、障碍物、装置或家具等；

（3）所有交通标志及路面标记必须符合路政署及运输署的最新标准；

（4）必须妥善维修保养公共设施，如花架、花床、座椅、栏杆、下斜路缘及斜路、路拱、垃圾筒、雨水及地面排水渠、暗渠、照明系统、交通灯及消防栓；

（5）道路的结构可能包括高架斜路、天桥、行人天桥、斜坡及挡土墙；

（6）未经许可而停泊的车辆及小贩摆卖问题，须由管理公司及法团代表处理，而不是政府的责任。

一、订立法规监管私家路

《道路交通条例》及其附属规定已修订如下：

1. 将道路交通条例及若干有关规定内的安全规定适用范围扩大至私家路。

2. 授权私家路业主要有效管理车辆停泊事宜。

二、法规对私家路各方责任要求

法规对车主、驾驶人员、私家路业主及一般市民都有要求。

1. 车主

车辆即使只是在私家路上使用，车主仍须确保：

（1）该车辆已正式登记及领有行车证；

（2）该车辆已购买有效的第三者保险；

（3）该车辆符合构造及维修方面的法定要求。

然而，规定也容许车主于车辆不在公共道路或私家路上行驶期间，毋须替其车辆领取牌照，停泊在私家路上的车辆，毋须展示有效的行车证。

2. 驾驶人士

在私家路上驾驶车辆的人员必须遵守《道路交通条例》及其附属规定，违规者可被检控，例如：

（1）不顾后果鲁莽驾驶；

（2）不顾后果鲁莽驾驶造成死亡；

（3）不小心驾驶；

（4）受酒精或药物影响下驾驶车辆；

（5）无牌驾驶；

（6）超速驾驶；

（7）不依照交通标志及道路标记驾驶。

3. 私家路业主

私家路业主获授权竖立及装设交通标志及道路标记，并且管制私家路上的车辆停泊事宜。

4. 交通标志及道路标记

私家路业主应确保：

（1）私家路上所有交通标志及道路标记必须符合《道路交通条例》及其附例的规定，图 12-1 为屋苑入口标志；

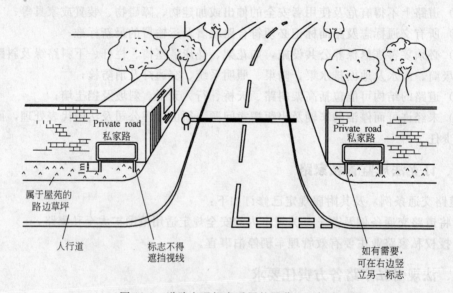

图 12-1　道路交通规定适用的屋苑入口标志

（2）路拱必须符合有关规定所指定的类型，并须同时设置适当的警告交通标志及道路标记来配合。

运输署署长有权要求私家路业主设置或撤除在其道路上的交通标志或道路标记。如业主不遵照要求办理，运输署署长可自行进行拆除，然后向业主追讨费用。

5. 私家路上车辆停泊的管制

道路交通（私家路上泊车）规定授权业主：

（1）划定"禁止泊车区"；

（2）使用获准的锁车装置，将停泊在"禁止泊车区"的车辆扣留或没收；

（3）收取依照法规规定的扣留车辆及该车费用。

然而，私家路业主在行使所授权力之前，必须事先使用认可的交通标志及道路标记，划定"禁止泊车区"。此外，扣留车辆及锁车的权力，可由私家路业主授权的人士执行。

6. 无人认领车辆

如车辆无人认领，私家路业主须在扣留车辆三天后，以书面通知车主，倘若他在 25 天内仍不将车辆移走，并没有缴交有关费用，该车辆将会交由警务处长处置。

7. 一般市民

交通意外伤亡援助计划的适用范围，将包括私家路上发生的意外，为有需要的人员提供经济援助。

三、法规豁免范围

若干地区获得特别考虑，其中包括：

1. 特别指定的私家路

运输署有权指定法规不适用于某些私家路，例如：机场禁区内私家路的交通将继续受香港机场（交通）规定所管制。

2. 建筑工程或工业地区

在全部或主要用作建筑工程或工业地区内，若干不符合交通法规的事项会被容许，但这并不包括严重影响安全的交通违章事件，例如不顾后果鲁莽驾驶造成死亡，在酒精及药物影响下驾驶，以及不小心驾驶。

第二节　私家巷及空地

一、私家巷

私家巷主要是作支持服务及铺设公共设施用途，例如在地下铺设排水系统、给水系统、电力系统及通讯电缆供大厦使用。市区很多私家巷均有收集垃圾的用途。常见的情况是大厦的楼梯或地面的出口是通向后巷或侧巷，因此这些巷也成为防火通道的一部分。这些巷可能位于大厦的后面或两旁。若这些巷属私人拥有，则业主有责任进行维修及保养。以下是这方面值得留意的事项：

（1）私家巷遭地面层的住户非法扩建或被外人擅闯及占用；

（2）私家巷或地面通往私家巷的逃生出口被阻塞；

（3）地下水电设施的接通及维修；

（4）雨水及地面水能否妥善排放；

（5）地面的维修；

（6）照明及卫生状况等。

二、私人空地

私人空地指花园、休息地方、儿童游乐场、停泊或上下客货区、草坪区、缓坡、预留作引水道的区域、接近斜坡或挡土墙顶部或底部的空地，或任何属私人但尚没有建筑物的地方。

这些地方通常会被疏于管理，并且任由公众使用。业主有责任维修保养空地及其设施，保持空地在良好状况及防止有人滥用或擅闯。大厦的管理人员应定时巡查，如发现任何问题，应尽快处理及报告。

第三节　停车场设备介绍

一、停车场的分类

停车场根据它的使用对象可划分为内部停车场、公共停车场及混合型停车场三大类。

1. 内部停车场

内部停车场主要面向该停车场的固定车主与单位、公司及个人，一般多用于各单位自用停车场、公寓及住宅屋苑配套停车场、写字楼的地下停车场及花园别墅等。此种停车场的特点是使用者固定，禁止外部车辆使用，使用者对设施使用的时间长，对车场管理的安全性要求严格，在早晚上班等高峰期出入密度较大，对停车场设备的可靠性及处理速度要求较高。

2. 公共停车场

公共停车场主要为临时性散客提供停车服务，公共停车场常见于大型公共场所，如车站、机场、体育场馆、商场等地方。车场设施使用者通常是临时一次性使用者，数量多、时间短。要求车场管理系统运营成本低廉，使用简便，设备牢固可靠，可满足收费等商业要求。一些大型的公共停车场往往有多个出入口，还要求各出入口和收费处的计算机联网。

3. 混合型停车场

此类停车场即提供月租服务，同时也提供时租服务。多用于写字楼、住宅屋苑带商业服务的配套停车场。停车场管理服务及进出设备要求同时满足时租及月租两种租户的服务要求。

二、停车场管理系统设备

车辆停车收费是物业管理公司或业主创收的一个重要来源，而停车场的管理也是物业管理工作的一个重要组成部分。如何使停车场产生最大的经济效益，要通过对停车场进行科学化、规范化的管理来实现。早期的停车场大多采用人工收费、人工管理的方式，这种管理方式无法执行一套客观的衡量标准及尺度，完全靠人的主观判断，会导致一些无法解决的弊端，例如人员舞弊导致停车费严重流失、管理成本高、经常发生管理和被管理双方矛盾冲突以及停车场秩序混乱等等。

为克服这些弊端，最有效的办法就是安装一套停车场自动管理系统。临时车辆凭纸票缴费出入，月租车辆凭月卡出入，一张票或一张卡只能停一辆车，并且车辆出入及收费过程完全由计算机系统公正地管理、控制及记录，不仅可以做到应收与实收一一对应，堵塞收费漏洞，而且提高了车辆的出入效率、降低了车场的管理成本，同时也确定了一个规范的管理标准，减少矛盾与争吵的同时，无形中提升了管理形象。

1. 停车场管理系统组成

大厦设有停车场管理系统如图 12-2 所示。整个系统包括入口设备、出口设备、收银管理设备等。入口设备负责控制内部月卡车辆及临时车辆的进场，可实现无人值守；出口设备负责控制内部月卡车辆的出场；收银管理设备对临时车辆进行收费，并且可以用来发行月卡、设定收费标准或打印统计报表等。

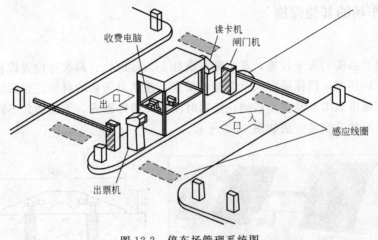

图 12-2 停车场管理系统图

2. 入口设备

入口设备主要由入口车票出票机（感应卡读卡器）、自动闸门机、车辆感应线圈等组成。

时租车辆进入停车场时，设在车道下的车辆感应线圈检测车到，驾驶者按动出票机按钮，出票机发给一张停车卡，卡上记录进入车场时间。驾驶者取卡后，自动闸门机升起闸杆放行车辆，车辆通过车辆感应线圈后自动放下闸杆。

月租卡车辆进入停车场时，设在车道下的车辆感应线圈检测车到，驾驶者把月租卡在感应卡读卡器区域 150mm 距离内掠过，感应卡读卡器读取该卡的有关信息，判断其有效性，若有效，自动闸门机升起闸杆放行车辆，车辆通过车辆感应线圈后自动放下闸杆；若无效，则报警，不允许入场。

3. 出口设备

出口设备主要由出口车票验票机（感应卡读卡器）、自动闸门机、车辆感应线圈等组成。

时租车辆驶出停车场时，驾驶者先到收费处缴费，将停车卡交给收费员，收费电脑根据停车卡记录信息自动计算出应交费用，并通过收费显示牌显示，提示驾驶者缴费金额。缴费后，驾驶者驾驶车辆来到车场出口，将停车卡插入车票验票机，验票机判断其有效后，自动闸门机升起闸杆放行车辆，车辆通过埋在车道下的车辆感应线圈后，自动闸门机自动落下，同时收费电脑将该车信息记录到交费数据库内。

月租卡车辆驶出停车场时，设在车道下的车辆感应线圈检测车到，驾驶者把月租卡在出口感应卡读卡器 150mm 距离内掠过，感应卡读卡器读取该卡的有关停车信息，判别其有效性。若有效，自动闸门机升起闸杆放行车辆，车辆通过车辆感应线圈后自动放下闸杆；若无效，则报警，不允许出场。

4. 收银管理设备

收银管理设备由收费管理电脑、打印机、收费显示屏、操作台等组成。

收费管理电脑除负责与出入口出票及验票机（感应卡读卡器）通信外，还负责对打印机和收费显示屏发出相应控制信号，同时完成车场数据采集下载、读用户感应卡、查询打印报表、统计分析、系统维护和月租卡发售功能等。

三、停车场的其他设施

1. 路拱

停车场应有必要的安全设施，在车辆收费处、人行道处、斜坡等位置设置路拱，使行驶到此处的车辆缓慢，以保障行人及设施的安全。路拱由坚韧的材料注塑而成，成品表面附有坑纹，方便排放雨水及防止滑倒；使用时由数块组件砌成，方便适合不同的环境及长度使用。路拱形状及安装方法如图 12-3 所示。

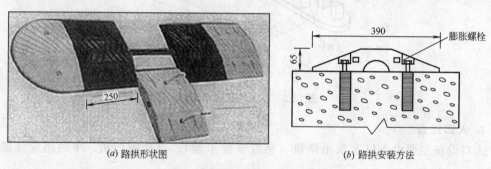

(a) 路拱形状图 (b) 路拱安装方法

图 12-3 路拱形状及安装方法

路拱的安装地点包括：

（1）为永久性或临时性安装而设计，用来管理及限制路口、管制区、交通盲点或出口的车速。

（2）特别适合行人或公共地区使用，诸如：公园、屋苑、工业区、车队停驻场及建筑工地。

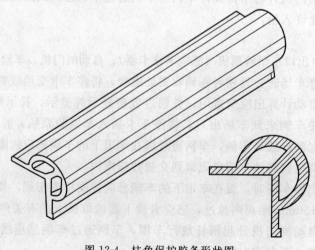

图 12-4 柱角保护胶条形状图

2. 柱角保护胶条

在停车场柱子的角上安装保护胶条，避免车辆行驶时，碰到柱子使车辆损坏，胶条的形状见图 12-4 所示。

3. 反射镜

为了确保行车安全，通常在停车场转角等处需要安装反射镜，使行驶的车辆能看到对面的情况。反光镜形状如图 12-5 所示。

4. 雪糕筒

在车场应备存几个到十几个雪糕筒，当有需要时摆放在某处，如不许停车位置、损坏的路面等，以提醒驾驶者注意。雪糕筒形状如图 12-6 所示。

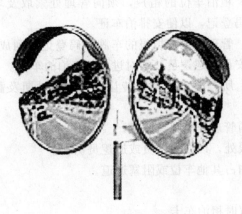

图 12-5 反光镜形状图

图 12-6 雪糕筒形状图

第四节 停车场管理

一、停车场巡逻及指挥人员

在较大型及闹市区的停车场，管理公司会安排保安人员指挥进出车辆的交通，保安人员也会定期到停车场安排巡逻及抄写车牌，以确保停泊车辆安全。保安人员在进行上述工作时，为确保人身安全，保安人员应穿着反光背心进行指挥及巡逻，反光背心形状如图 12-7 所示。

二、驾驶人员注意事项

（1）泊车卡应随身携带，以防止车辆被盗窃时使用泊车卡开出车场；

（2）车主应把管理处发出的泊车证贴在汽车的挡风玻璃处；

（3）为了安全起见，车辆晚上或驶入室内停车场时，应打开车前大灯，以警示行人及其他车辆；

（4）泊车时，应开启紧急事故灯（双闪灯），以警示行人及其他车辆。

三、某写字楼停车场守则示例（张贴在停车场入口处）

1. 进场许可

（1）此乃私家车场，闲杂人等不得擅进。

图 12-7 停车场巡逻人员用
反光背心形状图

（2）停车场开放时间为 24h 营业。

（3）设有有效泊车证或未向管理处办妥登记手续的车辆，不准驶入。

（4）如停车场额满，管理员可拒绝任何到访或货运车驶入。

（5）若某司机屡劝无效，其车辆继续违反守则，管理处会将其记录在案，并可能禁止车辆驶入使用本停车场。

2. 租用车位的车辆

（1）租泊车位的租户，须向管理处索取及填报车牌号码登记，以便安排泊车证。

（2）管理处依据填报的车牌号码登记编列成表，交给保安员或巡逻员，核对进出及停泊的车辆。

（3）所有泊车证不得转让及涂改，过期及翻印泊车证均属无效。

（4）若泊车证有任何遗失或损毁，须速向管理处填报及补领。

（5）须明确地展示有效泊车证于车头显眼处，以便保安员或巡逻员识别。

（6）车辆须停泊于指定的车位内，不可泊占其他车位或阻塞通道。

3. 到访及货运的车辆

（1）到访及货运车辆请于车场缴费处领取时租泊车卡。

（2）泊车标准收费私家车及小型客货车每小时及不足 1 小时收费港币 20 元。

（3）若时租泊车卡有遗失、损毁或涂改，该车辆须另缴手续费港币 100 元，并须双倍于标准收费缴费。

（4）驶离前，请先携时租泊车卡往停车场缴费处缴付停泊费。

（5）缴费后，须 10min 内离去。否则，收费重新另计。

（6）驶离时，请于车路出口交回时租泊车卡。

（7）所有上述收益，均可作为本大厦管理经费。

4. 货物卸货

（1）为使等候卸货区及卸货区不会受阻，司机应听从管理员指引，并不可离座，以便随时移动车辆。

（2）驶离前，司机须及时清理及搬走剩下的杂物。

（3）卸货完毕，应及时驶离，以方便其他等候卸货人尽早卸货。

5. 非办公期间驶离停车场的货运

（1）停车场所有车路出口、入口于 24 小时营业。

（2）如租户须在办公期间将货物运离停车场，请将货运的安排尽早通知管理处。另须给予司机放行授权文件，签发的备忘录或送货单若是副本，须另加签署或加盖正本印鉴。驶离前，须将放行授权文件交管理处，以便核对放行，否则，所有货物不得运离停车场。

（3）管理处只负责核对放行租户所授权的车辆，并不负责清点运送货物类型及数量，不负责货物的遗失、损毁或延误。

（4）若空车没有放行授权文件，而欲驶离，司机须出示"身份证"在管理处登记后，方可驶离。

6. 违章停车

司机须遵守管理员的指引，予以等候停泊。违章泊车鉴别如下：

（1）没有泊车证或持有无效的泊车证；

（2）未向管理处办妥登记手续；

（3）未经同意，泊占他人车位；

（4）为求自己方便，不顾他人利益，阻塞及泊占公共地方，如通道、等候卸货区及卸货区。

7. 违章锁车

（1）所有违章车辆，毋须事前通知，可被锁车或拖走。

（2）锁车或拖车费均全部由所属车主负责。

（3）须缴纳手续费港币 140 元及所须的停泊费，方可领回车辆。

（4）在锁车或拖走过程中，所导致的任何损坏等，管理处概不负责。

（5）若管理处向该等车辆发出违章通知书超过 7 天，仍无人认领，当作弃车处理。

8. 安全及责任

请遵守展示的"停车场守则"，管理处概不负责停车场车辆内财物的失窃、损毁及任何人身的伤害：

（1）任何使用人在本停车场内，受到意外或其他原因所导致的伤害，管理公司概不负责。

（2）司机须以安全时速驾驶，遵守所有交通标志及注意他人安全。

（3）司机须注意车场限高及车场内布置的装备与设施，并负责赔偿因疏忽而导致停车场内的装备与设施的损毁。

（4）请将车门锁好，切勿存放贵重物品于车内。

（5）车位只限作泊车之用，不可改作其他用途，如存放危险物料或杂物、修理汽车等。

（6）8 号台风悬挂 1h 后，有关停车场将关闭。

9. 守则的更改

管理处可随需要而增删及修订本"停车场守则"不需先行通告。

如有任何疑问或意见，请咨询管理处。

某物业管理有限公司 2006 年 1 月 1 日制订。

四、某地下停车场管理办法示例（张贴在停车场入口处）

第一条 为加强本小区地下停车场管理，以维护车位所有权人权益与停车秩序，以及作为急难与防空避难使用，制订本办法。

第二条 早上 6：00～23：00 时车辆进出，由管理员以闸门机管制，其余时间使用铁卷门遥控器进出车辆，严禁未使用遥控器者，跟随前车进入。

第三条 遥控器及停车证发放，一律以一个单位壹张为限。

第四条 遥控器遗失领取新品，需缴 300 元，损坏换领新品，需缴 100 元，纳入管理费运行。

第五条 停车证遗失或损坏重新申请补发，需缴200元工本费，纳入管理费运行。

第六条 领取停车证需登录车籍数据，包括所有权人与使用人姓名、地址、联络电话与车牌号码。

第七条 停车证请依规定贴于前挡风玻璃右下方，以供管理员辨认。

第八条 车辆应依个人车位编号停放，不得超越标线，一个车位停放一部车辆（申请子车位者除外），严禁占用他人车位，以及于公共通道停放车辆。

第九条 车辆变更须到管理中心变更车籍数据，非使用车籍数据上车辆进入停车场，须到警卫室登记，领取临时停车证。

第十条 访客来访车辆须到警卫室登记，领取临时停车证，由车位拥有或使用者带入，停于自己车位上。

第十一条 车位欲转售或出租，限本大厦住户，转售或出租后，须到管理中心变更车籍数据，请出示所有权证明或租赁合同书。

第十二条 12岁以下儿童不得单独进入停车场。车辆进入停车场请开近灯减速慢行，遵循信号行进，注意行车、停车与倒车安全。

第十三条 停放车辆一律车头朝向车道。

第十四条 不得徒步由车道出入口进出。

第十五条 由电梯或楼梯间进出，安全门关上，不用上锁。

第十六条 不得在停车场内洗车，擦拭可以。

第十七条 停车场仅供停放车辆之用，不得堆放任何杂物，否则一律清除。

第十八条 进入停车场修理车辆人员，须由车主陪同至警卫室登记。

第十九条 装卸货物车辆进入停车场，须向管理员登记，领取临时停车证，并注意限制高度，未依规定造成公共设备损坏，应负赔偿的责任。

第二十条 停车场若因个人使用不当或发生意外、遗失、损坏等，管理公司不予承担责任。而造成公共设备损坏，车主应负赔偿的责任。

某物业管理有限公司2006年1月1日制订

五、某校园交通及泊车条例

（一）总则

1. 校园内所有驾驶者及使用道路人士均须熟知及遵守政府所颁布的《道路交通条例及守则》，并须遵守大学所颁布的其他有关校园的规则及依循校警的指示。

2. 校内所有道路受《道路交通条例及守则》所管制；一切有关校园的管理措施仍由大学校董事会负责。

（二）进入校园

1. 所有车辆必须先行在大学保安组登记并明示大学发出的车辆登记证，才准进入校园。

2. 访客必须出示证明身份及根据本条例的附则规定，方可准许进入校园。

（三）校园行车规则

1. 校园内所有驾驶者及使用道路人士必须遵守《道路交通条例及守则》及校内交通

标志、车速限制、临时交通措施或校警就校内交通及车辆停泊所作出的指示。

2. 校园内任何人不得：

（1）未持有效驾驶执照行车，或容许无驾驶执照者行车；

（2）持临时驾驶执照行车；

（3）教导驾驶；

（4）驾驶未有政府行车证及大学车辆登记证的车辆，或驾驶未具有效第三者及乘客意外保险的车辆；

（5）不带头盔驾驶摩托车，或用摩托车乘载无头盔搭客；

（6）在驾驶中触犯《道路交通条例及守则》所列的不负责任或危险的行为。

（四）违例处分

1. 驾驶者触犯上列任何规例或驾驶残破而不宜行驶的车辆时，校警得：

（1）截停该车于路旁；

（2）勒令将该车驶往或拖往指定地点；

（3）勒令该车驶离校园；

（4）申请吊销该车校内车辆登记证。

2. 驾驶者被截停时必须依从校警的指示，当事人可向大学行政事务委员会提出上诉。

3. 大学的教职员工或学生经证实触犯上述规则时，将分别交由教师审议委员会，行政事务委员会、所属学院院务委员会或教务处研究办理。

4. 大学得向警方举报下列交通事项：

（1）因交通意外而导致人身或动物的伤亡；

（2）因交通意外而导致严重的财物损失；

（3）在交通意外中双方未能达成赔偿协议；

（4）发生交通意外后当事人不顾而去；

（5）未持有有效的驾驶执照行车；

（6）持临时驾驶执照行车；

（7）驾驶未具有效第三者及乘客意外保险的汽车；

（8）驾驶未具有效牌照的汽车；

（9）鲁莽驾驶；

（10）在醉酒或受药物影响下驾驶汽车；

（11）不小心驾驶。

（五）公布有效期限

1. 本规则在校园各入口及校内各布告板张贴公布，并在大学及各学院简讯发布。

2. 本规则自公布之日起立即生效至另行通告为止。本规则可随时予以修订并立即公布施行。

（六）附则

1. 访客泊车费用

大学访客如欲驾车进入校园，须于校门警卫站岗处领取时租车票，并于离校时缴付费用。

（1）经许可进入校园访客车辆，如获到访部门或住户签发认可证，得予豁免征收泊车费。

（2）访客车辆因大学公事进校而于半小时内离校者，可免缴泊车费。

（3）访客泊车收费细则须经过大学行政事务委员会批准。

（4）大学保留拒绝未经许可的访客车辆入校及泊车的权利。

2. 泊车规则

（1）凡在校园内停泊车辆必须遵守政府发布的《道路交通（私家路泊车）守则》。

（2）除停泊在宿舍区域的车辆外，任何车辆不得在校园内同一个停车位上连续停放超过72h、星期六及公众假期除外。

（3）访客车辆不得过夜停放在校园内。除获准停泊在教职员宿舍停车场的车辆外，凡未能展示由本校发出有效的教职员工或学生车辆登记证的车辆必须在进入校园后同一天内驶离校园。

（4）大学可随时设立道路标志，规定校园内任何范围为禁止泊车区。

（5）在上述的《道路交通（私家路泊车）守则》权力范围内，大学有权扣留、拖走及以任何形式处置违例停泊的车辆；根据该守则所颁布的罚款额向被扣留车辆的车主征收罚款。

（6）大学保安主任或其指派的一名下属为指定的执法人员。

香港某大学保安组
2006年1月1日

第十三章 泳池保养

《泳池规定》（香港法律第 132 章）规定，任何人如欲设立或经办一个泳池，必须向食物环境卫生署（简称食环署）取得泳池牌照。根据现行法规，泳池是指人工修建用作游泳或浸浴，而公众可使用（不论是否收费）的泳池，或由任何会所、机构、联会或其他组织负责管理的泳池。但这条例不适用于只供为数不多于 20 个住宅单位使用及公众不能使用的泳池。

禁止使用及管理没有领牌的泳池：

（1）除非根据并按照食环署所批出的牌照，否则任何人不得设立或经办泳池；

（2）任何人不得参与管理没有领取牌照而设立或经办的泳池。

第一节 泳池设施的使用

一、申请牌照

1. 如申请泳池牌照，须书面写信向食环署秘书提出，并须附有尽量按比例绘制的有关泳池及其整个场地范围的图纸一式三份，而该图纸须包括下列内容：

（1）泳池的尺寸及设计；

（2）泳池每一部分的水深；

（3）浮垢槽的位置及尺寸；

（4）所有排水及入水孔道；

（5）滤水或净化装置的位置；

（6）通往泳池内的固定梯子的位置，以及供泳客使用的固定扶手或类似的固定装置的位置；

（7）供泳客使用的跳水板、滑水槽、圈环或类似的固定装置的位置、高度及类型；

（8）环绕泳池或泳池旁边的通道或露天地方的布局设计，以及进出紧接泳池场地范围的通道；

（9）泳池的更衣室、洗手间、淋浴、洗脚池、厕所、食品部、摊位或其他构筑物的布局设计；

（10）排水系统的每一部分。

2. 每份依据第 1 条文呈交待批的图纸，须附有一项书面陈述，包括说明：

（1）泳池池水的来源；

（2）所设滤水或净化装置的类型及滤水或净化量；

（3）用以铺设泳池内部表面的物料，以及用以铺设邻近泳池边的行人通道及站立地方的物料。

3. 获得食环署批准的每份图纸或任何图纸修改，须由该局秘书批注已获批准，而该图纸或图纸修改的其中一份须交还申请人，其余两份则由食环署保留。

二、发出牌照的条件

1. 食环署除非认为泳池及其附属处所均符合下述条件，而牌照的申请是就该处所作出，否则不得批准牌照。

（1）所提的图纸已获市政局批准，而该泳池与该图纸相符；

（2）泳池池水的来源乃属适当；

（3）泳池被水覆盖的表面是由不透水的物料建成，并已处理得充分平滑，以防止污染物过量积聚；

（4）泳池内所有水平面与垂直面的连接处成内弯形；

（5）泳池设有适当尺寸的浮垢槽以及设有足够排水系统；

（6）泳池四边设有不少于 1.2m 宽的人行通道，通道面铺上或盖以适当的防滑物料，并自泳池边向外倾斜，以便经由倾斜面下方的沟渠将水排去；

（7）更衣室（更衣凳规格见图 13-1）或任何设有淋浴、浴缸、洗脚池或厕所的房间的地面均应利于清洁工作，并铺上不透水的物料，而在连接墙壁之处成内弯形；

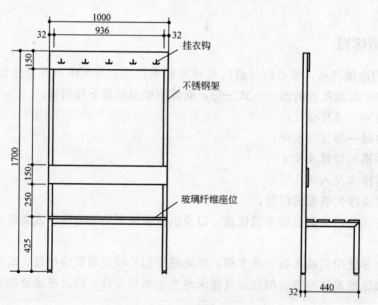

图 13-1　更衣室内更衣凳规格尺寸

（8）以泳池可容纳的人数计算，每 25 人即设有至少一个坐便器，而每 50 人即设有至少一个防溅板的小便器；

（9）泳池设有滤水或净化装置或其他净化池水的设施，能够时刻使池水的纯净程度保持在最好的程度，每 100cm^3 池水中不含大肠杆菌的标准；泳池氯化钠杀菌系统图见图13-2所示；

（10）滤水或净化装置或其他用以净化池水的设施，均能使池水循环流过滤水系统或从源头换取新水的方法更换池水，有盖泳池不少于每 4 小时一次，而露天泳池则不少于每

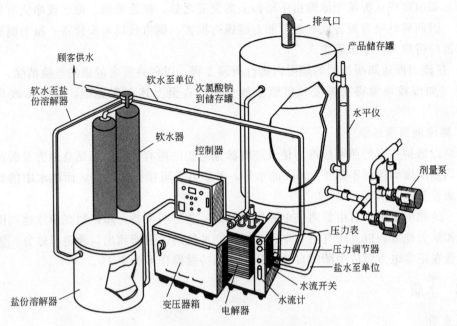

图 13-2　泳池氯化钠杀菌系统图

6 小时一次；

（11）如设有水中电力照明，则必须满足下列条件：

1）所有水中照明设施的电源电压，不超过 25V；

2）上述低电压的电力供应，来自一个双线圈变压器，其外罩有接地的金属壳，而低电压线圈的中心点则接地，至于变压器的位置，则与泳池相隔一定安全距离，该变压器放置在令泳客完全无法接触的地方；

3）连接变压器与水中电力照明设施的电线，应选镀锌电线保护管或通过矿石绝缘的包封钢丝电缆。

2. 任何泳池可容纳的人数，是以该泳池的最高容纳量作标准，并按该泳池水面面积每 $3m^2$ 可容纳一人的比率而决定。

三、泳池设施

1. 与电力设备有关的安全措施

任何人不得将任何电力设备、装置或电线，放置在或准许其放置在相当可能引发下述情形的位置：

（1）该设备、装置或电线触及泳池的池水；

（2）在泳池游泳的人或在环绕泳池的行人通道任何部分、跳水板、滑水槽或泳客使用的其他类似构筑物上站立的人，可以触及该设备、装置或电线。

2. 泳池及设备的清洁与维修

（1）泳池的主人须作出安排，使泳池及附属于泳池的所有机械、设备、装置、环绕泳池的所有人行通道或露天地方，以及泳池所设的所有更衣、淋浴、沐浴、厕所设施，在所有时间均保持在适当的良好状况，而且干净清洁，并无有害物质。

（2）如市政局认为某个泳池由于结构上的欠妥之处、缺乏维修、滤水或净化装置有欠妥之处，因而对健康有损害或相当可能对健康有损害，则市政局可安排将一份书面通知送达该泳池的持牌人，要求该主人：

1）在该书面通知所指明的期限内进行所须工程，以便将损害健康的危险消除；

2）（如市政局觉得有需要）将该泳池关闭，直至上述工程完成，并令市政局满意为止。

3. 游泳池照明系统

（1）以维持一定的照明标准，使紧临游泳池池边的所有人行道、站立地方及游泳池水面的平均照明度均达到不低于 200lx 的水平，并须具有可接受的光度，而池水中的地方和其他附属装置也须清晰可见。

（2）此照明系统须有由紧急供电装置供电的紧急照明设备，用以照亮游泳池周围所有人行道和露天地方，以及所有更衣室、沐浴间、冲洗间、厕所和出口通道等地方。该紧急照明设备在正常电力供应中断时自动点亮，并能持续操作不少于 1h。

四、水质

1. 水质

泳池的主人安排人员使泳池供泳客使用的所有时间，使泳池的池水循环流过滤水系统或从源头换取新水，从而将池水全部更换，而更换次数如下：

1）如属有盖泳池，不少于每 4h 一次；

2）如属露天泳池，不少于每 6h 一次。

2. 换水

泳池的主人安排人员使泳池的池水在所有时间均保持下达标准：

（1）纯净标准

最低限度每 100cm³ 池水内不含大肠杆菌。

（2）清澈标准

将一件不小于边长 100mm 的正方形黑白两色物体，或一件不小于直径 100mm 的圆形黑白两色物体，放置在泳池的池底最深处后，可从水面上清楚看见；

（3）氢离子浓度标准

不高于 pH＝7.0。

3. 须每年抽干泳池池水

泳池的主人须安排不少于每年一次，将泳池的池水抽干以及将泳池彻底清洁；此外，当市政局送达主人的书面通知时，规定须在其他时间进行上述事项时，该主人也须照办。

4. 以氯合物或市政局批准的任何其他化学物品消毒池水。

5. 设置至少一套用以测量在池水内的消毒剂浓度及池水 pH 值的测试设备。

五、泳池卫生

1. 防止吐痰

（1）任何人不得在泳池内或其附属处所的任何部分吐痰，但如吐入排水渠、厕所、痰盂或其他为供吐痰而设的盛器内，则属例外。

（2）凡设有痰盂，痰盂放有消毒液，并须不少于每 24h 清洁及更换消毒液一次。

（3）除非获得市政局书面许可，否则，泳池的主人须安排将一份或多于一份以中英文写成的禁止吐痰告示，在泳池附近的一处显眼地方以及在更衣室内或更衣室的附近持续展示。

2. 泳衣及毛巾的消毒

如在泳池有泳衣或毛巾供应给泳客，则泳池的主人须安排每次在泳客使用后，将每件泳衣或每条毛巾浸在沸水中至少 30s 消毒。

3. 在游泳池内泳客进入游泳池之前须经过的地方，装设洗脚池及悬挂式淋浴器，并设妥善的排水系统。

4. 在游泳池附近及在淋浴、更衣室内或附近的明显位置，张贴一张或一张以上以中英文书写的告示，指示泳客在进入游泳池之前先淋浴。

5. 清洁拖鞋的步骤

（1）在放于指定地方的地毯上擦掉拖鞋底的污垢；

（2）以清水冲洗及彻底清洁拖鞋；

（3）如有需要，请使用场地提供的清洁用具，刷除粘在拖鞋底的污垢；

（4）以清水再次冲洗及清除已松脱的污垢，彻底清洁拖鞋；

（5）在彻底清洁拖鞋后，穿上拖鞋穿过水帘及洗脚池，方可进入池面。

六、牌照有效期

泳池的牌照有效期为一年，由牌照发出日期起计算或以牌照上所注明的较短时间为准。

第二节　泳池开放

一、患有某些疾病的人不得进入

（1）任何人如明知自己患有皮肤病或传染病，不得进入任何泳池。

（2）除非获得市政局书面许可，否则泳池的主人须作出安排，将第（1）项的条文以用中英文写成的告示形式，在泳池附近的一明显地方持续展示。

二、泳池使用守则

游泳池须制订使用守则，张贴在泳池入口处，内容如下：

1. 12 岁或以下儿童必须由成人陪同进入泳池。

2. 家长应教育小孩切勿在泳池范围内追逐。

3. 泳客必须听从救生员指示。

4. 泳池范围内请保持安静。

5. 当使用泳池的人数限额已满时，当值救生员有权禁止泳客进入泳池。

6. 泳客必须穿着泳衣或泳裤方可进入泳池范围。

7. 除在更衣室内，任何人不可在泳池范围内更衣。

8. 泳池范围内：不可穿着任何鞋类，包括拖鞋、长短袜及使用太阳油。

9. 泳客必须冲身及潜足后，方可进入泳池。

10. 长发泳客应戴泳帽。

11. 为安全起见，不会游泳者应配有辅助救生设备。

12. 泳池范围内，不准吸烟、饮食、吐痰及乱抛垃圾。

13. 严禁使用者带猫、狗、雀鸟或其他动物进入泳池范围内。

14. 泳池范围内，除作正常游泳活动外，禁止进行任何剧烈运动。

15. 患有皮肤病、传染病及眼病者严禁进入。

16. 泳客不准移动任何救生设备或游泳家具。

17. 如天文台悬挂三号或以上台风或雷暴警告时，泳池将暂停开放。

18. 为了避免触犯法规，如泳池范围光度不足时，管理处可能提早关池。

19. 救生员将于泳池关闭前 30min 停止让泳客进场及 15min 前开始清场，请各泳客合作。

20. 一切损伤意外，管理处概不负责，请泳客留意。

三、救生与急救员

泳池的主人须作出安排，在泳池开放给泳客的任何时间内，须有两名救生员在场当值。当值的救生员须穿着适当的服饰，便于识别。教生员须持有由获得市政局为此目的而批准的协会所发出的有效救生及急救资格证明书。其中一名救生员应坐在救生登上从高处观察泳客，救生登规格尺寸如图 13-3 所示。

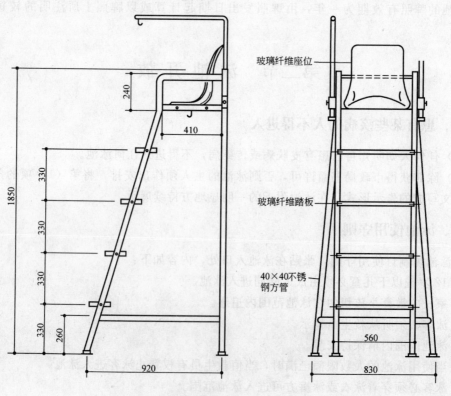

图 13-3　救生员用救生凳规格尺寸

救生员守则：

1. 救生员于游泳池开放前 15min 抵达，打卡及更衣，以准备工作，不得迟到或早退。

2. 除获得管理处及会所当值人员许可外，不得擅离工作岗位。

3. 午餐、晚餐、饮茶时间，需要离开工作岗位，必须一名救生员留守工作岗位。

4. 当值时间需穿着制服（由泳池保养公司提供），同时佩戴工作卡（由管理公司提供）。

5. 不可在泳池范围及工作时间内教授游泳。

6. 不可在当值时间内私自游泳（工作需要时例外）。

7. 所有公共设施，包括会所设施，救生员不得使用。

8. 游泳池开放时间前，需要清洁游泳池范围及清洁池水，并须检验水质，以确保泳池水质符合法律要求，一切程序做妥后，填写泳池报告表。

9. 如游泳人数多于 6 人，救生员必须在救生员高台椅当值。

10. 如天文台发出雷暴警告，三号台风或红色暴雨警告，泳池将暂停开放，但救生员仍需要留守工作岗位，泳池开放或关闭将由管理处最后决定，如天文台悬挂八号台风或黑色暴雨警告，救生员可无须返回泳池当值，当八号风球取消或改挂三号风球时，救生员须及时返回工作岗位。

11. 救生员如触犯上述条例，而遭到管理处、会所负责人或泳客、住户投诉，管理处及会所当值人员有权立即将救生员解雇而无须解释。

四、泳池每日报告表

当夏季泳池开放时，救生员应每日负责清洁及提供水质测试报告；记录进入泳池人数；保障各方面要求都达到泳池开放标准。发生突发事件及时报告管理处及做出记录。报告表的格式如下：

泳池每日报告表

大厦名称：_____　　　　　　　　　　　　　　　　　日期：_____

1. 清洁部分

时间	泳池范围				泵房	签字
	池面	池水	洗脚池	凳椅		

2. 水质测试部分

节数	时间	Cl 值	pH 值	天气	温度	备注	签字

3. 泳客人数统计

人员	第一节	第二节	第三节	第四节	第五节	总人数
时间						
成人人数						
儿童人数						
合计人数						

4. 泳池突发事件报告：

_____

_____

_____

保养公司名称：_____

报告人：_____　复核人：_____

日　期：_____　日　期：_____

第三节　泳池保养

一、游泳池保养员工守则

1. 进入物业范围须遵守物业制定的管理制度。

2. 活动范围在游泳池指定区域。

3. 在物业内发生事故要马上通知物业管理公司，由物业管理公司汇报及处理。

4. 进入封闭场地（沙缸）须有"核准工人"证明书人员方可进入。

5. 每次游泳池保养完毕，须填写详细报告（水质、设备）。

6. 游泳池加添化学药品时，要穿上个人防护装置。

7. 测试电力装置时，须确定电力设备在没有漏电时才可进行。

8. 在检查运行中的水泵及电机时，衣服及头发须整理齐整，不可戴手套，避免转动部分将身体搅入。

9. 化学药品快将用完，通知物业管理公司采购。

10. 在执行保养工作期间，若有人员进场游泳，应马上停止工作，清理场地，收拾保养工具，不影响人员活动。

11. 每次执行保养工作完成，须整理游泳池范围清洁，保养工具及设备放置整齐。

12. 保养员工应持有建造业安全训练证明书（平安卡）。

二、游泳池保养工作守则

1. 检查水泵，电机运行的声响是否正常；

2. 检查沙缸声响是否正常；

3. 清洗沙缸；

4. 检查阀门开关是否畅顺；

5. 检查控制电路；

6. 清理泳池墙身、池底、排水沟污垢；

7. 吸走泳池底污物；

泳池冬季保养报告记录表格式如下：

泳池冬季保养记录表

大厦名称：_____ 月份：_____

序号	保养日期	清洁工作	保养工作	水质检验		报告人	复核人
				Cl 值	pH 值		
1							
2							
3							
4							
5							

保养公司名称：_____

报告人：_____ 复核人：_____

日　期：_____ 日　期：_____

8. 加添化学品杀菌及消毒；

9. 测试水质酸碱度是否符合香港卫生处标准；

10. 清理泳池水面污垢；

11. 保持水质清澈；

12. 所有设备机械部分加添润滑剂。

妥善维修保养泳池，可延长泳池结构及滤水装置的使用年限。

三、夏季例行维修保养

1. 保养商责任

(1) 夏季每星期三次到大厦保养泳池；

(2) 须每次保养后将保养报告呈交管理处审核；

(3) 须负责检验各水质所需的仪器及药物；

(4) 如因疏忽而引起管理公司或泳客有任何损失，保养商须负责一切的赔偿；

(5) 为工作人员及第三者购买有效保险，费用由保养商支付。

2. 保养内容

(1) 泳池水箱的一切设备；

(2) 出水系统的一切设备；

(3) 滤水系统的一切设备；

(4) 各系统管道阀门的一切设备；

(5) 泳池的清洁；

(6) 泳池泵房的清洁；

(7) 泳池底的灯光系统。

3. 保养细则

(1) 每次保养必须清理各系统的沙桶；

(2) 每次必须检查泳池及控制泳池水质符合法规的标准；

（3）检查维修各水泵，包括电机、轴承及有需要时添加润滑剂；

（4）检查维修及调校水泵及其给水的供应；

（5）检查维修及调校各水箱的系统；

（6）保持泳池泵房的清洁；

（7）保持泳池范围内的清洁；

（8）检查及更换泳池底的灯光。

四、冬季例行维修保养

1. 每隔一个星期开动过滤水装置及水泵，正常操作一次。

2. 用清洗剂杀死细菌和青苔。

3. 每星期清洁池边及底部，确保并无青苔生长。

4. 每星期进行检查和机械保养。

5. 关闭所有入口，张贴告示，说明泳池不对外开放，并且无救生员当值。

泳池结构及滤水系统的保养由专业的承包商执行。冬季泳池的水不可以全部放干，由于温差太大，会使泳池表面出现龟裂。

第十四章　吊船及玻璃幕墙保养

吊船在香港使用广泛。在清洁与维修大厦外墙的玻璃幕墙、窗户以及为建筑物和其他构筑物进行外部翻新和装修等工程时，吊船载着清洁工人、工地人员或工程师在高空工作。吊船又叫做高空工作台，它的操作必须由认可的承包商派出合格的人员负责执行，一般人是无权问津的。参加劳工署训练班人员，必须考试合格及拿到证书后，才可执行某一型号的吊船操作。

吊船系统的基本结构：

吊船系统一般包括工作台、控制箱、电源线、吊码及吊臂、台车架及平衡锤、电动无尽式卷盘（攀升器）、悬吊钢缆、安全钢缆及防坠制动器、上限防上超卷限位器、独立救生绳、安全扣（爬山扣）及安全带等。各种吊船及临时吊船类型参见图 14-1 所示。

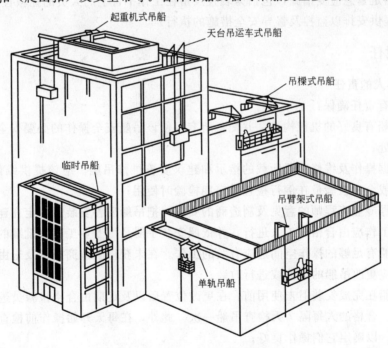

图 14-1　各种吊船及临时吊船类型图

第一节　吊船的责任划分

一、一般事项

吊船的拥有人有责任确保吊船的每项操作不会危及在工作平台上或在附近工作的人员

的安全和健康。吊船的拥有人应该为吊船的每项操作设立一个安全的工作制度。拥有人应该参考有关项目工程师、安全专业人员及工地或大厦管理有关人员的意见，然后拟定及通过该制度。有关制度的资料应该分发给参与吊船操作的全部人员。安全的工作制度应该由合格的人监察及监督。

安全的工作制度应该包括下列内容：

（1）策划及评估吊船操作，包括为不同的工种及工作环境选择适当的吊船；

（2）吊船的安装方法及保持吊船稳定的措施；

（3）安排由合格检验员测试及彻底检验吊船；

（4）提供吊船的定期维修；

（5）提供吊船的操作及维修手册、工作日志、修理记录以及测试及检验证明书；

（6）提供合格的人员架设吊船、更改吊船位置及拆卸吊船；

（7）确保每名在工作平台上工作的人已接受适当的训练，以及持有训练证明书；

（8）提供个人防护装备，以及为工作平台上的人和工程负责人员提供通讯设备；

（9）在不安全的情况下停止使用吊船；

（10）制定紧急应变措施，包括为装置及留在工作平台上的人员的拯救程序；

（11）提供安排以监控及督导安全措施的执行。

二、责任

1. 拥有人的责任

拥有人有责任确保：

（1）吊船有良好的机械构造，并配备所有可使该吊船安全操作的必要安全装置，且无明显欠妥之处；

（2）根据操作及维修手册所载的指示和建议妥善维修吊船。应该提供维修时间记录，供合格的人或合格检验员在例行检查及定期检验时使用；

（3）根据专业工程师的意见及制造商的要求，把吊船妥善安装和锚定在建筑物或构筑物上。安装工作应由合格的工人进行，并依照安装手册及由专业工程师批准的图纸安装；

（4）吊船有足够的操作空间适应有关的工作。在未获得制造商批准及未由合格检验员检验前，不应更改吊船的结构或进行改装；

（5）吊船在完成安装但未使用前、在更改位置后以及定期由合格检验员进行负荷测试及彻底检验。合格的人每隔 7 天检查吊船一次。此外，在每天开始操作前检查吊船，包括天台装置等，以确定它们操作良好；

（6）有合适而安全的路径进出工作平台；

（7）提供有关吊船的详情、操作及维修手册、维修日志、修理记录、测试及检验记录等的资料，供使用人、合资格的人及合资格检验员参阅；应该把有关安全操作负荷及工作平台的容许人数的告示张贴在工作平台上；

（8）负责吊船的合格的人对该特定种类的吊船有足够的资历、训练和经验，而在吊船上工作的人员已接受操作该类吊船的适当训练，并持有有效的训练证明书；

（9）工作平台上的人员穿戴和使用适当的个人防护装备，例如安全带和配有下领颌带的安全帽等；

（10）要求所有工作人员知道有关安全工作制度所包含的资料和指示，并为他们提供有关安全工作制度的必要训练；

（11）为工作平台上的工作人员提供适当的通讯设备。

2. 合格人的责任

由合格的人负责实地检查、监督吊船的安装及使用。他应该充分认识所管理的吊船，以及在处理吊船的检查、架设和拆卸方面具备丰富经验。他应该熟悉有关工程的安全工作系统中所载保障安全的措施、程序、指示以及处理紧急事故的程序。他也应该充分认识有关吊船的设计负荷。他有责任确保：

（1）吊船的架设及拆卸依照制造商安装说明书所指明的程序及建议进行。他特别应该确保天台装置安全，例如锚定装置等的辅助防护设备；

（2）救生绳已设置妥当和已系稳；

（3）吊船的悬吊缆索及安全缆索并无扭结、钢丝断裂、表面变平或其他明显欠妥之处；

（4）该吊船在完成架设但未使用前，每隔一定时间以及在暴露于恶劣天气情况后予以彻底检查；

（5）操作及维修手册、修理日志和吊船以往记录所列的机械部件及安全装置处于良好操作状态；

（6）在其控制范围内无法修理机械故障的情况下，把吊船故障记录下来，并向拥有人或维修承包商作出报告；

（7）在不安全或操作出现危及在吊船上或吊船附近工作的人的情况下，停止该吊船的操作。

3. 工作平台上的工作人员的责任

工作平台上的工作人员应该接受适当的训练，内容包括安全工作制度所定的安全程序及紧急应变措施，以及该吊船的一般构造。他应该具备安全操作吊船的技巧，并已从提供该项训练的人处取得有关的证明书。除操作吊船外，他应该：

（1）承担一般责任，顾及自身安全及在吊船上或在附近工作的其他人员的安全；

（2）保管好手工工具及设备；

（3）确保工作平台没有装载建筑材料，足以影响其立脚及抓手的地方或危及工作平台的稳定性；

（4）知道怎样在紧急情况下做好准备逃生及善后的工作；

（5）系好安全带，该安全带的悬挂绳应妥善系于所提供的独立救生绳上或指定的系稳物上。除非工作平台的栏杆及装配是被指定用作系稳用途及曾经为此进行测试，否则不该把悬挂绳系于这些栏杆或装配上；

（6）适当使用所有安全装置，并使他们保持有适当效能；

（7）切勿干扰其组件；

（8）已阅读并明白安全工作制度中的安全程序，有关的指示及紧急应变措施；

（9）在工作平台发生故障或怀疑有欠妥之处时，除非有足够的资历，不要试图纠正欠妥之处。应向合格的人员传达及报告欠妥之处，以寻求技术支持；

（10）保持工作平台清洁；

（11）注意建筑物的凸出部分，这些部分可能妨碍工作平台的移动；

（12）不该为求方便而试图延长工作平台的任何电源线。

第二节　吊船的维修及保养

吊船的维修保养须由选定的认可承包商进行，大约至少要每两个月一次为吊船进行添加润滑油，检查各机件及测试吊船在路轨上的滑行。检查安装路轨在其上的各混凝土座，特别是路轨转弯处的各座，由于吊船转弯处拉力强，容易出现裂缝或抹灰松脱。如不加修补雨水就会侵蚀内部，损害混凝土座的防水层及地脚螺栓的稳固。管理公司应适时安排人员修缮，避免引起吊船滑行时发生危险。

吊船的吊缆与控制机件要每年大检修一次，证明安全及发出安全证书后方可继续运行。

一、一般事项

1. 移动式吊船结构如图 14-2 所示。应妥善维修吊船的所有部件，包括外伸支架、护墙钳、悬吊装置、工作平台以及与吊船的操作及安全有关的整套机电器具等。尤其要把所有安全操作的部件保持在恰当的操作状态，使这些部件可以发挥预定的功能；更换断裂或磨损的部件、磨损的开关触点、损坏的电气装置及卡住的开关按钮，因为它们可能干扰安全操作。

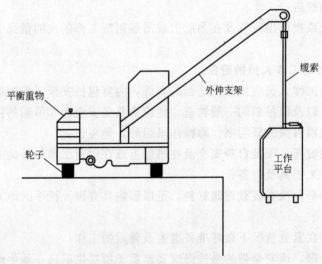

图 14-2　移动式吊船结构图

2. 当吊船正在使用中，不应该维修或改装吊船。

3. 所有部件应该由合格的人员根据制造商的指示妥善维修。

4. 应该检查所有活动部件的磨损程度。如有需要，应该予以更换，并且只用制造商供应的配件。这类部件应该保持适当的润滑。如果润滑剂传送至缆索会对吊船的操作造成不良影响，则应小心，确保不会发生这种情况。

5. 维修检查应该包括天台的固定装置。如有需要应该修理或更换任何欠妥的部件。应该特别检查外伸支架和护墙钳的焊缝，以确保它们不受腐蚀和没有裂缝。应该整修或更换生锈的部分。维修结构性的锚定装置前，应先咨询专业工程师的意见。

6. 在使用包括电缆在内的电气设备前，应先以外观检查这些设备。也应由合格电气工人或其他合格的人定期检验、试验、保养及维修这些电气设备。

二、钢丝缆索

1. 应该根据绞车或爬升装置制造商的指示，定期检修所有钢丝缆索。悬吊缆索和安全缆索及其终端，应该以质佳的物料造成及无明显欠妥之处。不应使用有磨损、扭曲、扭结、缆股断裂或腐蚀迹象的缆索。

2. 如发现缆索损毁，不该试图把缆索修理、捻接或拉直。缆索应为一整条，未经任何接合。

3. 拆卸的缆索应该分别编号。缆索在拆卸后应该卷在滚动条上，并应该予以遮盖，远离地面及腐蚀物质。

4. 维修还该包括在移动部件上加上润滑剂和为吊船进行一般清洁。

三、维修记录

（1）应备存维修记录，如维修日记等，以记录经检查、修理和更换的吊船部件或构件。上述记录还应记下修理或更换这些部件或构件的日期。

（2）应把维修记录备存于安全地方。如吊船停用，应自该吊船停用的日期起计算。备存其维修记录的保存期至少 6 年。

四、供使用的资料

1. 一般资料

吊船上应该有足够的资料，以供任何管理、操作、维修及检验以及测试吊船的人员使用。有关资料包括：

（1）制造商的名称及地址；

（2）吊船系列或种类的名称；

（3）吊船编号；

（4）建造年份；

（5）钢丝缆索的直径；

（6）关于电源的数据；

（7）吊船工作平台的额定负荷及最高负载人数。

2. 文件

（1）应该备有吊船的操作及维修手册，以供任何涉及管理、操作、架设及拆卸以及维修吊船的人员使用。该手册应该备有中英文本，并记载以下数据：

1）关于安全使用及操作的清晰指示；

2）关于在吊船发生故障时应依循的程序的清晰指示；

3）与使用吊船有关的数据。

（2）有关吊船的安全使用及发生故障的指示应该包括：

1）警告，说明只有受过足够训练而能安全操作吊船的人才可操作该吊船；

2）不应该在恶劣天气情况下使用吊船的指示，这项指示应该就适宜操作吊船的极限风况提供指引；

3）临时吊船的装配方法和应注意的安全措施；

4）操作员在辅助安全装置松开的情况下，应采取的行动的指示；

5）识别如制动器失灵、吊重钢丝缆索欠妥等故障的指示，以及就吊船安全着陆而采取的补救行动；

6）（如工作平台提供系稳点以系上安全带的悬挂绳）工作平台的图表，其中显示作上述用途的系稳物或固定装置的位置；

7）在工作平台上进行的危险工序，如电焊或使用易燃物品等工序的安全措施；

8）"停用"情况的程序。

（3）有关使用吊船的资料应该包括：

1）手动控制器的说明；

2）停机和紧急停机的方法；

3）在无电源情况下控制设备下降的方法和自动安全装置的说明；

4）检查的项目和次数；

5）临时吊船的平面图，其中说明锚定的规定和方法，以及临时吊船的架设和拆卸程序；

6）图纸及图解，以便维修人员进行实地维修、定期维修及预防性质的维修。

第三节　吊船的检查、检验及测试

一、由合格的人员检查（每天工作前进行）

1. 在每天工作展开前，所有悬吊缆索及安全缆索都应由合格的人员检查。这些缆索在未经使用前，应处于安全操作状态。检查应确保螺栓没有松脱或被移走，而所有连接物都完好无损。

2. 每部吊船在紧接使用前 7 天内都应由合格的人员检查。

3. 外观检查和实际检查的目的在于查看构件是否有以下的情况出现，包括异常的磨损、故障、漏油、过热、腐蚀、奇怪的噪声、错位、安装误差、表面的裂缝、过载、不正常的松脱或伸长以及过度振动等。应把在检查中发现的任何欠妥之处记录在维修日志中，随后应及时以有效方式补救。

4. 检查应该包括查看以下内容：

（1）吊重机械装置、钢丝缆索和吊环的任何明显欠妥之处；

（2）制动系统和自动安全装置的任何功能异常；

（3）外伸支架、吊臂架、插座、护墙钳和锚定装置的状况；

（4）电力电缆、控制按钮和插头的任何欠妥之处；

（5）救生绳、安全带和他们的系稳物的不当装配；

（6）工作平台的护栏及护板的状况。

5. 合格的人在检查吊船时，也应该按制造商的指示，就下列各项构件进行性能测试：

(1) 所有操作控制器，包括紧急停机装置；

(2) 通讯系统；

(3) 手动下降设施；

(4) 所有限位开关按钮；

(5) 所有电线及接地组件；

(6) 自动安全设备；

(7) 制动系统。

6. 在检查期间发现任何欠妥之处及功能异常，应该把这些情况记录在维修日志内。应该立即进行简单的修理，如旋紧螺帽等。如修理涉及吊船的强度和稳定性、驱动机械装置的效能和效率、电气设备的功能，以及各种安全装置的正常功能，应该停止使用该吊船，并把吊船送回维修承包商修理，再进行测试和彻底检验，然后才可以重新使用。

二、由合格检验员进行彻底检验（使用前的6个月内）

每部吊船应在紧接使用前的6个月内经合格检验员彻底检验，并取得该名合格检验员按认可格式发给的证明书，证明该吊船处于安全操作状态。检查内容包括：

1. 每次彻底检验吊船的目的是要找出主要部件的严重欠妥之处，以免他们导致工作平台结构、锚定系统、悬吊装置或安全装置发生故障。

2. 如可接近的话，应检验工作平台结构、锚定系统、悬吊装置及安全装置的所有主要部件，以查看是否有失灵、裂开、构件断裂、变形、腐蚀或过度磨损的情况。

3. 应仔细检验工作平台结构的构架、铺垫板、焊缝及其他接合处，以查看是否有腐蚀、裂开及一般损耗的情况。

4. 应彻底检验每条钢丝缆索（包括安全缆索）的整条长度，查看是否有磨损、损坏及腐蚀的情况，以确保缆索系统的安全。应特别留意隐蔽的连接及接近终端装配的缆索部分。

5. 检验以绞车操作的吊船时，应把工作平台降至最低水平，并应小心检验缆索的所有部分，包括仍卷在鼓上的部分。

6. 应小心检验锚定系统，包括外伸支架、锚定缆索、松紧螺丝扣、嵌入式有眼螺栓、锚定螺栓或其他屋顶固定装置或构筑物，以查看是否有腐蚀和欠妥之处。

7. 应检查滚筒和导向滑轮，看他们能否自由转动。

8. 如发现防松螺帽、扁销和其他锁定装置遗漏或出现欠妥之处，便应予以更换。应再把所有承重螺栓旋紧。

9. 应彻底检验每个绞车、爬升器和驱动机械装置的所有主要部件，包括在必要时调校所有制动器。

10. 所以电气组件及接地应由合格电气工人根据制造商的要求加以检查及测试。

11. 在必要时应进行无损测试，以决定或确定吊船系统的承重能力是否受到不利影响，以致必须立即进行修理，以及有可能需要减少安全操作负荷。

12. 应在最高安全操作负荷的情况下对下列装置进行功能测试：

(1) 所有操作控制器，包括紧急停机装置；

（2）手动下降设施；

（3）所有限位开关；

（4）自动安全设备；

（5）制动系统。

三、由合格检验员进行测试及彻底检验（使用前的 12 个月内）

1. 每部吊船在使用前的 12 个月内，应经合格检验员进行负荷测试及彻底检验。并已取得一张按认可格式的证明书，而该名合格检验员在该证明书内阐明该吊船处于安全操作状态。

2. 当每部吊船进行以下工作时：

（1）重大修理；

（2）重新架设，包括吊船移往另一地点后的架设；

（3）调校其任何构件，而该项调校涉及改变该吊船的锚定或支持安排；

（4）失灵或倒塌。

则该吊船应再次经合格检验员进行负荷测试及彻底检验，且应从该检验员取得另一张按认可格式的证明书，而该名检验员在该证明书内阐明该吊船处于安全操作状态。

3. 测试的规定

（1）每部吊船在进行负荷测试前，应由合格检验员进行彻底检验，以确保吊船适合进行所需的负荷测试。

（2）每部吊船应在安装地点进行负荷测试。

（3）测试吊船的试验负荷应为安全操作负荷的 150%。

（4）测试缆索、链条或起重装置的试验负荷至少应为安全操作负荷的两倍。

（5）凡测试钢丝缆索，应把缆索样本测试至损毁为止，而安全操作负荷不得超过测试样本的断裂负荷的八分之一。

（6）超载装置的功能测试应根据制造商的指示进行。所使用的超载量应该符合制造商的建议。

（7）每部吊船应在符合安全操作负荷的情况下进行坠落测试，以测试辅助制动器或自动安全装置能否在制造商指明的工作平台斜度停下和夹住负荷物。

（8）试验负荷测试、超载装置的功能测试及操作测试应在地面或接近地面或接近上下处的水平进行。在进行测试之前，吊船应由合格检验员进行彻底检验，以确保该吊船没有不安全的部件、失灵的装置或松脱的构件。

（9）在进行试验负荷测试、坠落测试、超载装置的功能测试及操作测试之后，吊船应由合格检验员进行彻底检验，以确保该吊船处于安全操作状态。

（10）在进行各项测试时，应确保没有任何人在进行测试的范围内。在测试期间，任何人都不得留在工作平台上。

四、证明书的展示及存放

1. 应把任何彻底检验或负荷测试及彻底检验的证明书或报告存放于安全地方，自吊船拥有人接获有关证明书或报告的日期起计算，为期 3 年。

2. 应把最近期的证明书或报告在吊船上明显地展示。

3. 如任何吊船停用，便应把最近期的证明书或报告备存于安全地方，自停用的日期起计，为期至少2年。

第四节 安全使用吊船

一、曾受训练的操作员及工作人员

1. 吊船操作员及在吊船上工作的人应满足下列要求：

(1) 至少年满18岁；

(2) 体魄强健、动作敏捷，没有恐高症；

(3) 曾接受处长认可的训练或该吊船制造商或其本地代理人所提供的训练；

(4) 已从提供该项训练的人处取得有关该项训练的证明书。

2. 吊船操作员及在吊船上工作的人的训练内容应包括下列各方面：

(1) 吊船的基本构造及系统；

(2) 运作特性，包括所有安全装置；

(3) 系稳物及悬吊系统；

(4) 适当使用安全带、独立救生绳，以及其他合适装备；

(5) 紧急应变程序及预防措施，以应付发生故障、安全装置紧锁、在发生电力故障时以人手降下工作平台、使用适当的通讯装置要求协助等的情况。

二、安全带及救生绳

1. 吊船所载的每个人都应获得提供一条合适的安全带及一条独立救生绳或合适的装配。每一安全带、救生绳及装配都应有适当的设计及构造，并妥善维修，以防止任何使用的人一旦坠下时受重伤。

2. 应该使用合乎国家标准规定的全身式安全带（图14-3），而不该使用一般用途的安全带。悬挂绳的钩应系稳至独立救生绳的绳夹盘或制造商设计的工作平台装配上。悬挂绳的钩该高于使用者的腰部。

3. 固定吊船所使用的独立救生绳应该妥善地系稳至天台装置的结构构件上（图14-4），并应独立于悬吊系统之外。

4. 不得使用工作平台的任何部分（包括其栏杆）来系稳安全带的悬挂绳。如果是每端各由两条悬吊缆索悬吊的固定吊船，安全带的悬挂绳可钩在制造商设计的工作平台结构构件的有眼螺栓上。如固定吊船是使用安全缆索及自动安全装置，则安全带的悬挂绳应系稳至独立救生绳上。

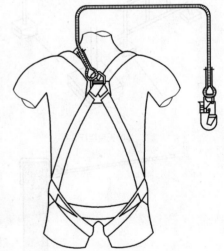

图 14-3 全身式安全带结构图

5. 所有临时吊船应使用独立救生绳把安全带的悬挂绳系稳。不应将救生绳系于天台装置的任何部件，包括外伸支架、护墙钳或任何衡重物上。救生绳应该系于钢筋混凝土横

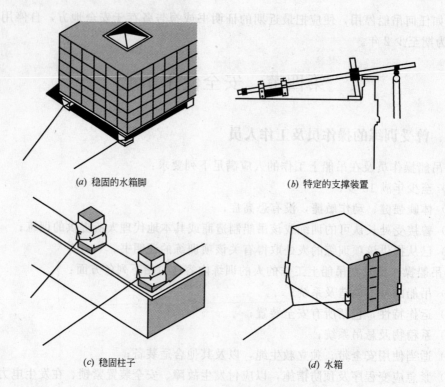

(a) 稳固的水箱脚

(b) 特定的支撑装置

(c) 稳固柱子

(d) 水箱

图 14-4 独立救生绳正确系稳方法

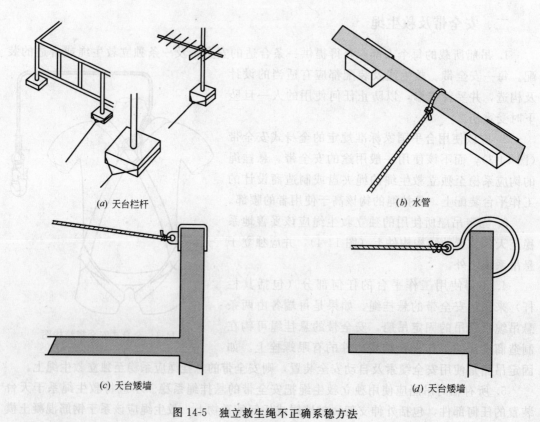

(a) 天台栏杆

(b) 水管

(c) 天台矮墙

(d) 天台矮墙

图 14-5 独立救生绳不正确系稳方法

梁或支柱、结构钢横梁或其他有足够强度的固定装置上。救生绳不该系于栏杆或临时棚架的任何构件、竹棚，或建筑物的任何一段水管、煤气管或排水管上（图 14-5），因为这些固定装置并非设计用以承受突然的振动或冲击力。

6. 给工作平台上的每个人提供一条安全带及一条独立救生绳。系于一条独立救生绳或有眼螺栓的悬挂绳。

7. 有下列形式的中英文告示应在吊船上明显地展示（图 14-6）。

载重 200kg
限载两人

吊船上的人员须佩戴安全带；安全带须系于独立救生绳或稳固的系稳物上；每日开工前须检查所有缆索

图 14-6 告示在吊船上安装位置

All wire ropes-shall be inspected prior to
commencement of daily work
每日开工前须检查所有缆索

Every person riding on a suspended working platform
shall wear a safety belt properly attached to an
independent lifeline or an appropriate anchorage
吊船上的人员须佩戴安全带；安全带须系于独立
救生绳上或稳固的系稳物上

三、安全使用吊船

1. 只有受过训练及获指示的人才可使用吊船。操作人员应使用适当路径进出工作平台。

2. 当在工作平台上进行电气焊接或切割工作时，应该采取特别措施，减少焊接电流流经悬吊缆索的可能及防止杂散焊接电流转移至悬吊缆索或安全缆索上，可能削弱这些缆索的强度或导致其断裂。

3. 当操作人员在工作平台上使用手提电器设备时，切勿从吊船的电源获取电力。应该由建筑物的独立电源供电。

4. 当操作人员在工作平台上使用易燃物品时，该易燃物品应该盛载于一个适当的容器内。应该在工作平台上提供合适类型的灭火器。在所有情况下，任何人都不得在工作平台上吸烟，或进行任何例如气体焊接工作等的明火施工。

5. 除铰式连续吊船外，所有工作平台在任何时间都该处于水平位置。铰式连续吊船的设计使其可用于斜坡上。应该向制造商查明这些工作平台可摆放的最大坡度，切勿超过此坡度。

6. 在两段工作时段之间要把工作平台停放或安置好时，应该将吊船的每端系至建筑物上，以防止吊船过度的移动。

7. 工作平台在任何时间都应保持清洁。所有在工作平台上或进出口处可能导致人员滑倒的物料应该移走。工作平台上不该储存任何物料。应该采取足够的预防措施，以防止物料及工具从高空坠下。

四、在恶劣天气情况下使用

1. 吊船不得在可危害其稳定性或对其上所载的人造成危险的天气情况下使用。

2. 如果风力导致工作条件恶劣，便应停止工作直至风力降弱。在强风情况下使用吊船，可对正在进行吊船工作的建筑物和悬吊工作平台的缆索造成损毁。如果附近一带正有雷暴、下雨或挂起强风信号，便不该使用吊船。

3. 吊船暴露于可能影响其稳定性的天气情况之后，应在切实可行范围内，尽快以及在吊船再度使用前，由合格检验员进行负荷测试及彻底检验。如经检验发觉系稳物、压重物、平衡系统或支持物不安全，则应采取步骤，确保该吊船的稳定性。

五、安全措施

1. 安全操作负荷及人数的标记
应在每部吊船的工作平台上清晰地标明：
(1) 该吊船的安全操作负荷；
(2) 每次可载的最高人数；
(3) 可分别该吊船及其他同类吊船的适当标记。

2. 吊船操作安全简介（张贴在吊船上）
(1) 吊船的安装须由获得授权的合格人员进行；
(2) 吊船须有防坠落安全系统，切勿妨碍此系统的运作；
(3) 吊船安装或移位后，须由注册工程师检验及试验，此外每星期也应由合格人员最少检查一次及每日开工前须检查所有缆索；
(4) 所有吊船工作人员须接受过操作吊船的训练及年满18岁以上。他们必须系好安全带，并将安全带扣系于独立救生绳上或稳固的系物上；
(5) 整套吊船设备须有良好的维修保养，而维修保养的记录须加以妥善保存。

3. 吊船操作须知

(1) 每日开工前须检查所有绳索；

(2) 不超载；

(3) 不可在吊船内架起梯子；

(4) 吊船最少两人操作，一人在天台上，一人在吊船内；

(5) 开工时，吊船上的人员须戴安全帽；

(6) 吊船上的人员须戴安全带，安全带须系于独立救生绳上或稳固的系稳物上；

(7) 在检查开动吊船时，应检查限位开关是否正常；

(8) 当在行人街道的上方操作时，必须在下面围上安全围栏，注意行人的安全；

(9) 若发觉吊船操作不正常，应立即停止操作及立即通知有关人士；

(10) 若遇台风、大雨或大风的天气不要使用吊船；

(11) 开工前必须呈交有效高空工作保险副本文件给管理处。

第五节　玻璃幕墙的保养

每次使用吊船作清洁玻璃幕墙或进行维修保养工作前，必须有合格人员签署吊船运作安全证明文件，否则属违法。当有关人员用完吊船后，管理公司应派员测试吊船有无故障、零件损坏及电源是否正常。待一切澄清妥善后，才能签署认收，避免日后双方有所争议。

玻璃幕墙须至少三个月至每半年由合格人员乘吊船清洁一次，中间有漏水或玻璃破裂时需要管理公司安排认可的承包商修理。通常发现玻璃幕墙漏水是在大雨之后，而破裂可能是商业大厦租户进行装修时不慎或其他问题所导致。管理公司最好主动作出适时的巡视与检查，避免租户受影响。每当新租户签约时，管理公司应注明玻璃幕墙的完整或有无花纹等情况，由双方签认，避免日后各执一词。

玻璃幕墙如有损坏时，应及时更换。由于玻璃幕墙的订购需要一段时间，玻璃幕墙损坏时需要临时用普通玻璃代替，待玻璃幕墙有货时才更换。每次更换玻璃幕墙时要争取用户的合作，搬空更换玻璃处附近的文件柜与杂物等，以方便有关人员进行更换工作。

还有一点要注意的是，遇有建筑工程在大厦旁边或附近进行施工时，大厦的幕墙玻璃很多时会受建筑的泥水污染，难于清理。管理公司应于建筑工程即将完成时尽快与其负责人接洽，追讨清理及赔偿责任。

第十五章　建筑及装修管理

业主和法团应妥善维修和保养自己的大厦，以确保安全。如因大厦失修而发生意外，伤及他人，业主和法团可能因此负上法律责任。

如发现结构性裂缝应给予重视。这些裂缝显示大厦或某部分结构正承受过大的荷载。一个结构承受的荷载超过其额定荷载就很容易倒塌。因此，如发现结构性裂缝突然出现、裂口扩大或有蔓延现象，应立即向屋宇署报告，并进行勘察，找出原因，然后修补裂缝。通常需要聘请一位建筑界专业人员，如注册结构工程师，以便找出造成裂缝的原因，然后评估对大厦结构的影响、建议和监督合适的修复工程。

第一节　建筑物结构介绍

一、建筑物基本类型

建筑物的类型多种多样，包括住宅、写字楼、商场、工业厂房或仓库等。概括起来建筑物可以分为民用建筑（包括公共建筑）和工业建筑两种。

在实际操作中，应掌握各种房屋的建筑结构，以便更好地做好物业的维修保养工作。这也是物业管理人员必须掌握的专业知识之一。

1. 民用建筑（包括公共建筑）

民用建筑包括住宅、商场、写字楼、学校、医院、车站、影剧院等。

2. 工业建筑

工业建筑指厂房、货仓、塔架、坑池、烟筒等。

二、房屋建筑结构分类

房屋建筑结构依据不同的标准通常可分为三种：

1. 按主要承重构件材料分类，可分为木结构、混合结构、钢筋混凝土结构、钢与混凝土结构、钢结构以及其他结构等。

2. 按结构布置情况分类，可分为框架结构、框架-剪力墙结构、框架-筒体结构、筒体结构、巨型（吊挂）结构等。

3. 既考虑承重构件材料，又考虑结构布置情况的分类方法。

例如：如果某座房屋的主要承重构件为钢筋混凝土，按结构布置情况属框架结构，则定名为钢筋混凝土框架结构。如果主要承重构件为型钢，按结构布置情况仍属框架结构，则定名为钢框架结构。

三、房屋建筑构造

房屋建筑构造一般是由基础、墙体、梁、柱、屋顶、楼地面、楼梯和门窗、阳台等部位组成。作为房屋完损等级评定时须鉴定的部位通常包括：

（1）结构部分：包括基础、承重构件、承重墙、屋面、楼地面等项目；

（2）装修部分：包括门窗、外墙抹灰、内墙抹灰、顶棚、细木装修等项目；

（3）设备部分：包括电气设备、给排水、空调及特殊设备（如消防设备、电梯）等项目。

第二节　建筑物安全管理

定期检验大厦可及早对大厦常见的损坏进行保养和修缮。管理公司或业主法团应聘请合格的建筑专业人士（如建筑师、工程师或测量师），协助筹划和推行计划详细的大厦维修保养计划。结构方面的修缮工程，须由根据《建筑物条例》注册的认可人员或注册结构工程师监督进行。管理及维修保养需要注意的事项包括：

1. 大厦构件

构件部分（支柱、横梁、地板、结构墙及悬臂式阳台及檐篷）如有裂缝、剥落、隆起、变形或钢筋有外露的情况，业主法团或管理公司须委聘一名根据《建筑物条例》注册的认可人员或注册结构工程师对上述情况进行检验，如有需要还须向建筑事务监督提交补救工程建议，以供考虑。

2. 外墙

（1）水泥抹灰、混凝土表面、墙砖或其他饰面及陶瓷锦砖如出现轻微裂缝、损坏、剥落、隆起或分离的情况，必须加以修缮，包括拆除已损毁及松脱的部分。

（2）窗檐、窗台、建筑装饰、空调机台架如出现轻微裂缝、损坏或剥落的情况或金属架锈蚀，必须加以修缮，包括拆除损毁及松脱的部分。

（3）如有任何潮湿或水浸，必须找出和消除问题的源头。受影响的墙壁饰面必须加以修缮，包括修补或更换损毁的墙壁饰面。

（4）损毁的护栏或栏杆必须加以修缮或更换。

3. 天台及平台

（1）清除大厦天台或平台的积水。修缮损毁的天台及平台楼板，并在排水斜面铺上饰面，方便排水。

（2）聘请防水工程承包商，改善已损毁的防水物料及伸缩缝，包括修缮或更换已损毁的物料。

（3）修缮或更换天台或平台范围内已损毁的栏杆、护栏或护墙。

（4）不得滥用天台或平台，也不得在这些地方放置过重的物品。这些地方也不可以有任何大型而对大厦的结构造成不良影响的附建物，也不可以储货用途。必须保持这些地方干爽和有适当的排水。

4. 地板及顶棚

（1）混凝土顶棚如出现轻微裂缝、剥落或隆起的情况或抹灰松脱，必须加以修缮，包括拆除已损毁及松脱的部分。

（2）地板饰面如有任何损毁，包括有凹陷或隆起的部分，必须加以修缮及修补，包括拆除损毁的部分。

5. 檐篷及阳台

不得滥用檐篷及阳台，也不得在这些地方放置过重的物品。这些地方不可以有任何附加物，也不可作储货用途。必须妥为保持这些地方干爽和有适当的排水。

6. 门窗

（1）修缮或更换已变形、生锈或损毁的窗框及门框。

（2）找出门窗附近有渗漏的地方并予以改善。如有需要，重新封好窗框与墙身之间的缝隙。

（3）修缮或更换任何损毁的玻璃窗和百叶气窗，包括油灰呈现硬化、玻璃压条损毁或脱落和玻璃破烂。

（4）修缮或更换任何损毁的门窗配件，包括绞链、拉条、扣件、闭门器和锁等。

7. 内墙

（1）混凝土表面如出现轻微裂缝、剥落或隆起的情况，抹灰或其他饰面松脱，必须加以修缮，包括拆除损毁及松脱的部分。

（2）墙壁表面如出现渗漏、水浸或发霉的现象，必须加以改善，并找出和消除问题的源头。受影响的墙壁饰面必须妥为修缮或更换。

8. 违章搭建工程

不得进行违章搭建工程或改动工程或非法盖搭构筑物，若发现应该立即要求业主拆除。

9. 防烟门及消防门的管理

（1）防烟廊、消防电梯大堂、楼梯、配电房和空调机房或同类危险装置机房的门，连同门绞、镶嵌玻璃和闭门器等必须妥加保养。

（2）这些门必须经常保持关闭。

（3）这些门不得予以拆除或换上其他较低耐火时效性能的门，例如普通玻璃门。

10. 火警逃生途径的管理

（1）住户防盗门不得向外开启以致阻塞出口路线（例如公用走廊、楼梯和后巷等）。

（2）公用出口地方的防盗门必须随时可以从内向外开启，不要使用钥匙，以便有紧急事件发生时可及时逃生。

（3）通往单独楼梯大厦天台的门必须随时可以从内向外开启，不要使用钥匙。

（4）防烟廊或楼梯不得安装抽气扇、空调机或同类的装置。防烟廊或楼梯围墙不得开凿孔口，供安装上述装置或装设门、窗之用。

（5）出口路线不得受任何违例搭建物（例如支架、壁架、壁柜和杂物房等）所阻塞。

（6）出口路线必须有足够照明，而所安装的照明设备必须妥加保养，确保操作正常。

11. 耐火结构的管理

（1）配电房和空调机或同类危险装置的机房墙壁必须保持状况良好，墙上不得开设没有防护的孔口。

（2）楼梯间的电缆竖井和同类装置必须以具有耐火性能的墙或管道围封。这些墙和管道必须保持完整无缺。如果设有检修门，则这些检修门必须具有耐火性并经常关闭。

12. 公共电讯和广播服务装置

（1）设于大厦公共用以接驳公共电讯和广播服务的电缆和设备的导线设施（包括导管、电线管、电缆托架、接线箱和设备房等连接时），须时刻保持良好适用的状况，并加以防护，以免受火灾、水浸及遭人恶意破坏等情况。

（2）电讯和广播服务导线设施的提供及使用，必须按照电讯管理局于1995年5月发出的《业主、物业发展商及管理公司就物业发展提供设施以连接公共电讯及广播服务的指引》进行，并符合该指引其后修订的各项规定。

13. 大厦安全检验计划

缺乏维修保养的大厦，便会出现许多的毛病，最常见的是渗水和外墙抹灰及混凝土剥落。这些欠妥现象在超过20年楼龄的大厦尤其显著。所以政府现积极推行大厦安全检验计划。此计划旨在预防上述各方面的问题。如果危险无法避免，政府也可及时发出警告。

（1）常见大厦欠妥之处

查看你的大厦可有这些常见问题，并安排建筑专业人员或注册承包商进行修缮：

1）抹灰或面砖松脱或隆起，周围并有裂缝，这些破损物料会随时脱落，危及公众安全。

2）混凝土剥落并有裂缝，这可能是由于潮湿、雨水、建筑材料质量欠佳、做工低劣或化学腐蚀所致。

3）混凝土出现深长裂缝及明显锈迹，这可能是由于超荷载、地基下陷不均、剧烈振动或混凝土浇筑不当所致。

（2）应采取的步骤

1）业主聘请建筑专业人员进行大厦安全检验；

2）建筑专业人士为业主准备报告，并向屋宇署提交副本以供审核；

3）屋宇署对所需修缮工程的范围提出意见；

4）业主聘请承包商进行所需修缮工程；

5）建筑专业人士发出完工证明书；

6）屋宇署考虑发出意见簿。

（3）业主受益

通过大厦安全检验计划：

1）可保持大厦的良好状况，减少老化及日久失修的影响；

2）住户及公众人员在消防安全及健康方面得到保证；

3）提高物业的出租及转售价值，并因此在大厦按揭及保险方面得到更多优惠。

第三节　　大厦维修管理

随着大厦使用年限的增长，大厦的结构会慢慢出现各类问题，小则影响物业使用者的健康，如果不加以理会，小问题可能变成大问题，使大厦变成危楼，危及人身安全。不论《大厦公契》及《建筑物管理条例》是否赋予业主法团的责任，业主为要确保大厦的价值，或是为了住户有一个安全舒适的居住或工作环境，保养及维修肯定是物业管理中的重要环节。在一般情况下，物业管理公司将负责这项工作。

大厦的维修工程可以通过招标，通过分包方式将大厦维修工程外包给专业维修公司。专业分包的维修工程管理要做好工程招标、维修工程设计、施工技术管理、合同管理、施工质量控制管理、工程的竣工验收、工程款结算管理，以及维修技术档案资料管理。

一、大厦完好程度的等级分类

根据各类大厦的结构、装修、设备等组成部分的完好程度等级，大厦的完好程度等级如表 15-1。

大厦完好程度等级的分类表 表 15-1

序号	等级	质量评定
1	完好	是指大厦的结构构件完好，装修和设备完好，管道畅通，现状良好，使用正常。就算个别分项有轻微损坏，一般经过小修就能修复
2	基本完好	是指大厦结构基本完好，少量构部件有轻微损坏，装修基本完好，设备及管道现状基本良好，能正常使用，经过一般性的维修能修复
3	一般损坏	是指大厦结构一般性损坏。部分构部件有损坏或变形，屋面局部漏水，装修局部有破损，油漆老化、设备管道不够畅通，给排水、电气照明和零件有部分老化、损坏或残缺。需要进行中修或局部大修更换部件
4	严重损坏	是指大厦年久失修，结构有明显变形或损坏。屋面严重漏水，装修严重变形、破损、油漆老化、设备破旧不齐全，管道严重堵塞，水电的管线、器具和零件残缺及严重损坏，需要进行大修或翻修改建
5	危险	是指大厦承重构件已属危险构件，结构丧失稳定和承载能力，随时有倒塌可能，不能确保住户安全的大厦

二、大厦维修管理的基本工作

1. 编制大厦维修计划、维修设计方案和施工组织设计。

2. 安排维修工程开工前的准备工作，包括使水、电、路通，并安排材料堆放、安置场地、确定施工方案等。

3. 制定合理的材料消耗定额和技术改进措施，在施工过程中进行经常的材料和技术管理工作。

4. 中修和更新改造工程要编制施工组织设计，组织均衡流水作业施工，并对施工过程进行严格质量控制管理和全面协调衔接。

5. 加强对房屋维修现场的管理。

三、大厦维修管理的程序和方法

1. 制订大厦修缮方案

以大厦勘察鉴定为依据，充分听取业主意见。

2. 落实大厦维修施工任务

根据年度维修计划和月度、季度施工作业计划落实施工任务。

3. 进行施工组织与准备

施工组织与准备是开工前，在组织、技术、经济、劳动力和物质等方面进行全面安排的一项综合性组织工作。

根据工程量大小和工程难易程度等具体情况，分别对大型维修工程编制施工组织设计，对一般维修工程编制施工方案，对小型维修工程编制施工说明。

四、维修施工组织准备

1. 勘察施工现场，了解包括电缆、煤气和给排水等地下管网的走向。
2. 准备经批准的维修工程设计方案和施工方案及图纸。
3. 安排材料及构件进入现场并保障供应，确保施工顺利。

五、维修工程进行期间的管理及验收

定期检查工程进度和质量，确定是否与合同条文一致。应清楚记录有关评估日期、工程进度、发现的问题及进度会议等，以作监察之用。

工程接近完成的时候，负责的工程顾问及承包商应共同检查完成工程的质量，并确定所需的补修措施。

第四节　拆除违例建筑工程

一、何谓违例建筑工程

《建筑物条例》规定，除非建筑工程属于《建筑物条例》所载明的豁免工程，否则，任何人如事前未获建筑事务监督的批准及同意，不得在任何私人大厦进行任何建筑工程（包括渠务工程）。因此，任何工程（豁免工程除外），凡事前未获得建筑事务监督的批准及同意便施行者，即属违法。

根据《建筑物条例》，未经批准而进行建筑工程属严重罪行，最高刑罚为监禁两年及罚款100000元。若持续违法，会被加判每日罚款5000元。

二、常见的违例建筑工程

1. 外墙及天台搭建物、铁笼、檐篷、花架、空调系统的支架、在平台及天台搭建的小屋及铺面伸建物等。
2. 室内改建、更改楼宇结构或用途而令楼宇受损或负荷过重、破坏防火规格、更改走火通道、拆除防烟廊，非法加建或接驳管道及安装不合规格的防盗门等。

三、违例建筑工程对环境的影响

违例建筑工程构成的不良影响，包括：
(1) 影响大厦结构，一旦倒塌可能伤及他人；
(2) 可能渗水或阻碍阳光及空气流通，有碍健康及对公众人士造成不便；
(3) 可能阻塞防火通道或降低墙壁耐火功能，万一发生火警，会造成伤亡；
(4) 除了有碍观瞻，其上盖可能堆积垃圾，影响环境卫生；
(5) 可能会阻碍楼宇的日常保养维修和大规模修缮工程，影响大厦管理。

四、业主有责任确保没有违章搭建物

（1）业主有责任确保其物业管理维修正常，且无任何违章搭建物，以免对住户和公众构成危险；

（2）查核现存建筑工程有否违章建筑，可由建筑专业人员代劳，也可查阅存于屋宇署的核准建筑图纸和施工记录；

（3）为确保物业安全，屋宇署会发出法定命令，命令业主在指定期限内，拆除其物业范围内所有违法或危险搭建物；

（4）业主应随即安排聘任建筑专业人士进行视察、拆除及维修工程；

（5）法定命令通常发给楼宇的注册业主。如涉及楼宇的公共部分，则发给所有业主，若大厦已成立业主立案法团，便发给该法团。

五、清拆违章搭建物的施工安全守则

（1）所有工程均须由合格且具备丰富经验的专门承包商进行；

（2）选择工程承包商时，除了考虑工程报价外，也应同时留意承包商是否有足够的施工安全措施；

（3）敦促承包商遵守有关建筑工地安全规定，对保障工人的安全提供适当的安排；

（4）如果发现承包商在施工过程中，出现可能危害工人的不安全的情况时，可与劳工处职业安全行动科职员联络；

（5）承包商也应遵守由劳工处发出有关从违章建筑拆除的，含有石棉的物料时，保障工人和市民的安全措施；

（6）有关棚架规划、搭建、保养及拆除方面的安全规定及建议，应参阅劳工处制订的《棚架工作安全守则》。

第五节　装修及搬家期间的管理

在任何情况下，大厦外墙、结构混凝土墙和横梁均不得更改。装修工程必须符合《建筑物条例》的规定。业主须确保在进行装修工程时，不会影响大厦的结构或对其他业主造成滋扰或损害。业主须遵守大厦公约中有关装修及改建工程的规定。

1. 业主进行室内装修时应注意的事项

（1）室内装修工程不得影响大厦的结构及公共设备，也不得对其他业主造成滋扰或损害；

（2）大厦外墙及窗户不得更改，以免影响结构及外观。

有关装修工作的具体事项，请参阅大厦“装修指引”内的细则。该指引会连同“业主手册”一起派发给业主。任何有关装修工程的问题，请向管理处查询。

2. 装修承包商

业主可自行雇用装修承包商或管理公司“认可装修承包商”名册的公司。

若装修承包商对公共地方或设备造成损毁，业主须负责向大厦赔偿损失，因此，业主应雇用信誉好的承包商进行装修。

为保证安全，业主须先向管理处领取装修表，填报所雇用的承包商资料。待管理处向承包商发出装修人员通行证后，承包商才可进行装修工程。通行证式样如图 15-1 所示。

业主应督促承包商遵守管理处制订的规则，并注意下列事项：

（1）勿在公众地方放置建筑及装修材料；

（2）勿将混凝土、沙石、瓦片或杂物倒入厕所或排水渠内；

```
┌──────────────────────────────┐
│        装修承包商工作证         │
│                        ┌──────┐│
│ 承包商：_____       │      ││
│ 姓名：_____       │ 照片 ││
│ 如有查询致电_____     │      ││
│ 与管理处查询            └──────┘│
└──────────────────────────────┘
```

图 15-1　装修承包商工作证

（3）搬运家具或装修材料时，切勿损毁电梯、走廊、顶棚、墙壁及其他公众地方或设备；

（4）将所有装修废料、泥头、杂物搬往管理处指定的收集站，以便清洁工人搬走。

3. 装修工程的安全

（1）高空工作必须配戴安全带并扣在稳固锚点；

（2）使用油漆、胶浆、香蕉水、防水或防漏物料时，必须保持空气流通及远离火种；

（3）切勿在工地吸烟，以免发生火灾；

（4）电动工具及焊机必须合格，用合格插头连接电源；

（5）打磨、钻孔及使用射钉枪时，必须戴上护眼罩；

（6）搬运物料时应量力而行，大件或笨重物料应两人合力搬运或用机械辅助，切勿弯腰抬举重物；

（7）保持工地整洁；

（8）此外，雇员必须与雇主及其他人员合作，共同遵守各项安全条例及守则，不能有危害自己或他人的行为。

第十六章　大厦渗水的处理方法

大厦出现渗水，毗邻住户应合作找出原因。外墙失修、上层排水系统或水管损坏、屋顶的防水层破损都可能引起大厦渗水，有大厦渗水会影响大厦结构。有关住户可通过工程承包商、食物环境卫生署的分区环境卫生办事处或其他有关政府部门协助，找出原因，从速修理。

第一节　渗水的原因

大厦在很多时候都会遇到渗水问题，渗水问题往往会产生很大的困扰。因为不明白渗水的原因，给我们日常生活构成很大的不便。下面介绍几种渗水的原因，供参考。

1. 单位渗水原因

单位渗水经常对下层的住户造成滋扰，虽然知道水向下流，但要准确找出渗漏源头，并非易事。渗水的可能原因如下：

（1）楼上、毗邻或本身的排水管漏水；

（2）楼上、毗邻或本身的给水管漏水；

（3）楼板防水层或浴缸封边残损；

（4）污水或雨水经由天台或外墙渗入。

2. 顶棚渗水成因

顶棚出现渗水的原因很多。一般都是由于上层排水管渗漏，导致下层顶棚出现渗水的情况。

受影响的住户最好能找水暖工详细检查，如有需要，应征求上层住户的同意，容许进入进行测试。

3. 常见渗漏问题及原因

见表 16-1。

常见渗漏问题及原因　　　　　　　　　　　　　　　　　　　表 16-1

序号	渗 漏 部 位	可 能 原 因
1	天面（如天台、平台、天井）的底层渗漏	（1）防水层受破坏或老化； （2）通道门或机房顶盖门出现漏水； （3）天面钢坑板（作防水用途）及接缝处的材料老化； （4）围封水箱内层的材料出现损毁； （5）天台周边护墙有裂缝，影响防水层； （6）通过天台楼板的套管没有足够保护或装置不当； （7）建筑接缝处移动过大
2	室内地方的顶棚渗漏	（1）楼上的浴室或厨房漏水，通常因水管接管或接合胶材料安装不当、破损或出现裂缝，导致卫生设备、浴缸、淋浴盆、暗装水管或排水渠出现渗漏； （2）楼上地面防水层没有妥善安装，或因安装电气插座、地下埋设管线而导致防水层的损毁； （3）阳台或外墙的防水材料出现问题

续表

序号	渗漏部位	可能原因
3	墙壁渗漏	(1)水从外墙的破损地方渗入,例如裂缝、接口、蜂巢状混凝土脱落位置、破孔、针孔或损坏部分、残留在外墙内的垃圾残屑导致的缺陷或因外墙组件的移动产生的缺口等; (2)外墙饰面出现破损,令雨水从外渗入,如陶瓷锦砖松脱、瓷砖及漆面有裂缝、外墙覆盖层或玻璃幕墙手工欠妥或抗水组件效能不足等; (3)水沿着大厦之间共用墙或在预制构件之间的裂缝渗入
4	地面渗漏	(1)因水管或卫生洁具破损; (2)暂时性的水浸或溢流; (3)浴室设备,如浴缸、淋浴盆、洗手盆出现的问题,或水管、防水接合胶安装不当
5	窗户渗漏	(1)窗框的封边物不当; (2)窗框及窗扇变形或固定玻璃及窗框的垫圈、防漏胶或填缝料出现问题; (3)空调机槽位或其混凝土平台向内倾斜; (4)空调机四周的防漏胶不足够
6	地库渗漏	(1)防水层不足或受损(可能因结构移动或破损造成); (2)建筑缝或伸缩缝的防水装置老化
7	埋设管道、地下渠道或水管渗漏	(1)因安装不当或不同大厦结构部分移动、基础沉降不同、地下水位变化而令接口或水管出现破损; (2)地面或墙壁接口位的水管生锈; (3)水渗入地下水管,从而分流到其他地方; (4)因管道堵塞而令水压大幅上升,加大了漏水爆裂的机会; (5)被害虫或植物根部破坏
8	外露(或在管道槽内)的水管或排水渠渗漏	(1)排水渠设计考虑不周,如直径或宽度不足弯位太急等; (2)垃圾或泥沙在弯管累积使渠道堵塞; (3)供水管托架数目不足或老化,水管受压时发出捶击声或破裂; (4)植物或垃圾堆积,排水管的接口漏斗堵塞; (5)违法私搭乱建,排水系统负荷过大

第二节 查找渗漏的方法

雨期后家居渗漏的地方常见于窗台、窗框边缘、顶层天台和阳台等。治漏前必须找出漏水源头,传统验漏方法离不开肉眼观察、听声检查(水管水压声变化)、湿度量度或色粉测试,不过这些方法准确度不高。很多时须使用特别的探测仪器或染色剂来追踪漏水源头,收集样本作分析,在可疑的渗漏源头或其他特定位置进行测试等,都是找出渗漏原因的常用做法。整个过程所耗时间可能较长,需要各方的耐性及合作。

1. 自行检查给水系统漏水的方法

自行检查给水系统是否漏水可按以下方法进行:

首先,将所有水龙头关紧,然后观察 30min,查看水表度数的最后一个数字是否转动;若该数字有转动,便显示屋内水管有漏水的问题,因为当所有水龙头关紧后,水表的流量记录转轮应停止转动;在这情况下,你需要立即雇用注册水暖工把有关的屋内水管修理妥当。

由于此方法未必能探测到非常微量的漏水,应聘请注册水暖工做彻底检查,以避免有关的情况恶化。

2. 单位渗漏的查找方法

当排除是自己的水管漏水后,你可跟楼上或毗邻的住户商量,要求进行检验,若有需要，可聘请建筑专业人士或持证水暖工，代为鉴定渗水原因，并加以修理。检查单位渗水方法如下：

(1) 首先与上层或毗邻的住户联络，追查渗水原因；

(2) 在大部分的情况下，最佳的处理办法是由漏水的业主请建筑专业人员或持证水暖工找出渗水原因，并加以修理。不过，由于有时很难确定渗水原因；

(3) 如怀疑渗水的原因是排水管渗漏，若你在管理公司的协助下仍无法与邻居解决渗水问题，你可致电食物环境卫生署的热线寻求协助；

(4) 如怀疑渗水的原因是给水管渗漏，可致电水务署热线投诉。水务署会采取行动，截断漏水住户的给水。不过，大部分渗水案件（95%）都不属于这类；

(5) 若邻居拒绝承担修理的责任，你可与律师商讨是否提出民事诉讼。

3. 使用分析仪器查找渗漏的方法

近年流行用红外接收传感器探测漏水源头，很多人误会红外线能穿透墙身，探测混凝土内湿度，其实传感器靠接收探测表面温度来验漏，工作原理是混凝土内水形成低温带，传感器拍摄出来的热能图片，就会显示出墙身渗水异常低温范围和渗漏的路径；颜色愈蓝，温度愈低，湿度愈高，即表示该位置渗水较严重。

若怀疑外墙渗水，可在晴天照一次红外线热能图像，下雨后待第二日晴天时再拍摄另一张，比较两张图像，若雨后水渗入墙内，湿度增加时，图片蓝色低温位置会扩散或变得愈深色；若渗漏位置接近水管时，未能清晰分辨水源，可在水管内注入热水，若是水管渗漏，热能图片中就会出现红色高温带地方，渗漏原因便可分辨出来。

利用温差变化，红外线传感器能同时勘察外墙混凝土剥落松脱的问题，由于混凝土松脱有间隙，内藏热空气，热能图片便可显示出红色高温带。利用红外接收传感器探测漏水的最大好处是勘察外墙不用搭棚架，可在远至300m距离接收，并不会污染水源；更可及时看到测试结果，有热能图像作记录，方便日后索赔时作证词。

不过，红外线热能测漏也有限制，测试受天气情况影响，下雨时全幅墙表面湿水，不能进行测试；另外塑料、金属或玻璃幕墙吸热散热快，无法显示热能温差，这些地方渗漏便无法测试；如怀疑渗漏地方被其他东西阻挡或隙缝太窄，无法将传感器放入拍摄。

第三节　渗水的维修方法

目前有很多渗水问题的勘测技术及维修方法，当渗水的原因并不明显或不易确认的情况下，应咨询专业人员意见。以下介绍几种大厦渗水问题的维修方法。

一、窗户常见的渗水问题

1. 窗户本身的问题

窗户因直接与外界环境接触，又需要经常开关，一般是大厦外墙中较脆弱的一环。业主如发现玻璃出现裂纹，应立刻更换。

有些窗户本身可能因生锈或者因为其他原因导致弯曲或变形，便会导致渗水。传统的钢窗通常因窗框锈蚀或固定玻璃的油灰或接合剂脱落或老化而出现问题。现在大多数大厦都采用铝合金窗以取代钢窗。

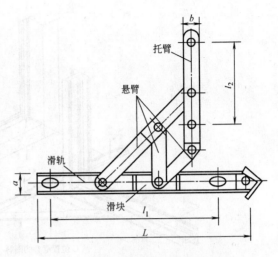

图 16-1　铝合金窗四连杆窗铰结构图

　　安装铝合金窗涉及不同的组件，如铆钉、螺丝、窗绞等，这些组件均容易损坏，须定期维修及保养。铝窗的窗铰结构见图 16-1 所示，有摩擦力的开关窗铰（即一般铝合金窗的四连杆窗铰）是窗户的精细部分，需要经常留意，避免尘埃积聚，妨碍滑行。有需要时可加上少许润滑剂，以减低移动部分的摩擦力。但加的润滑剂不可过量，否则，摩擦力会完全消失，移动部分便无法固定，容易发生问题。若窗绞缺乏维修或保养，窗铰可能会变得过紧，铆钉容易松脱或螺丝出现锈蚀，其寿命将会大大缩短，过力推开窗户或遇过强风，窗扇可能会变形或容易飞脱，给公众构成危险。

　　如果变了形的窗扇或窗框是导致漏水的原因，应立刻更换。

2. 铝窗保养及维修

　　香港曾发生连串铝窗松脱意外，窗框由高处堕下使行人受伤，已引起社会广泛的关注。铝窗松脱或大厦外墙有混凝土剥落造成人命伤亡或财物损失，楼宇业主可能要负法律责任。

　　楼宇业主有责任为其物业内的窗户进行定期检查及适当维修。一旦窗户出现下列情况，业主应立即进行检查和维修。

　　（1）窗户开关不顺；

　　（2）窗铰松脱；

　　（3）固定玻璃的铝边脱落；

　　（4）窗扇或窗框变形或不稳固；

　　（5）玻璃破损或有裂缝；

　　（6）窗扇的锁闩把手不能正常开关。

　　除了适时维修外，业主应正确使用铝窗，并定期清理窗铰上的灰尘及加添润滑剂。窗扇绝不能用来悬挂任何物品，以免增加窗绞的负荷。

　　铝窗检查应重点注意以下问题（图 16-2）。

　　（1）用作承托窗扇的顶部及底部窗铰"拉钉"是否有松离情况；

　　（2）用作锚固窗铰于窗框上的螺丝是否牢固；

　　（3）窗扇的顶部及底部窗铰是否有变形及有不稳固现象；

　　（4）窗铰过紧令窗扇开关不顺畅；

　　（5）窗扇的锁闩及把手是否有效，窗扇是否正常关闭；

　　（6）固定玻璃的铝条是否有松离情形；

　　（7）窗框防水胶边是否在关闭窗扇后紧贴窗扇。

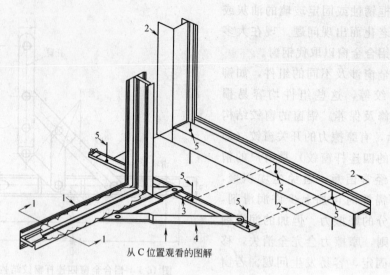

从 C 位置观看的图解

(a) 铝窗安装示意图

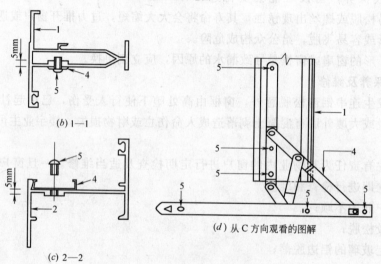

(b) 1—1

(c) 2—2

(d) 从 C 方向观看的图解

图 16-2　铝窗安装方法图

1—窗扇；2—窗框；3—铜片；4—窗铰；5—螺丝

3. 窗框边的防水胶边问题

　　大多数的铝合金窗框边和墙身的接口地方，都会有一条防水胶边用作防水作用。如果这些胶边做得不好或因日久而老化，便会导致渗水情况。因此这些防水胶边是需要定时更换的。可采用以下措施来改善窗框与墙壁之间出现的漏水问题：

　　（1）更换有问题的材料，改用防水砂浆；

　　（2）窗框与墙壁接口有凹的地方，用胶粘灰泥或防水胶封好窗框四周；

　　（3）设于外墙的窗台应微微向外倾斜，以防雨水积聚，在窗沿顶部上的外墙饰面应有一条滴水线，使沿着外墙流下的雨水流走；

　　（4）在室内，可以用合适的材料注射填补窗框四周的裂缝。

　　如漏水是在框架各组件之间的铆钉接口出现，应检查接口的填缝料，如有需要应重新填补。

4. 处理窗台渗水方法

以下是一些检查渗水窗台的步骤及处理方法：

（1）先检查窗框与外墙墙身之间有没有缝隙、裂缝，若有发现就必须将其完全密封。以往的窗框多数用桐油灰填隙，现在一般是使用玻璃胶。

（2）为了使关窗扇时能完全密闭，窗扇有一条软胶围边，检查这软胶边是否完整，若是烂了就要更换。

（3）当窗关闭时，检查窗扇四边是否紧贴窗框。若窗扇与窗框之间依然有空位，先检查软胶边有没有被压实，再检查窗框的边缘和窗铰的活动部位有没有杂物、沙石阻碍，没有的话就是这个窗的结构出现了问题。这种情况下住户很难自己解决，可尝试在有空位的窗边上加一截海绵或许能有改善，否则，应安排专业人员维修。

若是窗台的墙身渗水，住户没什么其他办法，也可在天晴时，在渗水的地方刷几层防水油漆，也许可以暂时解决问题，下雨时应多留意此位置。

二、常见外墙渗水问题

大厦外墙的附加物，例如屋檐、装饰线条或浮雕、伸出物、建筑构件、空调机、檐篷、阳台、晾衣架及外层保护物等，通常是悬臂式结构。虽然这些组件在设计上已考虑到其特殊情况，但若欠缺保养维修，自然风化仍会侵蚀其结构，缩短其使用年限，引起严重的倒塌意外，尤其是这些意外发生前可能并无征兆。

悬臂式结构需要密切监视，主要原因为：

（1）这些结构易受风雨侵蚀，或因违章建筑而变得脆弱；

（2）一般混凝土的结构，主要钢筋都放置在近底部的位置，但悬臂式结构的钢筋通常放在靠近顶部，而该处正是裂缝经常先出现的地方，因此，一旦顶部防水层厚度不足或因裂缝而撕裂，水容易从外渗入，令钢筋锈蚀。锈蚀会减少钢筋的有效横截面面积而减低其负荷能力，引发突然倒塌的意外。

除了在平台位置的檐篷外，其他附加物一般较小，且单薄，但数目却很多，其所需的监视巡查工作并不简单。因此，业主或管理公司应分配足够资源，作定期巡查及维修，以防它们从高空坠下，构成危险。

要检查大厦外墙的损毁，一般可利用单位住户的窗户和阳台。住户如发现大厦外墙有损毁，不论这些损毁是否在本身或其他的单位外，均应立刻通知管理公司或法团，以采取实时行动。

1. 常见外墙渗水问题

（1）有些裂缝可能是很小的，有些甚至是在外墙外面才可看见，在室内是看不见的。但这些小裂缝会导致雨水从墙身渗进屋内；

（2）抹灰及主墙间鼓起或表层剥落；

（3）外墙饰面损毁或脱落，令墙身失去保护，不能抵御雨水直接落在墙身上而加速渗透；

（4）混凝土剥落或外露钢筋；

（5）金属部分出现锈蚀；

（6）霉菌或植物生长造成损毁；

（7）建筑构件间出现渗漏现象；

（8）附加物锈蚀或松脱。

2. 外墙渗水维修方法

（1）在外墙的裂缝注射化学灌浆，先凿开裂缝，然后用防水沙浆填补。

（2）首先清除墙壁的漏水地方，如穴孔、蜂巢状混凝土、尘埃及杂质，然后再用合适的防水材料填补。

根据漏水源头的位置，修补工程可在室内或室外进行。敷上修补沙浆或注入化学灌浆后，表面应再作打磨或加上抹灰，然后铺上相配的饰面。如有需要可在沙浆或灰中加上添加剂，以加强其防水功能。

3. 使用追水剂补漏方法

追水剂对水分有极度的敏感。它是单组分聚氨酯的防水灌浆材料。液态状的追水剂与水分接触后便会立即起化学作用，经过两分钟，追水剂便会膨胀变成发泡状态的固体。在膨胀的过程中同时也将混凝土里的空隙填满而完全终止漏水现象。

（1）施工方法如下（图16-3）：

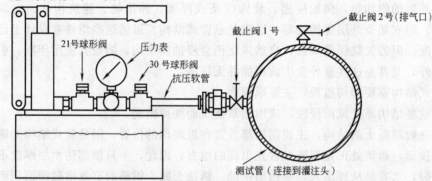

(a) 压缩机结构图

(b) 注射追水剂方法

图16-3   使用追水剂维修墙体裂缝方法

1）在有漏水裂缝的混凝土位置钻孔；

2）插入灌注头；

3）连接压缩机加压灌注追水剂。

在追水剂中添加催干剂是加强催化及使化学作用更加完善。

（2）追水剂特性

1）与水产生化学作用，可以在漏水状况下施工；

2）低黏度，容易渗透入混凝土细隙里；

3）膨胀发泡，能填满所有混凝土空隙，阻止漏水；

4）无毒性，不燃烧。

（3）追水剂用途

最适合灌注在各种类形混凝土里，包括：

1）新承建混凝土蜂窝、裂缝；

2）维修漏水混凝土、窗边、顶棚、墙身；

3）维修隧道、地库等。

三、天台常见的渗水问题

解决屋顶渗水问题的最稳当做法，就是更换全部老化或破损的防水层。如只做局部修补，则效果通常不会持久甚至未必能解决问题。

1. 防水材料的种类

香港一般常用的防水材料可按其施工方法分为两种：涂料（流质）式及铺盖（膜状）式。某些防水材料可抵受风雨侵蚀及阳光暴晒，另一些则需要水泥抹灰或砌砖饰面保护；有些材料则较具弹性，适用于有较大伸缩移动的天台结构上。这些防水材料的使用期由5～20多年不等。质量是防水工程效能的重要因素。下列是须注意的事项：

（1）天台需要有足够的斜度（流向排水位），以防止积水；

（2）防水材料厚度要适宜，太薄会容易损坏，太厚则缺乏伸缩性，容易被拉破；

（3）防水材料之间的搭接部位要有足够的互相重叠及必须完全融合；

（4）防水材料在碰到护墙及其他墙壁、突出管道及尖角都是容易出现问题的地方，施工时要特别留意；

（5）防水材料在碰到排水孔时，应向下弯盖收口；

（6）避免在防水层上面装置重型或会振动的器材。

防水工程是否有效很大程度上取决于其材料的完整性，有没有被如空调系统的冷凝器、违章搭建物、支撑管等破坏，平时应多加注意。

2. 局部修补

采用局部铺设材料的方法，则必须能准确地找出渗水源头（如小孔）；而维修材料也必须与正在使用的材料兼容。最重要的是新旧防水材料之间必须重叠和粘合妥当。另外，补修后的楼面也应有足够的倾斜度，以尽量防止积水。一般来说，局部修补一般都比全部更换防水层的做法效果差。

3. 测试

在铺设防水材料后，可进行浸水及红外线测试，以证明其防漏功能。

4. 保用期

工程完成后，承包商应提供书面保证，承诺在双方协议的期限内为材料及工程质量提供保用证明。证明应清楚地列明承包商对不同的漏水情况所须负的责任，以及如在保用期内漏水，也须负责因修补而对饰面造成的损毁。

5. 选择承包商

业主在选择防水工程的承包商时须特别小心，应考虑该承包商在行内的声誉及经验。

6. 小结

目前，市面上也有其他不同的补修方法，例如在混凝土表面加上化学添加剂、注射化学灌浆以填补裂缝及孔隙等。这些方法只属暂时修补措施，通常是在楼上住户或天台业主不合作的情况下才使用，因工程可以直接从受影响住户的房间内进行。但由于没有根治漏水的源头，这些方法的效果通常不能持久，因水仍会从其他地方渗出。

四、浴室、厨房或阳台地面常见的渗水问题

浴室、厨房或阳台地面出现漏水，应先找出原因，然后才进行修补工程。若漏水纯粹因为排水系统的组件，如洗涤盆、洗手盆或浴缸底的存水弯管出现松脱而造成，则只需进行简单的维修工程。但若发现漏水源头是水管破损，就需要聘请持证水暖工更换破损部分。

1. 渗水原因

较常见的漏水原因是厨房或厕所等地方的浴缸、洗手盆、洗涤盆周边的防漏胶破损或地台的防水系统出现问题。防漏胶的问题比较容易解决，只需重新敷设相同的材料便成。常见的原因有：

（1）因为楼上单位的厨房或厕所的地面可能长期积水，而地面的防水性能又不足，甚至有小裂缝的出现，便会导致下层的顶棚出现渗水情况。建议不要进行局部修缮，而应重新铺设整个防水层。

（2）暗装的给水或排水管漏水，是会引起较大量的渗水情况（尤其是给水管，因为里面的水是有水压的）。排水管的渗漏一般都是在接口部位出现问题或者是因为水管老化或生锈而引起问题。

（3）阳台常因大雨或因排水口被垃圾堵塞而出现积水，则地台的防水系统必须有效，才能确保楼下住户免受滋扰。

（4）如以上渗水问题在屋内其他地方出现，可能因楼上曾进行改动，使厨房及厕所移位。如遇上这些情况时，需特别留意。

2. 修补方法

（1）在漏水地面重铺防水层之前，应先拆除所有卫生设备，使整个地面都能铺上防水层。

（2）防水层一般用防水砂浆抹灰或其他相同功能的材料。防水砂浆抹灰应铺砌上墙脚部分，而面层应有足够斜度倾向排水口，以避免积水。

（3）卫生设备应安装在防水层上面，不可穿过防水层。浴缸或淋浴盆下的地台表面应有足够的向外倾斜度，以避免水聚集在难以察觉的地方。所有浴缸或淋浴盆与墙上饰面之间应使用合适的防漏胶封妥。

（4）墙身瓷砖应用水泥砂浆全面铺上，而所有接口位也须用防水砂浆封好。大理石之间的缝隙应用有弹性的防漏胶封好，以防止日久出现的轻微移位导致裂缝的出现，让水渗入构成滋扰。

（5）重铺地面瓷砖后，瓷砖之间的夹缝应用防水水泥封好。

（6）若发现漏水是因为埋设于墙身或地台内的水管造成，应考虑将埋设的水管更换成明管，以方便日后维修保养。

五、水管常见的渗水问题

为了找出漏水源头，有时可能要挖掘，使管道露出，以便进行检验。除此之外，也可以用先进仪器探测及确定漏水源头。出现漏水的水管应整节更换。理论上维修工程不应产生更多可导致漏水的问题。已修补的水管应先进行压力测试，确保所有接口部位没有渗水问题。

给水管因经常受到高压和振动的影响，时间长了，出现问题的机会就会加大。热水管由于要承受较大及频繁的温差，会比较容易出现问题。业主决定进行大型维修时，应考虑将这些水管重新铺设于地面上，或将水管安装在设有活动板的沟槽或管道内，方便检查及修理。

穿过墙壁和楼板的水管应用套管妥善保护。若套管和水管之间的整段隙缝没有完全用合适的防水材料妥善封好，则很容易成为漏水的问题。封边材料应有弹性或按需要同时具防火功能。

六、渠管常见的渗水问题

应更换有问题的渠管部分，并将其稳固在外墙或地上。若大厦比较残旧，应聘请建筑专业人员进行评估，考虑是否需要更换全部渠管，长远来说，可能比频繁的维修更合算。

1. 地下沙井

沙井口的位置应无障碍物，以方便进行定期的保养。它们不应被地台饰面、花槽或家具阻塞。

设置在车道上的沙井，如设计不恰当，车的重量可能使沙井盖或甚至整个沙井出现下沉或损毁。如发生这样的情况，应另外建造一个承重力较强的沙井。

2. 地下渠管

直径 100mm 或以上的地下渠管，可用闭路电视进行检查，透过扫描，可以显示出整条渠管是否有裂缝、漏水或其他损毁，从而安排相应的修补工程。

3. 渠道堵塞

渠道如有轻微堵塞，通常可使用高压喷水器或用通渠器处理。假若情况严重，如因水泥或其他沙泥杂物凝固或积聚而令渠管严重堵塞，则可能需要凿开及更换有问题的部分。

第四节　处理渗水投诉的程序

渗水投诉会由食物环境卫生署（食环署）、屋宇署及水务署负责，有关部门会按各自的职权范围采取行动。

一、食物环境卫生署处理渗水投诉的步骤

所有投诉案件会先交由食物环境卫生署调查。食环署会到场凭肉眼检查及进行色粉测试，以确定渗水来源。如排水或废水管道的渗漏情况影响卫生，则该署会根据《公众卫生及市政条例》采取行动，向业主发出通知书，要求采取补救措施。如食环署未能确定渗水来源，则案件会转交屋宇署或水务署作进一步调查。屋宇署会处理涉及楼宇维修欠妥或被非法改动的案件，而水务署则处理给水管渗漏的问题。

二、屋宇署处理渗水投诉的步骤

屋宇署收到食物环境卫生署转来的渗水投诉后，会到场视察确定渗水来源及评估受影响的结构是否出现问题。如发现楼宇欠妥或有证据显示渗水是因楼宇被非法改动所致，则屋宇署可能会向有关人士发出劝谕信或法定命令，要求他们采取补救行动。但楼宇欠妥的情况较难单凭肉眼检查，虽然如此，屋宇署仍会向怀疑为渗水源头的业主发信，请他们进行适当调查及采取补救行动。

三、水务署处理渗水投诉的步骤

水务署收到食物环境卫生署转来的渗水投诉后，会先从水费单及数据系统调查最近的用水量是否有突然增加的情况。如有需要，水务署会到场视察，除以肉眼检查外，职员也会测试水表以检查水管是否有渗漏。如发现渗漏，水务署会要求用户采取适当的补救行动。

四、邀请顾问公司

要确定渗水来源十分困难，因为色粉及水表测试只适用于渗水情况严重的案件。而楼宇欠妥的情况，如防水层破损常因其被遮盖，要凭肉眼检查并不容易。为解决问题，可邀请顾问公司，就如何确定渗水来源及解决问题的方法提交建议书。

第十七章　斜坡安全

在香港的气候条件下，日久失修的斜坡和挡土墙，状况会不断变坏，甚至有可能倒塌，造成伤亡或财物损失。若发生这类意外，市民会蒙受损失，业主也可能需要支付大笔费用来修缮斜坡或挡土墙，使符合安全。

为防止斜坡及挡土墙的状况变坏，定期维修是很重要的。本章主要介绍一些必要的检查及维修斜坡工程的方法，使斜坡及挡土墙维持良好状态。这类维修工作，也可减低那些不符合现时设计及建筑标准的斜坡与挡土墙倒塌的可能性。

业主须负责修缮斜坡，以及进行斜坡勘测和斜坡维修。业主不但须负责其所属范围内的斜坡，同时也须对位于其发展计划或属其发展计划一部分的斜坡及毗邻土地负上维修责任。如该斜坡或土地对其发展计划有潜在危险或土地契约有规定，则他们也须履行维修责任。

第一节　斜坡维修管理

一、维修责任

在香港，业主或负责该大厦的管理公司须负责维修斜坡及挡土墙。土地的产权是以地政总署发出的土地批准文件，诸如政府官契或批地规约、卖地章程、换地条件书等为证。公众人士可以在土地注册处查阅这些批准文件及业主的记录。

土地批准文件偶然也会包括一项条款，列明业主须负责维修地段范围以外的某些地带。即使土地批准文件没有注明业主须负责维修的毗邻地方，也可能因业主在这些地方进行了工程，而须负责维修。例如他们若曾挖掘相邻地带并形成斜坡，根据普通法便须负上维修该斜坡的责任。

私人业主，包括大厦中的业主，购买物业时可仔细查阅土地批准文件，以确定他们所需维修的土地范围。若有必要，业主可向律师或测量师咨询土地批准文件上有关土地维修责任的解释。

若注意到在斜坡或挡土墙上有不正常情况，应立刻安排工程师维修检查。

二、斜坡维修检查分类

（1）可由任何没有岩土专业知识的负责人员进行的例行维修检查；
（2）由合格的专业岩土工程师进行的工程师维修检查；
（3）由具有相关专业能力的公司对斜坡或挡土墙上特殊设施进行的定期监测。

三、稳定性评估

在本章指定的维修检查工程，只能使斜坡或挡土墙维持现有的或改善少许稳定程度

（即现有抗崩塌的安全系数）。换言之，单靠维修可能不足以确保斜坡或挡土墙符合土力工程处编制的《斜坡岩土工程手册》内指定所需的岩土工程标准。任何斜坡或挡土墙若未曾进行过稳定性评估，业主或管理公司应安排合格的专业岩土工程师进行稳定性评估，以确定斜坡或挡土墙是否符合标准。此外，若斜坡或挡土墙邻近环境已有重大改变，或有理由相信自从稳定性评估进行后其状况已显著变坏，也应进行稳定性评估。业主或管理公司在必要时可咨询合格的专业岩土工程师，以决定斜坡或挡土墙的状况是否已显著变坏。

四、维修工作管理

业主或管理公司必须定期安排维修检查，维修事宜可自行进行或通过代理人安排。大厦应由业主立案法团或交由物业管理公司进行负责统筹安排维修事宜。根据建筑法规规定，业主立案法团必须妥善地维修建筑物公共部分，包括斜坡及挡土墙。

业主或管理公司需要采取两项行动：

（1）假如还未进行例行维修检查，应立即展开，然后安排进行必要的维修工程；

（2）委托专业人士进行首次工程师维修检查。

五、维修手册

维修手册是维修管理的重要一环，应由负责设计的工程师在设计时编制。对于没有维修手册的现存斜坡或挡土墙，业主或管理公司应委托进行工程师维修检查并建立维修手册。此外，在每次进行工程师维修检查时，工程师应根据需要更新手册的内容。

六、维修记录

维修检查和随后的维修工程的所有记录，均得由业主、其代理人或管理公司保存。所有记录应有副本，而正本及副本应妥善地存放于不同的地方。保存全面而准确的记录，对良好的维修管理十分重要。至于大型斜坡或挡土墙，最好把斜坡或挡土墙分为多个较小的区域，以方便记录维修数据。

第二节　斜坡的例行维修检查

一、例行维修检查的范围

图 17-1 所示显示一些常见于斜坡及挡土墙上需要维修的设施。

下面列出在进行例行维修检查时，最基本的维修项目，包括：

（1）清理积存在排水渠内及斜坡上的杂物；

（2）维修破裂或已损毁的排水渠及路面；

（3）修补或更换破裂或已损毁的斜坡护面；

（4）清理堵塞的疏水孔及出水管；

（5）清除斜坡表面导致严重裂缝的植物；

（6）在光秃的斜坡面重新种草；

（7）清除岩坡上或散石附近的植物与碎石；

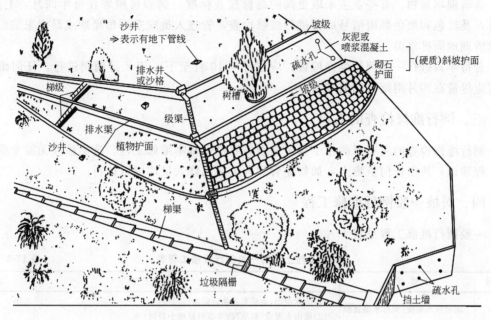

图 17-1 斜坡及挡土墙结构图

（8）维修砌石墙的勾缝。

此外，应该定期检查斜坡或挡土墙附近的地下排水管道。

如果怀疑地下给水管及雨水渠水管道渗漏，例如当斜坡表面湿度显著增加，或从挡土墙的疏水孔或砌石块之间的接缝渗出的水量有所增加时，业主或管理公司应立刻安排检查及修补管道。

二、例行维修检查的频率与时间

所有斜坡应由专业岩土工程师进行一次检查，找出斜坡的所有问题。检查频率见表17-1。

斜坡及挡土墙维修检查周期表　　　　　　　　　　　　　　表 17-1

序号	项目	工作内容	周期	承办商要求	备　注
1	斜坡或挡土墙	例行维修检查	每年进行至少一次	一般承包商进行	须在四月雨期来临之前完成
2	斜坡或挡土墙	维修检查	至少每 5 年进行一次	注册专业岩土工程师	法规要求

工程师维修检查应至少每 5 年进行一次，或按设计工程师在维修手册内所作的建议进行更频繁的检查；或按负责上次检查的工程师认为适当的时间进行。例行维修检查人员也可要求进行工程师维修检查。

若斜坡及挡土墙属于倒塌时可导致严重后果的类别，则可能需要进行较频繁的检查。相反，业主或管理公司在考虑了倒塌后果及维修检查的成本效益等因素，并咨询合格的专业岩土工程师的意见后，可酌量减少小型斜坡及挡土墙的检查次数。

例行维修检查应至少每年进行一次。此外，业主或管理公司应在大雨后安排视察排水渠，并清理堵塞物。有些业主采取更高的维修检查标准，例如房屋署在每年四月、七月、十月，及红色和黑色暴雨信号后都进行维修检查，管理人员应安排每星期或暴雨来临前检查及清理地面排水渠。

若每年只进行一次例行维修检查，应在每年 10 月至下一年 2 月期间进行，任何维修工程应尽量在四月雨期来临前竣工。

三、例行维修检查的人员

例行维修检查的主要目的在于确定是否需要进行基本维修工程。这类检查无需专业岩土工程知识，所以任何负责人，如物业管理人员或维修人员均可以执行。

四、斜坡一般例行维修工程

一般例行维修工程见表 17-2。

斜坡及挡土墙的一般例行维修工程表　　　　　　　表 17-2

序号	维 修 项 目	一般维修工程
1	地面排水系统（如排水渠及积水井）	(1)清除杂物，杂草和其他障碍物； (2)使用水泥或"软质"防水填料修理小裂缝； (3)重修严重破裂的排水渠
2	疏水孔和地面排水管	(1)清除疏水孔和排水管出水部位的阻塞物（如杂草和碎石）； (2)用竹竿探查较深的阻塞物
3	硬质斜坡护面（如灰泥和喷浆混凝土）	(1)清除杂草； (2)修补出现裂缝或剥落的部位； (3)修补受侵蚀的部位； (4)更换与泥土剥离的斜坡护面
4	植物护面	(1)用压实的泥土修复侵蚀部位，然后再重新种植； (2)在植物已枯萎的地方重新种植
5	岩坡及散石	(1)清除杂草； (2)封密开口的接缝或在局部地方加上护面，以防止雨水渗入； (3)清除疏松的碎石
6	结构性护面	(1)修理砌石墙表面受损的灰泥接缝； (2)修复已破裂和剥落的混凝土表层，并更换损坏的接缝填料和填缝料

大部分的例行维修工程，可交由一般屋宇或土木工程承包商进行。屋宇署及各区民政事务处，均备有一份从事斜坡维修工程的注册承包商名单，以供市民查阅。

五、地下带水管道的定期检查

地下带水管道，例如给水管或雨水渠，即使出现渗漏，也未必会在斜坡或挡土墙表面造成任何痕迹，但却可能会危害斜坡或挡土墙的安全。因此，即使未观察到漏水迹象，业主或管理公司仍须定期检查他们维修范围内影响斜坡或挡土墙的地下带水管道。任何在斜坡或挡土墙附近的地下带水管道，如发生渗漏，除非经合格的专业岩土工程师审定为无害，否则都应假设为会严重影响该斜坡或挡土墙的安全。

如果地下带水管道设于业主或管理公司维修范围之外的地方，而管道的渗漏可导致斜坡或挡土墙不稳，则应要求该管道的负责人，例如公共设施机构、政府部门、邻近的地段业主等进行定期检查。

地下带水管道的定期检查应按照维修手册内所提供的建议，或受委聘进行维修检查的工程师认为适当的检查周期进行。如果未有这项建议，可征询有关公共设施机构的意见，例如向水务署征询关于给水管检查周期的意见，及向渠务署征询有关雨水渠及污水渠的意见。

六、通道及安全预防措施

许多斜坡既高又陡，在检查时必须注意个人的安全。业主或管理公司必须为维修检查提供安全通道，包括在需要时装设楼梯及安全栏杆。检查既高又陡的斜坡及挡土墙时，应至少由两个人一起进行。

为避免闲人闯入，通道入口可能需要安装门锁或其他路障。此外，则应在闸门贴上公告，说明在紧急事故发生时可在何处取得钥匙及联络电话。

七、需要立即进行工程师维修检查的情况

进行例行维修检查时，需要特别留意任何不常见或不正常的情况，例如裂缝逐渐扩宽、地面下陷、挡土墙爆裂或变形或顶部平台下陷、有大量的泥沙从疏水孔流出等。发现这些情况或问题时，必须向业主或管理公司报告，他们应立即委托合资格的专业岩土工程师进行工程师维修检查，以建议相应的行动。

八、张贴记录表

例行维修检查及地下带水管道定期检查的记录表，应张贴在明显的地方，例如在有关大厦入口的告示板。可提醒业主、管理人员及维修人员需要进行维修工程，以及下一次维修检查的日期。

第三节　接获危险斜坡修缮令时的处理方法

私人斜坡业主须依法进行必须的斜坡修缮。根据《建筑物条例》第27A条的规定，如有关方面发现位于其业权范围内的斜坡属于"危险"性质或"具潜在危险"，而业主对其有维修责任，则会向有关业主签发危险斜坡修缮令，责令业主进行必须的修缮工程。如情况并不危险，但却令人关注，则有关方面会签发斜坡维修建议信。

一、"危险斜坡修缮令"的签发

"危险斜坡修缮令"是由建筑事务监督根据土木工程署土力工程处的建议签发的。"危险斜坡修缮令"分两个阶段签发。在第一个阶段，业主须进行勘测及向建筑事务监督呈交根据勘测结果而提出的斜坡修缮工程建议书，供其批核。视工程的规模而定，私人斜坡业主通常有两个月时间筹办勘测的工作，之后会有3～6月进行勘测及向建筑事务监督提交报告。修缮工程建议书获批准后，当局会在第二阶段向业主签发另一份修缮令，规定业主必须在指定时间内进行有关修缮工程。

如业主未能在第一份修缮令的指定时间内进行勘测，则建筑事务监督可代进行有关勘测及其后所需的修缮工程，并根据《建筑物条例》第32A及33条的规定，向业主收取所

有费用及监工费。建筑事务监督也可根据建筑物条例第 40 (1B) 条的规定,向违反修缮令而无合理解释的任何人员进行起诉。

二、怎样选择专业岩土工程师

当业主接获"危险斜坡修缮令"时,应立即采取所需行动,以符合修缮令中所列规定。业主应联络岩土工程顾问,因修缮令内的工程须由专业岩土工程师进行,由他负责斜坡勘测及就所需的修缮工程拟备建议书。如有需要他会在修缮工程建议书获建筑事务监督批准后,委任他人进行工程及负责有关的监督工作。

香港有多家顾问公司能胜任有关工作。选聘顾问进行有关工程,请注意下列事项:

(1) 公司的本地董事及岩土工程师的详细资料,这些人员应该为注册专业岩土工程师或香港工程师学会岩土专业界正式会员(即有关公司是否具备承办有关工程所需的实力及资源);

(2) 公司所提供的岩土工程服务类别(即有关公司有否提供所需的服务);

(3) 公司的记录(即有关公司,特别在过去 3 年是否在本港承包该类规模的工程及是否胜任有关工程)。

工程师注册管理局备有注册专业岩土工程师的名单供市民查阅。

三、总结

市民必须在接获危险斜坡修缮令后,应立即采取行动。"危险"或"具潜在危险"的斜坡可能引发泥石流,对大众的安全构成威胁。延迟进行修缮工程可被判罚款及招致额外费用。根据《建筑物条例》第 40 (1B) 条的规定,建筑事务监督可起诉任何没有遵行"危险斜坡修缮令"而又无合理解释的任何人。有关人员一经定罪,最高可被判罚款50000 元及入狱一年。此外,如法庭认为有关人员继续违反"危险斜坡修缮令",则每日可另外加判罚款 5000 元。如政府因有关人员没有进行有关修缮工程而代之进行所需工程,则建筑事务监督可收取监工费用。由此所结算的工程款可能比自己修缮的开支大得多。

在发出"危险斜坡修缮令"后,建筑事务监督会在土地注册处的有关土地的契据登记上,附注该危险斜坡修缮令。

对斜坡而言,维修比修缮更为重要。定期及正确的视察及维修斜坡,能使斜坡安全稳固,并且能为您节省开支,因维修斜坡的费用远低于修缮费用。

第十八章 工程招标程序及项目管理

第一节 维修工程工作程序

根据《建筑物管理条例》，业主立案法团（简称法团）在采购物料或挑选清洁、保安、设备维修等服务时，如涉及金额超过或可能超过 10 万元或法团每年的收支预算的 20％时，均须遵守该条例第 20A 条及 44 条有关供应品、货品及服务的采购及选用事宜的"工作守则"以招标方式办理。招标是一个公开且公平的竞争，以获取物有所值的物质或服务，也可以预防贪污。

业主或法团聘请的工程顾问须负责工程的策划、监控、管理合同、监督工程的进度、质量及验收等。他们通常是认可人员、注册结构工程师或建筑专业人员。

一、维修工程程序

维修工程程序分为 6 个阶段，见表 18-1。

维修工程程序阶段划分表 表 18-1

序号	阶 段	工 作 内 容
1	顾问投标期	(1)了解工程目的及要求； (2)初步勘察房屋现况； (3)编制工程顾问费用同意书； (4)与业主商讨同意书内容及细则； (5)修订顾问同意书； (6)交予业主复审该份同意书； (7)业主接纳及签订同意书
2	制订工程招标文件	(1)查阅已获核准房屋图纸及文件； (2)详细勘察房屋现况； (3)提交附有文字的勘察报告； (4)建议工程施工范围及内容； (5)编制施工前预算的工作进度表； (6)提交工程用料样本或说明书； (7)与业主商讨工程细则； (8)修订工程细则以符合业主所需； (9)交予业主复审工程细则； (10)提供及设计有关工程图纸； (11)与业主商讨工程图纸及用料； (12)修订工程图纸及用料； (13)交予业主复审工程图纸及用料； (14)初步制订招标文件； (15)与业主商讨整份招标文件； (16)修订招标文件内容、细则或条款； (17)交予业主复审该份招标文件； (18)业主接纳该份招标文件； (19)提交工程金额总估算； (20)建议聘请执业律师提供有关维修上的法律意见及了解有关公约上的条款

续表

序号	阶　段	工　作　内　容
3	工程投标期	(1)草拟招标公告内容； (2)交予业主复审招标公告； (3)在报刊刊登招标公告； (4)在指定位置放置投标箱； (5)截止时记录投标商名称； (6)提交各投标商的背景分析报告； (7)与业主商讨及决定投标商名单； (8)发函通知各投标商领取招标文件； (9)在指定位置派发招标文件； (10)指示各投标商作实地勘察； (11)截标时派员将投标箱密封； (12)与业主进行开标及评标程序； (13)记录各投标商名称及承投金额
4	决定合同承包商	(1)提交各投标商的投标金额分析报告； (2)与业主商讨及决定面议投标商名单； (3)召开会议面议各投标商； (4)草拟召开业主大会通告及授权书，并交予业主复审； (5)总结以往投标程序以报告形式发给业主； (6)出席业主大会简述以往投标程序； (7)根据业主大会上决议发出工程合同意向书给所选定的投标商以作临时合同； (8)草拟及修订正式工程合同文件给业主及合同承包商； (9)复审正式工程合同文件； (10)业主及合同承包商接受及签订正式工程合同
5	工程期间	(1)审核保险保单及担保金等开工前所须资料； (2)要求合同承包商提交预算工程进度表； (3)获审批后发出开工同意书； (4)发出维修工程意见表格给各业主； (5)安排工地交接事宜； (6)审批材料样本； (7)就工程所需要求合同承包商提交制作图纸； (8)复审修订及审批有关图纸； (9)工程期间巡视工地； (10)工程期间召开工程会议； (11)筹备工程会议议程及复审会议记录； (12)工程期间审批每期工程款项及发出中期付款证明书； (13)每一单项工程验收； (14)整体工程完成进行工程总验收； (15)发出工程完工验收意见表给各业主； (16)不合规格时，发出工程缺陷表指示合同承包商修缮； (17)派员再作验收； (18)验收认可后，发出完工证明书； (19)明确保修期开始日期及终止日期
6	保修期	(1)再次派员作整体工程验收； (2)不合格时，发出工程缺陷表，指示合同承包商修缮； (3)结算整体工程收支； (4)验收认可后，发出工程完成证明书； (5)保修期届满时，发出尾期付款证明书； (6)工程顾问工作正式完结

二、维修工程时间预算

整个大型维修由初步筹备至完成需要经过一段较长的时间，在一般情况下，每个步骤大约所需的时间见表 18-2。

大厦大型维修工程参考时间表　　　　　　　　表 18-2

序　号	工　作　内　容	所需时间
1	草拟原则性方案	2 个月
2	招聘顾问	2 个月
3	顾问的勘察及初步方案	3 个月
4	业主大会通过初步方案	1 个月
5	详细设计及编制标书	4 个月
6	投标、标书分析及选择承包商	3 个月
7	业主大会通过大型维修方案及集资	1 个月
8	收集分摊费用	2 个月
9	工程进行	4 个月
10	总时间	22 个月

第二节　选择工程顾问的方法

大厦维修须经过许多步骤。聘任合格专业人员给予指导，并对大厦进行全面性的勘察、科学性的评估，对所须进行的工程项目作出一个维修工程建议书及成本预算。这个步骤尤为重要，一方面业主可及时知道大厦的安全程度，及早采取防备措施，既可消除危险，又可全面掌握工程范围及费用预算。业主可按工程项目的需要，安排集资筹款。也可在工程进行时适当地分期支付费用，避免开支失控。

此外，业主还须就雇用注册建筑师提供意见及在工程进行期间担任监理的角色，目的是确保工程质量及进度符合要求，避免业主浪费无谓开支。同时他们起了桥梁的作用，改善业主与承包商的联系，仲裁双方的争执。最后对工程进行验收，发出完工证明及监督保养期间责任的执行。

法团要先草拟一份大型维修的原则方案，内容包括需要维修的项目及是否需要聘请工程顾问。若大厦成立业主立案法团，草拟这个方案要由法团会同管理公司进行。此项方案完成后，需要召开业主大会，通过授权法团继续进行大型维修的安排。在业主大会上出席者以多数票投票赞成，此项大型维修方案便能通过，有 10％业主出席或委托他人出席，此次大会便足够法定人数可举行。

一、选择专业人士及工程顾问的方法

维修所涉及工程颇大、复杂及很强的技术性，法团未必有足够能力及时间去安排大型维修工程及处理所遇到的一大堆问题。顾问会在整个过程中给予法团专业及技术上的意见及分析，让法团有足够资料作出决定。下面将介绍挑选认可人士、注册结构工程师或建筑专业人士的方法。

1. 建筑专业人士

大厦业主可向有关专业学会查阅最新的合格成员名单。但并非所有合格的建筑专业人员均已注册成为认可人员或注册结构工程师。

若维修保养或改善工程涉及专门类别的工程，法团可能需要聘用合适的专业人员，以协助工程顾问监督施工质量。常见其他专业人员如下：

(1) 注册结构工程师进行大型结构性维修或加建新建建筑物的工程；

(2) 工料测量师进行复杂及大型维修保养工程的工料预测；

(3) 房屋设备工程师进行空调、消防装置或电梯等的大型维修工程；

(4) 岩土工程师处理斜坡问题等。

这些专业人员可纳入工程顾问的服务合同或由法团直接独立聘用。通常在专业人员提交的大厦状况报告及建议后，业主考虑所须进行的工程范围时，便应同时考虑聘请哪一个类别的专业人士。

2. 专业咨询公司

专业注册及资格是以个人名义获取，但执业一般则是以公司形式进行。在挑选专业顾问的过程中，业主应确保该专业人员及其效力的公司均会互相配合提供所需的专业服务。在资源方面，公司会积极提供有效的支持，以保证专业服务的质量。也应按实际所须根据工程的规模，慎重考虑是否聘请纯以个人名义或甚至业余模式运行而没有专业公司支持的专业人员。

其他情况聘用的专业顾问，包括地下排水管勘测顾问、控制白蚁和害虫的顾问、拆除石棉顾问、游泳池设计顾问等。

3. 挑选工程专家的方法

法团可联络认可人员或注册结构工程师，邀请其中3～5家公司提交专业咨询服务及收费建议书。业主可按有关公司在这类工程的工作经验、工作记录、提出所收取的专业勘测费用，服务范围及所需的时间来考虑选择。专业人士提供的履历上也应列出有关以往经验的咨询人及其联络资料，而这些咨询人可以提供该公司过去服务水平及表现的实在资料。

咨询公司负责整项维修工程的统筹，角色非常重要。所以仔细挑选合适的咨询公司尤为重要。选择合适的咨询公司时要注意以下各点：

(1) 拥有全职的专业人员；

(2) 公司架构；

(3) 维修工程负责人的资历及工作经验；

(4) 公司的财政状况；

(5) 要拥有专业保险；

(6) 没有角色或利益冲突（即顾问或其子母及附属公司没有参与任何涉及工程承包）。

二、工程顾问的职责

顾问承担工作包括制订完整周全的维修方案、草拟标书、预审承包商、安排投标、标书分析、编写合同、安排承包商施工、监理承包商施工及审核付款申请等。

在其他专业人员的协助下（如需要），工程顾问通常执行以下职责：

（1）与业主开会，给予专业意见，协助作出维修范围的决定；

（2）为遵守法规规定而联络有关政府部门及协调工程使其能达到政府部门的要求；

（3）准备招标文件，包括工程图纸及所用物料的规格；

（4）协助拟定承包商投标公司名单；

（5）负责招标程序；

（6）分析标书及准备报告和建议；

（7）代表法团批出工程合同；

（8）监督工程进度及质量；

（9）管理合同及执行有关事宜；

（10）证明承包商分阶段完成的工程，及处理其相应分段工程费用的申请及后加工程费用的要求；

（11）证明工程竣工，并监督修复工程等。

第三节　工程范围的确定方法

了解大厦的状况是认识问题大小的第一步。未经适当的勘测就向承包商索取报价参考，并没有多大的帮助，其报价也不能作为一份公平的招标文件。因此，业主有必要聘请认可人士、注册结构工程师或建筑专业人士先为大厦进行全面勘测。

一、勘测大厦状况

勘测大厦全面的状况可让业主更了解在公用地方、外墙、天台、房屋设备等部分所发生的损毁。根据勘测所得的资料，认可人员、注册结构工程师或建筑专业人员便可建议相应的维修工程及其他可以考虑的修善工程，并且提供初步的财政预算。

勘测报告应包括大厦的状况，有待修缮损毁的一览表以及进行工程的先后顺序。应列明每项维修项目所需的大约费用，以方便业主作出决定。如决定进行该工程，也应分析是否需要聘用建筑师、测量师、房屋设备工程师、园林景观工程师、认可人员或注册结构工程师等专业人员。

二、考虑及落实工程范围

完成勘测报告后，法团可举行会议，商讨勘测报告内维修及改善工程各项目的需要及迫切性。若有必须进行的工程，则法团可进入下一阶段的工作。

进行上述讨论时，法团应仔细考虑建筑专业人员、认可人员、注册结构工程师建议的工程范围及项目。涉及大厦安全的工程、业主应充分考虑其可能产生的严重后果，不应被删去或延迟进行。另一方面，业主也可考虑将改善提升工程、基本保养工程与大厦安全必须的工程一起进行。

大厦确实需进行多少工程来维修妥当，未必会全部在第一阶段勘测报告所提供的工程项目清单及图纸中显示出来。举例来说，松脱的瓷砖面积有多大，需要待承包商凿去松脱装饰面后才能知道。因此，工料定价表才是重要的依据，所报的单位价格有助于业主按最终工程的幅度、量度计算所需的费用。

另一方面，若在勘测报告上工程顾问提议业主应全面更换饰面或装置，而非只更换有损毁的部分，业主应积极考虑工程顾问的意见，权衡全面翻新与局部更换的利弊。有时候部分饰面的状况虽然看来良好，但如考虑到发现损毁部分的范围及性质后，推断出其余看来完好无缺的部分其实已差不多达到使用期限的终结，若仍只作局部翻新，并不能把问题彻底解决。

三、制订完整、周全的方案

顾问会根据法团已制订的原则性方案为楼房做仔细勘察，从而编制一份详细报告，列出现在楼房状况、存在的问题及成因、补救方案及工程支出费用预算给各业主一并考虑。咨询公司应给予业主多个问题补救及改善的方案，不应只给予单一方案。在编制维修方案时，咨询公司会全面照顾各业主的利益。

第四节　草拟工程招标书

在招标前应详细订出工程项目、规模、细则及物料等要求，法团也可考虑与承包商就维修的内容交换意见，然后再决定所需的要求。

一、草拟工程招标书

顾问需提供一份建议书，列明所需物料或服务供应的种类、有关的预算费用以及公开招标时间，招标建议书的副本须张贴于大厦内的明显处。

当大型维修方案经法团通过后，咨询公司便会进行详细方案的设计、用料的选择、标书的编写和承包商的预审等工作。

二、招标文件的内容

在招标前测量师或顾问应详细制订出物料、项目、工程细则、图纸、工程或服务的确实需要。规格应包括物料的类型、工程项目、用料和标准、工程保证金、付款方法及期数、送货细则（地点、次数、金额和期限）、保险、过期罚款、报价有效期及附带条款（例如折扣、竣工日期、保养期限等）。

招标文件内也可要求投标者提供其他资料，如商业登记证书副本、财政状况及以前承办过的同类工作资料等，以供参考。

招标文件应包括以下资料：

（1）工程项目清单；

（2）一般及特定用料的规格及标准；

（3）合同条款及条件；

（4）投标表格；

（5）各种图纸如平面图、立面图、剖面图等，以及工程大样图；

（6）接受投标的准则；

（7）付款的条件及安排；

（8）有关工程延误及赔偿的安排；

（9）工程保险；

（10）保用及保修期等。

在招标文件上还需列明递交标书的有关资料，例如递交标书地点、投标期限、截标日期、时间及合作条款等，也可要求投标者提供财政状况、认可资格及经验等，以供参考。并须保存一份发出标书记录，逾期交来的标书，一概不得接受。

招标文件应包括一封招标函件及一份标书，包括维修工程的招标文件及维修工程标书概要。此外，文件最好附有一段"利益冲突"的声明，要求投标者若与大厦有任何关系，例如拥有大厦业权或在管理委员会担任成员，应在标书内申报该项利益。

三、保险

在工程展开前，应已购买各项所需的保险。保险内容包括：

（1）合同应有足够的工程全保及第三者保险；

（2）承包商须为雇员购买劳工保险；

（3）大厦为其物业购买保险。如有聘请人员代为监理工程，也应为有关人员购买劳工保险。

第五节 选择承包商的方法

选择公司列入邀请名单前，先进行投标公司资格预审，是一个较可取的做法。被邀请投标的专业公司数目若超过建议，会带来很多不必要的标书分析工作。

一、选择符合法定要求的承包商

承包商预审是物色合格的承包商，作为日后来招标之用。合格的承包商是指在公司背景、架构、人才、财政及以往工作经验都符合此项工程要求的公司。因为若不预先剔除不合格的承包商，这些承包商的低价投标会影响法团在进行大型维修工程时的决定。

大型维修的成败有很多因素是在于承包商的素质。若选择了素质差的承包商，无论在人工、用料、工程安排及完工时间都不一定达到合同要求。到时顾问会依据合同拒绝验收，要求按照延迟完成工程而罚款。同时业主也要忍受返工工程及延迟交工的滋扰，工程可能要拖延很长时间，最终要通过法律渠道解决。

在进行保养维修工程，特别是经建筑事务监督核准的结构及大型的维修工程，便需聘用注册一般建筑承包商。建筑事务监督根据《建筑物条例》的规定，储存了注册一般建筑承包商名册及注册专门承包商名册。承包商需符合既定的标准，并通过注册事务委员会的评审，方可获建筑事务监督考虑列入有关的名册。

其他注册或持证承包商，如给水、电力及消防装置工程，均需由根据水务署、消防处及机电工程署规定的持证人或注册承包商进行。

二、公正的招标制度

确定维修工程的项目后，测量师或顾问便可制订标书、章程、图纸和其他投标文件。标书的内容必须咨询及征求法团的认可才可招标，避免日后双方在维修内容上出现纠纷。

为了防止有人不当地处理标书和窃取有关数据，标书密封后须放进一个专为装载标书而设的坚固箱子内，箱上须注明"投标箱"字样。投标箱应双重上锁，并且牢固地放置在显眼处，而钥匙则由法团主席、秘书或会计中两人分开保管。开标时，清楚将各投标者的标价列成一个总表，最少要有三位委员即时在投标文件上签名证明。开标后，所有标书应妥为保存，以待管理委员会尽快决定。

标书可交由法团决定是否予以接受。通常应接纳最低价而符合所有要求的标书。法团有权接纳其他标价的标书，但要将理由记录清楚。如投标价值超过 20 万元或超过法团一年收支预算的 45％，则须交由业主大会决定。

三、投标资格预审

投标资格预审是由咨询公司进行的初步工作，是制订有兴趣参与投标的公司的最低要求。这些要求可包括以往经验、以往工程的参考资料、以前完成工程的雇主的推荐信、公司规模、专长及财政能力等。资格的预审也有可能包括与咨询人或推荐人直接讨论，以及与有兴趣的承包商面谈。

应留意的是将承包商纳入邀请投标名单内，意味着该公司已被认为有能力及适合进行所需的工程，应根据其投标的价钱而决定是否将这项工程分包给有关的公司。不鼓励业主要求投标公司先付一笔不会偿还的押金，因为这会容易使素质好的承包商却步，不参加竞争。

选择承包商的方法很多，一般常见的选择方法有三种：公开招标、选择性招标及议标。

1. 公开招标

法团通常会在报刊上刊登广告，公开邀请有兴趣的承包商索取及提交标书。但这个方法很难预计有兴趣投标者的数目，无形中妨碍工作流程。若有兴趣投标的公司过多，工程顾问便要花费大量人力物力准备投标文件及审核投标公司的素质。

2. 选择性招标

在根据投标资格预审、建筑专业人员及其他大厦业主等人的推荐而拟定投标公司名单后，便会组成获邀投标承包商的名单，再向名单上的公司发出邀请招标。建议只将那些有兴趣而法团准备接受的公司列入名单内。邀请名单不应过多，否则会间接影响投标人的兴趣及所收回标书的质量。因此，若投标要引入竞争，则应以选择性招标代替公开投标。投标公司的数目也应限制在 5～6 家。

3. 议标

若只是进行小型维修保养工程，而业主本身已认识一些素质好的承包商，则议标可能是一个较简单的方法。但这个方法通常不适用于涉及多个业权的大厦所进行的大型维修保养工程，因为这个方法本身不是一个公平的程序，而且容易引起投诉。

4. 套餐合同

"套餐合同"或称"全包合同"，是指承包商或建筑专业人士提供的一站式服务，包括了咨询公司的服务及承包商的工程两者的合同。业主可能会觉得这个方法较方便，因为整个过程中只涉及买卖双方。但咨询公司在此情况下很容易会受到承包商的影响，变成没有独立的第三者公正地为业主监督承包商，情况可能变得对业主很不利。也可能会令顾问和承包商之间产生利益冲突，使顾问不能客观公正地评审承包商的表现。

"套餐合同"较适用于极度专门及无须咨询公司参与太多的工程。

四、挑选承包商

招标前，必须要先选定适合的承包商，通常由测量师或顾问介绍，也可由法团推荐，但评选承包商必须有下列的标准：

(1) 以往有关工程的经验及表现；

(2) 承包商的公司行政架构；

(3) 承包商的财政状况；

(4) 提供有效工地管理及质量承诺。

五、选择供货商或承包商数量的准则

选择供货商或承包商投标时，应按表 18-3 准则。

邀请供货商或承包商投标的最少数目表   表 18-3

序号	采购价/工程预算	邀请供货商或承包商投标的最少数目
1	1 万元或以下	法团管理委员会自行决定
2	超过 1 万元但不超过 10 万元	3 家
3	超过 10 万元	5 家

六、管理公司制订承包商名册

为了更方便有效地进行招投标工作，管理公司应编制公司认可承包商名册，将信誉好的承包商吸收到名册中，并应每年评审一次，吸收些新的公司，对表现不好的公司除名。

1. 承包商进行专业分类

承包商名册可按专业进行分类，以方便查询及使用。

2. 承包商名册栏目见表 18-4

承包商名册表   表 18-4

序号	公司名称	地址	联系人	电话	手机	传真	电子邮件	服务内容

3. 每年评审

(1) 入册申请

申请加入承包商名册的公司须提供以下资料：

1) 公司注册登记证副本；

2) 商业登记证副本；

3) 专业证书；

4) 公司情况介绍；

5）以往承接工程记录等。

填写入册申请表报公司批准。

（2）除名申请

每年公司将对所有承包商进行年审，对表现不佳的承包商除名。

第六节　招标及开标程序

一、招标程序

当标书准备就绪，咨询公司便会为工程进行招标。咨询公司会给予每一个投标者一份完整的文件，包括标书条款、设计图纸、工程内容及细则。咨询公司通常会给予投标者2～3星期的准备才能开标。

一般招标程序包括以下步骤：

（1）发出招标邀请书；

（2）发出投标所需文件；

（3）收回及开启标书；

（4）由工程顾问分析各标书；

（5）由工程顾问作出建议，然后由法团作最后决定；

（6）宣布中标人，签定工程合同。

二、回标

为防止有人不正当地处理标书和窃取有关资料，所有标书须以书面投标，并于密封后放进一个专为装载标书而设的坚固箱子内；箱上须注明"投标箱"字样，具体做法如下：

（1）投标者应把标书密封，然后直接放进"投标箱"内；

（2）标箱要用两把锁锁上，而钥匙则由法团主席，秘书或会计中两人分开保管；

（3）法团可于大会通过决议案后，接受由专人递交或以邮递方式寄往法团注册办事处的标书，但应慎防邮递标书可能会被胡乱放置、延误、甚至毁灭。

为减低邮递错误或遗失的可能，可考虑提供回邮信封给投标者。邮递标书由指定的人收取后，立即原封投进投标箱内；

（4）逾期交来的标书，一概不得接受。

三、开启标书

标书应在开标时间开启。

所有标书必须至少有3名法团委员在场见证下同时开标，该委员须在投标文件上签署及写上日期作为依据。

标书由法团会开启，在开标登记书上将投标者的标价列成一个总表后，各见证人在登记表上签名证明，所有参与开标的有关人员，应书面承诺不会私下将资料外泄或与任何一家投标公司接洽。标书正本由法团保存，副本由咨询公司保管。

在开标之后，法团开会评定标书之前，标书及有关文件必须存放于一个上锁的箱子内妥为保存。

四、招标文件的保存期限

法团管理委员会必须将所有投标文件、合同副本、账目及发票以及其他法团所有与采购或选用供应、物品和服务事宜有关的文件，妥善备存及保管一段时间，这个期间可由法团决定，但不得少于 6 年。妥善保存的最佳方法是将文件、合同及单据等存放于一个上锁的箱子内。法团管理委员会也可让监督、租户代表、业主、注册承押人或任何其他业主或注册承押人以书面授权作为其代表的人士，在合理的时间内，查阅有关文件。

第七节　评标及定标

列入名单的承包商也必须和法团的成员没有任何生意上的来往，以免影响投标的公正性，造成日后的利益冲突。投标后，标书必须在法团见证下开标。之后，测量师便须详细分析承包商在标书上填写的报价，找出错漏，也须核对承包商是否依照标书的要求，提交工程进度表，所用物料名称和安全措施的安排，以减少将来合同上的纠纷和超支的可能。

标书审核后，对有问题（单价及数量）及不清楚的项目发信给有关投标者，要求书面解释及确认。然后才可向法团汇报初步的投标结果。收到各投标者满意的书面回复后，咨询公司便可会同法团代表约见各投标者，以便当面了解投标书要求，咨询公司在会见后，可以向法团正式汇报结果及所推荐的承包商。

一、确定中标公司的原则

法团收到标书分析后应面见适当的投标者，以进一步了解有关投标者的公司架构、人事、财政状况及工作经验、工程安排。法团根据顾问标书分析及面见投标者的了解便能综合各方面意见而决定聘请哪一个承包商。当法团决定了聘请哪个承包商后，便要召开业主大会通过聘请承包商及进行集资。顾问也能协助法团及管理公司向各业主讲解勘察报告及维修方案。

如投标价值超过以下款额中的较少者：

（1）20 万元款额；

（2）相当于法团一年收支预算的 45% 或委员会在大会上通过决议所批准用以取代 45% 的其他百分比的款额。

则须将标书提交法团处理，而法团可在业主大会上通过的决议案决定是否予以接受。如投标价不超过上述的款额，则标书可交由管理委员会决定。正常情形下，应接纳合理价钱而符合所有要求的标书。

法团有权力不接纳最低价标书，但要有充足理由。

二、评审标书及委聘承包商

一般标书的重要部分通常会交给咨询公司作详细分析及提出建议，然后由咨询公司向法团报告，让法团作最后决定。

发信通知中标投标者，要求该投标者作好有关开工前的各项准备。

三、通知各业主

将评定标书的结果用书面的方式通知各业主，并附以开标登记记录，以显示投标过程的公平、公开及公正。

四、维修费的分摊

在一般情况下，维修费用是由各业权拥有者分摊，分摊的方法是按照大厦公约内所列明的计算方法，通常是按照不可分割业权份数计算，但有些是按照管理份数计算。在计算每户的分摊数额时，要详细了解大厦公约内容，有问题时要咨询专业管理公司及律师的意见。同时也要考虑及了解不同业权的分摊方法，例如车位或其他公众地方的业权可能跟商用及住宅单位的分摊有区别。

分摊的期数也可有不同的安排。有些是一次性付款，有些是分期付款。分期付款也以不超过三期为限，否则在统筹及管理上都有一定困难。所选择的方法应配合各业主的能力。

五、将中标结果通知落选的投标者

礼貌上，也可以将中标公司的名称及其投标价通知其他落选投标公司。并向落选的投标者表示谢意。

第八节　工程项目管理

法团决定承包商后，顾问便准备合同及安排承包商准备进场。进场前，顾问要审核承包商有没有足够的保险及保证书。工程期间，监理公司要审核一切承包商呈交的用料及定期到工地巡查，以确保承包商是按照合同及已批核的进度进行施工。同时顾问也会审核承包商的付款申请。

承包商负责进行有关工程。一个有实力及负责任的承包商，会聘用经验及技术丰富合格的工地监督安排工人进行工程，以确保工程的质量。工程顾问通常可以提供按需要及定期的监督。对不能达到所需水平的承包商，工程顾问能做的只限于及早发现问题，警告承包商或建议终止工程合同。因此，在选择承包商方面应非常小心，并作出仔细考虑。

在监察承包商方面，也需要制订一套严谨的评估准则，从用料、施工、人员安排、工地监督、技术水平、工作进度及安全措施等评价承包商的表现，作为日后甄选承包商参考之用。

一、基本事项

无论是保养、修缮、翻新、改建还是新建工程，事前必须有周密的计划。要有理想的效果，应寻求建筑专业人员的协助或意见，以及选取信誉良好并对有关工程有丰富经验的承包商。

1. 成立工程督导委员会

根据《建筑物管理条例》，在经过业主大会表决同意的情况下，法团是有权进行大型维修工程。同时经业主大会所通过有关大型维修的决议，对所有业权拥有者具有法律效力。

计划、筹备及监督维修保养工程的进行过程，应由一个业主立案法团、业主组织的管理委员会或维修小组统筹整项工程。有兴趣及具有这方面经验的业主也应踊跃加入小组，以达到群策群力的效果。首先维修小组在大型维修初期时要充分咨询所有业主的意见。同样地维修方案及内容也要咨询所有业主的意见。维修小组也应定期向各业主汇报整个工程的进度及预计完工日期。为了方便维修小组日常工作，业主应赋予维修小组应有的权力，就日常事项作出决定。但若遇到重大事项应先获得大部分业主的同意，事项包括维修项目的优先次序、选取物料、财政预算及筹集费用、选择顾问及承包商、批出工程或监理合同、监察工程进度及付款以及处理较大的事情，如合同上的大改变等问题。

工程督导委员会的成员应向法团的秘书申报利益冲突，如有必要，应退出标书评审及日后的监察工作。秘书也应将此事向主席报告。在一般情况下，应选取最低价的标书。若情况并非如此，应书面记录作出不选最低标决定的理由，供业主参考。

各小业主也要明白，虽然他们的个别意见可能最终未能被维修小组接纳，但是他们也应遵从维修小组的决定及充分合作，因为小组会尽量以照顾大部分业主的利益为大前提。

2. 事前的策划

虽然有部分维修及保养工程可能是因紧急事故及意外所引起，或因需要而展开，但订立长远的维修保养计划会有助于财政预算、控制支出及尽量减少业主之间的纠纷。因此，在工程之前应把咨询各业主作为一个标准程序，并尽量提早执行。这不单让各业主有更多时间筹集费用，也令他们能有时间明白维修的需要及解决方案。

二、签订合同后的管理安排

1. 工程计划

若工程计划进度表并未在签订合同前讨论并达成协议，则承包商及其分包商也应在获得工程合同后尽快提交，以显示整个合同的目标如何能达到，不同阶段的工程怎样衔接等。

2. 工程进度及质量管理

（1）监督工程人士

承包商有责任不断监督工程的安全和质量。至于工程顾问的定期监督责任，通常在服务合同中载明。但仍建议业主和顾问就监督范围及频繁程度协议清晰的具体安排，工程督导委员会通常会委派1~2名熟悉建筑业的委员协助视察评估工程的质量。

对于一些中小型的工程项目，工程顾问通常负责所有监督的责任，如监察工人施工质量、在工地使用的材料是否恰当等。

至于大型的工程项目，工程顾问会建议业主法团聘用一名全职监工，代表业主处理日常质量检查工作。

若工程合同十分复杂，法团可考虑聘用一名丰富经验的专业人士作为工程经理，监察及管理各有关人员的工作水平。

（2）工程进度及质量管理

工程督导委员会的成员应和工程顾问及承包商定期检讨工程进度和质量，确定是否与合同条文一致。应清楚记录有关评估日期、工程进度、发现的问题、补修期限及进度会议等，以作监察之用。如发现工程进度比原计划慢，应通知各业主，讲明原因及与承包商协议的补救措施等。

3. 付款安排

（1）中期付款

法团应在工程监理发出中期工程完成证书后，向承包商缴付中期费用。若发现工程或中期部分工程并不符合合同的规格，工程监理应通知法团，暂时停止缴付工程费用，可聘请工料测量师评估中期工程的完成量，作为缴付中期费用的依据，工程监理会核证整体工程质量是否满足设计及施工要求。

（2）工程完成后付款

工程完成，经验收合格后，扣除保修金，支付其余的工程款。

（3）支付保修金

工程保修期满后，完成所有需要改善的工程问题，支付保修金。

4. 工程质量的验收

（1）视察已完工的工程

工程接近完成的时候，负责的工程督导委员会成员、工程顾问及承包商应共同检查完成工程的质量，并确定所需的补修措施。这类检查可能需要重复进行，以确保承包商已完成合同说明的所有工程及达至所需的规格。

（2）政府部门的参与

若工程是按政府部门，如屋宇署发出的命令而进行，则工程顾问应在工程完成后，安排该部门的职员到现场一起视察。政府部门发出的完成规定事项证明书通常被视为工程已经完成。

5. 工程变更

工程变更是指签订合同后工程进度或规格的改变。签订合同后应尽量避免任何变更，以免对法团及承包商造成未能预计的财政负担。如果无法避免，应尽量限制变更事项为承包商已在工料定价表内给予单价的项目。除非业主另行为新工程招标，否则大幅度变更会对那些投标落选的公司不公平。

6. 未完成或不合标准的工程

业主不应容许承包商擅自省略一些工序，即使因而免收费用，看来合情合理。但这会对其他投标落选的公司不公平。所有不符合要求的工程必须按合同要求的标准完成。承包商若使用与合同所列的内容不相同的替代材料，必须先得到工程顾问及法团的同意。较便宜的收费并非接纳不合标准的工程的原因，否则后患无穷。

7. 工程完工及验收

当工程大致上完成及只留下少量遗留工程，顾问便会详细巡查所有工程及列出一份遗留工程清单给承包商。之后顾问便会联同法团再巡查一次，确保法团也同意工程已大致上完成。

工程顾问应在所有工程按照原定规格及工程项目清单完成后，方可发出实际完工证明书。就局部完成的工程（不包括尚未完成有问题的工程）发出证明书的做法可能有欠妥当，因为承包商取得部分竣工证明后可能不再处理还未完成的工程。但对于那些涉及多幢大厦的工程，工程顾问可在每幢大厦所需的工程完成后，为该幢大厦发出完工证明书。

8. 保修期

在发出实际完工证明书后，大厦的有关施工部分将正式交回业主及租户使用。在保修期内，根据合同所订，通常在工程完成即发出实际完工证明书后六个月至一年内，承包商有责任修补所有出现的损毁。通常大型维修工程有一年的保修期。在保修期内若大型维修项目出现了非外来因素的损坏，承包商要负责修补。保修期限快到时，顾问会再次全面检查所有工程。在确定所有修补工程妥善完成后，工程顾问就会发出最后工程完成证明书，业主便须发放原先保留的款项。待最后结算完成后，整个工程合同便告完结。

三、工程期间的安全管理

在工程展开前，必须完成所有预防及保护措施。应特别注意结构及安全设计是否符合标准，载明建造细则，另设有防止小孩攀爬及防爆、防窃的措施。

应为受工程影响的露天停车场及行人通道提供防护措施，例如安装保护屏障或提供有盖行人通道，避免高空坠下的物体伤及行人。这些防护措施的结构及稳固程度应与工程的性质相符。

若工程需要暂时拆除电梯门，则应为电梯井门口做防护措施，以防有人失足坠入电梯井内，最重要的是万一有火灾发生，要防止火势从电梯井蔓延。

应清楚标明有关物料及废料的运送安排。必须注意在运送物料过程中不可使任何大厦结构或装置受损，如电梯负荷过重，可能导致损坏电梯。

若工程需要使用客用电梯时，应先在电梯内铺上保护板。使用电梯时也须在合格人员监督下进行，避免超载。

进行结构维修工程时，注意必须装设临时支撑架，以保持受影响部分的结构完整性。例如横梁、大片的顶棚、柱子、行车道和停车场地面、水箱等的裂缝修补工程均被视为结构性维修工程。

四、消防安全措施

如何在进行翻新或维修工程期间消除火灾危险，是值得业主密切关心及需要适当地分配资源的问题，况且，以往也有在这种情况下发生严重火灾的惨剧，读者应引以为戒，多加警惕。建议的检查清单如下：

（1）在每个工程阶段，消防装置均应操作良好。如果进行大厦公共部分的大型工程，应先检查现有的消防装置，如消火栓、消防卷盘、警钟、消防喷淋系统等，确保这些装置操作正常，方可展开工程；

（2）在工地的适当位置放置灭火器；

（3）不应让防火门打开或将其拆除。如需更换防火门，应逐一更换及尽快完成，以尽量减少大厦内防火的弱点及缩短高风险的时间；

（4）在任何时候均应将楼梯及消防疏散通道，（包括照明系统、有效宽度和高度）保持在妥善及性能良好的状况；

（5）大厦内不得储存超量的易燃物品，建筑废料、垃圾应及时清理及运走；

（6）更换电梯门时，当拆除外门后，应尽快用防火板将电梯井封好，以防止浓烟扩散及火势蔓延。电梯井底部不得用作储存建筑废料或垃圾。应避免在电梯井内进行可导致火灾的工作，如电焊等。

五、工程进行期间的管理问题

维修保养及改善工程可能会造成滋扰，由于工程范围大、时间长、对住户构成不便，工程进行期间一定会遇到各种不同的问题。影响住户的日常生活，但只要各业主能同心协力，问题定可迎刃而解。工程完毕后各业主便能共享一个更舒适、安全的工作或居住环境。法团应针对问题加强管理。以下是一些有关的建议：

1. 聘用工程经理

通常监督工程顾问及承包商表现的责任会落在工程督导委员会，即有建筑经验的委员身上。不过，由于委员是以义务和兼任的性质参与管理，遇上较复杂或大型的工程时便很难作出有效的监督。因此，应考虑聘请工程经理，以减轻工程督导委员会内各委员的工作负担。

工程经理或称项目经理一般是指由发展商或业主所聘请的人员，一般具有专业资格，负责监督及协调工程顾问及承包商的工作。

虽然以上工程经理及工程顾问的定义已为建筑界普遍采用，但并非绝对的定义。例如，承包商除了有其工地代理人（一般称工地总管）外，也可设立有较高水平的工程经理职位，增强与法团的工程经理及工程监理沟通。工程顾问也有时被称为工程经理或合同经理。

2. 保安问题

在大型维修工程期间会有很多人进出大厦。可能有些存心不良人员也会借此机会进入大厦。大厦应要求所有进入大厦的工人穿上承包商的制服及佩戴大厦发的证件，以便识别。若有外墙脚手架，保安问题会更大，因存心不良人员可由脚手架攀爬进入房间。因此至少要在脚手架及有盖人行通道装上防盗设备及足够的夜间灯光照明。同时法团应通知所属地区的警署将要进行有关工程项目，也可考虑加聘临时保安员。法团也应通知各住户小心门窗及减少把贵重物品存放在屋内。在施工期间，有需要加派保安员巡逻及采取较严密的保安措施。

3. 各种滋扰

一般而言，法团就进行维修保养及建筑工程征询过有关住户后，也须在合同文件中载明特定要求，务求将滋扰降至最低。在合同签订后至施工前的一段时间内，法团应与工程顾问及承包商协议，在施工期间使用什么类型的电动工具及如何减少其所发出的噪声、尘埃、污水及建筑废料。这包括说明所需的预防性及保护性措施的施工方法，如安装隔声屏障及聘用经训练的合格工程人员等。

（1）噪声

根据《噪声管制条例》，承包商如没有建筑噪声许可证，只可在每日早上7时至晚上7时内施工（在假期内则全日不可以施工）。

如需要在受管制的时段内施工，承包商应先获取业主的同意，在施工前再根据《噪声管制（一般）规定》向环保署申请建筑噪声许可证。法团或管理公司须考虑禁止任何工程于一些敏感时间（例如晚上9时至早上6时）进行。如有工程已在受管制的时段内获准进行，也须事前通知住户。

承包商应采用适当的方法及工具，减低噪声对住户造成的滋扰。例如安装消声器、灭声套、隔声板或隔声屏障等，均能有效减少噪声。承包商应尽量避免使用会发出强大噪声的工具，例如手携式破碎机或强力电钻或只可在特定的时间内使用这些工具。

法团、工程顾问以及承包商应清楚知道，若大厦内有建筑工程，其产生的噪声会通过大厦的结构，滋扰一些对噪声敏感的使用者，如住宅单位。在此情况下环境保护署也绝少会发出建筑噪声许可证，就算会发出，也会加上严格的防止噪声扩散条款。许可证需挂在工地明显处。

（2）尘埃

减少尘埃的方法包括在敲凿位置的四周围上隔尘设备，例如隔尘板或洒水以减少尘土飞扬。

（3）污水

为减低污染，承包商应在污水排放地点放置过滤器及泥沙沉积装置，并避免将污水排放入下水道导致堵塞。

（4）建筑废料

应指定一个具有足够收集能力的地点收集建筑废料，并在该地点的四周设置适当的隔板，定期将废料运走，避免过量堆积。

4. 工地安全监工计划书

较大规模的建筑工程，制订有工地安全监工计划书。持证人员、注册结构工程师及注册承包商必须在开工前，按工程的性质及规模向屋宇署提交该计划书，在施工期间，屋宇署按计划书派适当技术人员监督工地安全计划。

若需要提交工地安全监工计划书，持证人员、注册结构工程师及注册承包商均须聘请适当技术人员，进行工地安全监督。根据工程的性质及规模，所须监督的层次也会有不同的标准。

5. 非法建筑物

非法建筑物在香港楼宇中非常普遍。所有没有得到屋宇署批准的建筑物都是非法建筑物，大到在天台加建一层，小到在外墙加建窗檐或门前加装铁门都是非法建筑物。这些非法建筑物对大厦结构、大厦使用者及街上路过的行人及车辆都会构成危险。因此应尽量在大型维修工程时一并将这些非法建筑物清除。

但清除这些非法建筑物通常都会遇上个别业主不合作。法团要尽量向有关业主解释利害关系及征求合作，同时法团也可要求有关政府部门帮助及配合，例如屋宇署及民政事务处。

6. 拒绝缴纳维修费用

若有个别业主拒绝缴纳维修费用，法团可在通过书面催促后，把案件交由律师及最后向土地注册处登记。在登记后，当有关的业主出售有关这些房屋时，卖方要先清付有关欠款连利息及诉讼费，才能完成交易。再者，法团可向法院申请将有关业主清盘、破产，将有关单位拍卖以填补法团的损失。

7. 拒绝让工人进入私人地方

很多情况下，维修工人需要进入私人地方进行更换或维修工程，例如部分大厦公共水管要经过各住户的厕所或厨房。

大厦公约是赋予法团有权力进入私人地方，以便进行维修或更换公共设施。当然最好的方法是请各业主合作，而毋须使用法律解决。

8. 天气问题

若大型维修涉及外墙的工程，则要详细考虑天气可能对住户在工程期间所引起的影响。这些工程要尽量避免在雨季或风季进行。若不能避免时，便要承包商做预防措施以减低可能之影响。

第九节　防止贿赂

所有参与大厦保养及管理工作的人士必须留意，根据《防止贿赂条例》的规定，任何代理人（例如物业管理公司的雇员或法团管理委员会的委员）未得其主事人（即受雇的公司或法团）许可，在任何与其主事人的事务或业务有关的作为（例如选择承包商或监督工程）中索取或接受任何利益（例如礼物、贷款、折扣等），即属违法，而提供该利益的人也属违法。

一、申报利益

在投标之前，如法团管理委员会的委员在即将或将由管理委员会或法团考虑的标书或合同中有金钱上的利益关系，则该委员须以书面形式将该项利益关系告知管理委员会秘书。如管理委员会秘书有该项利益关系，则须以书面告知管理委员会的主席。凡已表示在标书或合同中有既得利益的委员，在管理委员会会议上投票甄选有关标书或合同时，必须放弃投票。

至于其他业主，若他参与投标委员会的采购，由于标书由管理委员会决定取舍，该业主不须申报利益，因他不是管理委员，无权决定。若标书由业主大会决定取舍，他应向大会申报利益，甚至不能参与投票选择标书。

如遇紧急情况发生，例如大规模电力装置故障，很多不能用招标方法进行。法团可采取临时改善措施，然后研究日后的防范。有些工程项目，例如保养和维修电梯，法团不能选择承包商而只能接受惟一标书，管理委员会应将理由记录并向业主大会报告，以保障委员的清白。

如招标是大型维修或改造工程，法团可考虑聘请有关人员统筹有关工程。在选择有关的承包商时，法团可参考屋宇署编制的《认可人士和承包商名册》。

二、常见的贪污及舞弊问题

在大厦保养及管理工作中常见的贪污及舞弊行为如下：

（1）选择承包商时收受非法回扣或利益，作为偏袒或泄露投标公司的标价，给某承包商的报酬；

（2）分拆工程合同，回避正常招标程序，以谋取私利；

（3）向负责采购物品或服务的人员、委员或其近亲所开设或拥有股份的公司采购物品或服务；或成立空壳公司，将差价中饱私囊。

第十节　工程公开招标应用文件范本

一、报价表

（1 万元以下）

1. 甲部

本人受业主法团的委托代购下列物件，现将该货品的数量、价钱及供货商等资料详列如下，以供参考。

项目	货品	数量	价格	供货商	地址	电话

本人建议向（供货商名称）购买上述数量的货品。本人并向管理委员会申报，本人与该供货商并没有任何利益关系。

本人并不推荐定价较低的供货商，原因如下：＿＿＿＿＿＿。

负责人姓名：＿＿＿＿＿

签　　署：＿＿＿＿＿

日　　期：＿＿＿＿＿

2. 乙部

（1）本人同意/不同意此项报价表的建议。

获业主法团授权的人士姓名：＿＿＿＿＿

签　　署：＿＿＿＿＿

日　　期：＿＿＿＿＿

（2）本人同意/不同意此项报价表的建议。

获业主法团授权的人士姓名：＿＿＿＿＿

签　　署：＿＿＿＿＿

日　　期：＿＿＿＿＿

二、征求报价

致供货商及承包商：＿＿＿＿＿

本法团现就以下所需的物品/服务征求报价：

物品/服务	数　量	所需规格

如贵公司有兴趣提供上述物品/服务，请将报价以密函形式于（日期及时间）前寄回本法团（地址：＿＿＿＿＿＿＿）。

逾期递交的报价概不受理。若有任何疑问，请与（获法团授权人员的姓名及联络电话）直接联络。

业主法团管理委员会主席

（签署）

谨启

＿＿＿＿年＿＿＿＿月＿＿＿＿日

三、有关维修工程的招标

致承包商：＿＿＿＿＿＿＿

本大厦现正招标承办大厦维修工程，有关的资料细列如后。贵公司如有兴趣承办此项工程，请于（日期及时间）前将标书及贵公司的商业登记证书副本、以前承包过的同类工程及公司的财政状况等资料交回本法团。标书递交的地点是（地址：＿＿＿＿＿＿）。逾期递交的标书概不受理。

为避免标书被胡乱放置、延误或毁灭，投标者请直接将标书投进上述地点的投标箱内。若有困难，投标者可派专人递交标书或以邮递方式寄回上述地点。（随函附上回邮信封一个，以便运用）

本法团并没有委托任何人代办此项招标事宜，若有任何疑问，请与（获法团授权人员的姓名及联络电话）直接联络。

业主法团管理委员会主席

（签署）

谨启

＿＿＿＿年＿＿＿＿月＿＿＿＿日

维修工程标书

维修工程概要

项目	工程类别	质量标准	数量	附带条件	＊价钱	＊其他补充

附带条件包括折扣、完工日期、付款细则等。星号处由投标公司填写。

本公司有兴趣承办贵大厦上列的维修工程。现附上该项工程的标书及其他有关资料，以供参考。本人并声明本人拥有（并不拥有）贵大厦的任何业权，也有（没有）在贵大厦担任管理委员会委员的职务。

☐　商业登记证书副本

☐　本公司现有参与管理的物业名单

☐　其他（请列明）

　　（请在方格内√上适用者）

公司名称：_____

负责人姓名：_____

签署：_____

日期：_____

四、投标记录

本大厦正为_____一事进行招标，招标信件已寄往下列公司：

序号	公司名称	地址	联系人	电话	传真
1					
2					
3					
4					
5					
6					
7					
8					

业主法团管理委员会主席姓名：_____

签署：_____

日期：_____

五、开标记录

本大厦为_____事进行的招标，并已截止招标，并于（日期及时间）开标。此次招标共接获_____份标书，现将参与投标的公司名称及标价详列如下：

序号	投标公司名称	标　价
1		
2		
3		
4		
5		

监标委员会成员签署

序号	姓名	职位	签署
1			
2			
3			
4			
5			

六、利益申报声明

管理委员会（评选标书会议）　　　　　　　　　　　　　　　日期：_____

讨论事项：工程、合同、采购、其他（请列明）

管理委员会委员明白如他或其直属家庭成员持有与上述讨论事项有关公司的直接或间接权益，应作出申报并退出有关的讨论及决定。

根据以上规定，管理委员会委员作出以下声明：

利 益 冲 突		委 员	
有	没有	姓名	签署

（请于适当空格加上√号）

七、投标结果（适用于中标单位）

致投标者：_____

本法团接获贵公司有关本大厦_____一事的标书。经法团审核后，决定批出该项合同予贵公司。现特函通知，并请贵公司致电（电话）与法团委员（姓名）联络，商讨有关跟进的工作。

业主法团管理委员会主席

（签署）

谨启

_____年_____月_____日

八、投标结果（适用于落选单位）

致投标者：_____

本法团接获贵公司有关本大厦_____一事的标书。经法团审核后，贵公司未能中标。此项合约的中标公司是_____，中标价为_____。现特函通知，并多谢贵公司参与此次的投标。

如阁下对此次投标有任何疑问，可致电（电话）与法团委员（姓名）联络。

业主法团管理委员会主席

（签署）

谨启

_____年_____月_____日

九、投标结果通告

致业主/住户：

本大厦为_____一事已进行招标。经审核后，决定接纳（承包商公司名称）为承包商，原因如下：_____。

业主法团管理委员会主席

（签署）

谨启

_____年_____月_____日

第十九章　突发事件的处理程序

应做好各项突发事件的预防工作，尽量避免事故的发生，设备应经常维修保养。平时准备适当的物资设备应付突发事件，如防水沙包、潜水泵等。制订发生突发事件的工作指引及联络方法，并经常组织有关演习。大厦管理人员包括保安、技工、管理人员等应了解大厦的各项设施，例如阀门的位置、防水沙包的存放地点等。同时知道发生紧急事件的处理方法。管理处及值班室应张贴突发事件的紧急电话联络表，电话包括公司有关人员、工程人员、管理处人员、政府有关部门、火警、救护、电梯、供水、供电、消防等保养商。

第一节　火警发生时的应变措施

一、火警发生时的应变措施

1. 火警发生时，保安员要保持冷静，并按以下步骤进行处理：

（1）高呼火警，然后敲碎最近的火灾报警按钮玻璃，此时响起警铃；

（2）立即打电话，通知消防处发生火警的详细地点及情况。然后，再通知管理公司或大厦所指定的消防安全主任；

（3）在确保本身安全情况下，可利用就近的灭火设备救火。切勿用水扑救因电器故障而引发的火警；

（4）当接到火警报告后，管理公司的负责人或大厦消防安全主任应尽快赶往现场，连同保安员向消防人员及大厦居民提供适当的协助。

2. 若火警一旦得不到控制，应有秩序地疏散住户及访客。疏散程序如下：

（1）保持镇定；

（2）除照明灯外关掉所有电器用具。离开时应关上所有门，但切勿将门锁上；

（3）如有任何居民不知去向或已知留在现场，须立即向消防处人员报告；

（4）沿楼梯撤离，撤离时应步行，不应奔跑；

（5）切勿使用电梯（因为电力可能随时中断，令乘客被困电梯内）；

（6）关掉经过的防火门，切勿用楔子将防火门打开；

（7）切勿携带大件物品或重物；

（8）除非另有指示，否则应离开大厦往指定的地方集合点名；

（9）除非消防人员表示已经安全，否则不应返回大厦。

二、火警误报时的处理方法

在香港大厦的火灾报警系统是与消防处连接的，一旦大厦的火灾报警系统发生报警，消防处会同时收到报警信号，并派消防车及时赶到火灾现场，无论因为何种原因发生火灾报警，管理人员都应及时确认情况，若发生火警，按有关程序执行。如果是误报警，应及时通知消防处"通知挂牌"，消防处会暂时切断此大厦的消防信号，直到大厦通知除牌后，消防信号再重新接通。

当火警警铃鸣响时，保安员应采取下列行动：

（1）通过对讲机通知控制室要求协助；

（2）控制室人员应从火警报警控制盘查询火警警铃鸣响的位置；

（3）通知值班主管或工程人员到现场调查，如调查证实误鸣，按动静止按钮使火警警铃静止；如答案是否定，须依照"火警"程序处理；

（4）通知所有大厦人员，发生了消防误鸣情况，请大家不必惊慌；

（5）通知控制室有关情况及返回地面等候消防人员到场调查；

（6）当消防人员到达后，带领消防人员到现场检查；

（7）当消防人员离开后，控制室人员应致电消防处挂牌及通知消防保养公司派员维修；

（8）当消防保养公司派员维修后，控制室人员应致电消防处除牌及将火警报警控制盘的"重置"按钮启动。

第二节　喷淋头误爆的处理方法

平时管理人员应按照水浸容易发生的地点，评估摆放防水用品的位置，有关人员应知道防水用品摆放位置，如防水布、沙包等，每个管理人员及工程人员都知道喷淋系统各种水泵及阀门的位置，当有喷淋头误爆裂时，能及时关掉水泵及阀门。

喷淋头爆裂有两种可能，一是由于火焰燃烧使喷淋头爆裂用于灭火；另一种是由于人们不注意碰到而产生误爆。喷淋系统管道内的水平时有一定的压力，当喷淋头爆裂时有水从喷淋头喷出，这时管道内水的压力降低，喷淋水泵启动，供水给喷淋系统，使喷淋头不断有水喷出。水的大量喷出，必然造成水浸。如果是误爆喷淋头，应做到以下几点：

（1）第一时间安排人员查看爆裂喷淋头的位置，关掉喷淋水泵及爆裂水管的阀门，将受影响程度减至最低；

（2）实时带对讲机前往现场视察，通知大厦主管、保安人员及工程人员赶赴现场；

（3）如爆水管地点接近电梯大堂，为避免对电梯造成破坏及对住户造成危险，应立即将电梯升至喷淋头误爆现场较高的楼层然后上锁，贴上停止使用的告示；

（4）视察现场附近的配电房、电梯或其他地方设施有否受水浸影响，并加派人手在有关受影响的配电房及电梯口等地方堆放沙包。如怀疑有关的配电房或变压器房受水浸损坏，必须通知电工到场关掉总开关，通知有关保养公司或电力公司协助；

（5）摆放沙包，防止水流入附近住户单位造成破坏；

（6）将沙包摆放于有水地方，引导水流向排水渠或楼梯间；

（7）通知清洁工人清理积水，摆放"小心地滑"的警告牌；

（8）通知工程人员进行维修；

（9）当事件处理完毕后，将详细报告呈上公司以安排维修及保险事宜。

第三节 停电时的应变措施

如接获某单位投诉无电或跳闸，管理员不可以擅自替住户修理。如有电工值班，电工可前往该单位协助。观察现场附近单位是否有同类事件发生，如附近单位并非有同类事件发生，查看有关室内的总开关有否有跳闸现象，如答案是"是"的话，先将所有电器关闭后，再将总开关按回原位。如按回原位后仍未能恢复供电则必须通知工程人员检查及修理；如附近单位也出现同类现象，必须通知工程人员检查及修理。当大厦全部停电时，管理人员应做好下列工作：

（1）发生停电故障时，应立即通知电力公司或管理公司派技术人员到现场抢修；

（2）电力中止期间，加紧注意各出入口通道的安全；

（3）查看电梯内是否有人被困及留意警铃是否鸣响；

（4）当维修人员抵达大厦时，当值人员安排好保安工作后，陪同维修人员前往了解停电情况，直至维修人员离开大厦为止；

（5）当电力不能及时修复时，应发出通知告知住户，此时给水、电梯等将受影响；

（6）当恢复电力后，必须访问数住户，以确认电力恢复正常，并请修理人员留在大厦片刻，看是否再有故障发生；

（7）查看大厦的各项设施是否工作正常，如供水水泵、安防系统、消防系统、电视系统、电梯、定时开关等；

（8）将事件记录在案。

记住：维修及进入总配电房的人员必须领有电工证，同时获授权所有未领有效的电工证的管理员，一律不可以替住户检查或修理开关、电器等。

第四节 停水时的应变措施

接获停水供应，管理人员必须按照以下程序执行：

（1）赶赴现场观察现场各楼层是否有同类事件发生，如各楼层并非有同类事件发生，检查入水阀门有否被关上，如被关上，须重新开启；

（2）如各楼层也出现同类现象，必须检查大厦地下水泵房的水泵控制箱是否出现故障，如答案是，通知工程人员维修及开启水泵向水箱供水；

（3）检查地面水箱是否来水。如无来水，即表示水务署给水系统出现故障，应向水务署查询。如有必要，水务署将作临时供水，通知住户到附近临时供水站取水；

（4）如不能及时恢复供水，应在大厦贴上紧急通告；

（5）当事件处理完毕后，必须报告及记录。

第五节 水浸时的应变措施

管理人员应知道防止水浸用品摆放位置，如防水布、沙包等，按照水浸情况及地点评估摆放防水用品的位置，每个人员都知道各种阀门的位置，当有水管爆裂时，能及时关掉阀门。当雷雨警报及台风警报发生时，按时向天文台查询天气消息，当雷雨警报及台风警报解除或天气好转，视情况可将防水用品移走。

一、突发性水浸时的应变措施

（1）当接获投诉或报告有水浸事件，保安员带对讲机及时前往现场视察。通知大厦主管及工程人员赶赴现场；

（2）当抵达现场，立刻判断出水的来源及影响程度；

（3）查看爆裂水管阀门的位置，关掉爆裂水管的阀门，将受影响程度减至最低；

（4）如爆水管地点接近电梯大堂，为避免对电梯造成破坏及对租户造成危险，将电梯升至爆水管现场较高的楼层然后上锁，贴上停止使用的告示；

（5）视察现场附近的配电房、电梯或其他地方设施是否被水浸，并加派人手在有关的配电房及电梯门口地方堆放沙包。当怀疑有关的配电房或变压器房受水浸损坏时，必须通知电工到场，关掉总开关，通知有关保养公司或电力公司协助；

（6）摆放沙包，防止水流入附近单位造成破坏；

（7）将沙包摆放在有水的地方，引导水流向排水渠或楼梯间，当摆放防水用品后，按时监视水浸情况，必要时调整沙包位置；

（8）通知工程人员进行维修；

（9）通知清洁工人清理积水；

（10）摆放"小心地滑"的警告牌；

（11）当事件处理完毕后，将详细报告呈交公司以安排维修及保险事宜；

（12）如事件发生时会影响大厦的正常供水，必须用告示通知各住户；

（13）通知保险公司，了解损失情况。

二、室内水浸应变措施

（1）当接到室内水浸投诉或报告，保安员带对讲机及时前往现场视察；

（2）当抵达现场，即敲门、按门铃、用大门对讲机或电话联络单元内的住户；

（3）如没有反应，不能使用工具撬门或意图进入，设法找出阀门的地点（可能总阀门在天台或其他公众地方）；

（4）立刻致电该户主的紧急联络电话，催促他马上回大厦开门关闭阀门；

（5）如情况严重，立即致电消防处及警务处，由消防员破门进入视察，警员在场作证；

（6）如需要关闭大厦总阀门，而影响大厦正常供水，必须用告示通知各住户。

第六节　电梯困人时的应变措施

如有乘客被困电梯内时，管理人员应尽快直接与电梯保养商故障处理中心联络，以便立刻派出专门技术人员救出被困乘客及检查电梯，管理人员切勿尝试私自打开任何电梯厢门，试图救出被困乘客，避免因电梯突然恢复运行时造成更严重的意外事件。

当电梯有故障时，管理人员应采取下列行动：

1. 确认故障电梯

大厦各电梯内的警钟系统与管理处的电梯控制盘相连，遇有警铃鸣响，必须采取下列行动：

（1）留心观察每部电梯楼层指示灯牌，找出哪部电梯停留不动；

（2）查明故障的电梯编号、位置、停留楼层位置。

2. 通知电梯保养公司

通知电梯保养公司派员到场协助，应详细说明以下事项：

（1）大厦名称及地址；

（2）失灵电梯的编号；

（3）电梯停止状态（如厢门半打开或轿厢与候机厅有距离而门打开等情况）；

（4）轿厢内被困乘客人数；

（5）电梯所停留楼层；

（6）联络者姓名与电话号码。

3. 联络被困乘客

通过电梯内的闭路电视系统观察被困者的情况，查看被困人数。前往有关电梯停留的楼层，隔着关闭的电梯门与被困乘客对话。劝告被困乘客保持忍耐及镇定，告诉他们已开始拯救行动，这样做将会令被困乘客感到放心及减少烦躁。值班控制室人员也可利用电梯内置的对讲机与被困者联络，如遇有不适及事态严重，必须立刻报警要求消防处协助救援。

4. 尽快拯救被困乘客

在任何紧急环境中，效率是最重要的。如电梯公司职员超过所规定的时间内到达现场，值班大厦主管须决定是否要求消防处救援（规定的时间根据当地情况而定，一般规定是 20～30min）。

5. 通知消防局

当电梯公司职员到场几分钟后仍未能拯救出被困乘客时，应询问其再需多少时间才能完成拯救工作，如其在随后的数分钟内仍未能救出乘客，则必须立即报告消防局及要求救援。消防局有特别受训拯救人员，他们在接到通知时都会到场拯救。

6. 被困乘客被救出

当乘客被救出时，管理员须在现场，如有被救出者特别感到不适，需酌情给与医药援助。这样积极的态度会使被救者感到最大的关注，以避免可能发生的投诉或不满。

7. 安排电梯公司进行电梯维修。

8. 当事件处理完毕后，必须向管理公司报告事故情况。

第七节　煤气泄漏时的应变措施

发生泄漏煤气的处理方法：

（1）如发觉有煤气漏出，切勿点火及开动电器，包括按动门铃，也不能打开排风扇，以防产生火花引起火警；

（2）如只有少量煤气泄漏迹象，应首先与住户单位联络了解情况。应打开室内所有窗门，然后关上单位的煤气总阀门，并致电煤气公司派员修理；

（3）应知道大厦的煤气供应开关阀门安装位置。若发觉有大量煤气漏出，应首先关上整幢大厦的煤气总阀门，并立即报警及致电煤气公司派员抢修；

（4）应协助住客疏散，如有人受伤，必须立刻将其抬离现场至通风的地点，施行急救；

（5）报告及记录事故经过。

第八节　防盗警铃鸣响时的应变措施

大厦内装设防盗报警系统，包括安装在太平门上的报警器、住户单位及公众地方的报警按钮等。当控制室人员从大厦防盗报警系统接获报警信号后，须派员前往查询，如遇事故发生，必须报警处理，误鸣必须查明原因。

第九节　其他事件

1. 政府官员探访

当政府官员，包括警方人员、消防人员等进入大厦范围，大厦管理人员必须查询该官员进入大厦范围的原因，通知值班主管安排人员陪同，此举并非干扰他们的工作而是协助他们，因他们对大厦环境并不认识。

2. 公众地方的维修

在公众地方进行维修工程，必须顾及公众卫生及安全，尤其对高空作业。值班人员必须对该工程的安全加以关注，必要时可将维修工程停止，直至承包商做妥善的安全设施，摆放完善的警告及封闭维修范围附近。

3. 张贴广告及派送传单

除非得到管理处书面许可外，在大厦范围及大厦所属地方（包括大厦外围），禁止张贴广告及派送传单。遇到有人张贴广告及派送传单，值班人员必须制止及向管理处报告。

4. 钥匙处理

控制及处理公共地方及大厦设备房的钥匙是管理处值班人员的责任，除大厦员工外（例如工程部人员、清洁工人），任何合法使用人员需要开启某公共设备房间时（例如电表房、水泵房等），必须向管理处申请，控制室值班人员须安排值班人员开启该公共设施房间，待该人员使用后，须立刻将门户锁上。任何人员借取钥匙时必须登记，表格见19-1。管理处值班人员须查询该人的身份及进入该房间的目的。

钥匙借用登记表　　　　　　　　　　　　　　　　　　　　表 19-1

序号	钥匙编号	开启房间	借用人姓名	借用人单位	证件名称	证件编号	借用目的	借用时间	归还时间	备注

5. 国旗悬挂

国旗及区旗是根据《中华人民共和国国旗法》规定而悬挂。《中华人民共和国国旗法》第七条规定：国庆节、国际劳动节、元旦和春节，各级国家机关和各人民团体应当升挂国旗。

《中华人民共和国国旗法》第十二条规定：升挂国旗应当早晨升起，傍晚降下。

第十节 事件报告

事件发生后，值班人员事后应写事件报告上交，格式如表19-2。

事件报告		表 19-2

大厦名称：	报告者：
事件类别：	发生日期：
事件地点：	发生时间：
记录编号：	报告编号：

纪 录

题目：

附件：1. □记录纸 张 2. □照片 张 3. □其他：

事件处理意见及结果：

签名： 日期：

第二十章 职业安全

香港特区政府一向致力于确保所有参与公共工程的人员均有安全和健康的工作环境，对其他可能受影响者也同样关注。为此，我们必须确保承包商遵守政府制订的安全标准，而要达到这个目标，现场监督尤其重要。

工地安全，人人有责。在安全工作的执行及监督过程中，我们必须实施下列措施：

（1）管理层须提供所有必要资料、指引、培训、监督和合适的工作环境，以确保所有雇员的健康及安全；

（2）所有雇员必须履行与其工作有关的健康及安全责任，各尽本分，使工作环境符合安全健康的标准；

（3）所有承包商与供货商必须遵守严格的健康及安全标准和要求；

（4）管理层必须定期监察和检讨健康及安全计划与绩效目标，以求不断改进，使能达到无意外发生的最终目标。

每人必须提高警觉，一旦发现有违反安全的行为或情况，立即要求纠正。此外，也须以谨慎的态度采取有效的安全措施，以免一时疏忽而误己误人。

本章的主要目的是让各级维修人员了解日常工作的基本安全知识。

第一节 雇主、雇员及安全人员的职责

一、雇主

1. 制订关于全体员工的工作安全与健康政策。

2. 为雇员提供安全健康的工作环境，并保护其他可能受工程影响的人士。

3. 向雇员提供足够及适当的资料、指示、训练和督导。

4. 制订有关安全与健康的标准和程序。

5. 委派专人负责，确保安全与健康政策得以全面落实，而各有关人士也应严格遵守有关安全与健康的标准、指示和程序。

6. 为雇员提供足够及合适的个人防护装备，装备包括安全帽、焊接面罩、耳罩、手套、安全鞋、防尘口罩、安全工作服、安全眼镜及安全带等，如图 20-1 所示。

二、雇员

1. 熟悉安全政策以及法规和工程合同、《建筑工地安全手册》、《建筑工地安全实务手册》等文件所载明的安全与健康规定，以及与雇员工作有关的其他安全与健康的标准、指示和程序，并与雇主合作，共同执行上述政策和遵守安全规定，以免发生意外。

2. 时刻以安全的方式工作，并顾及本身和可能受影响者的安全。不得轻率，避免采

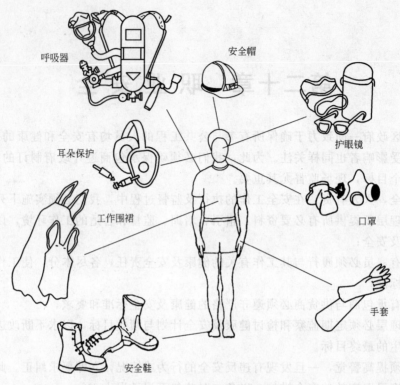

呼吸器

安全帽

护眼镜

耳朵保护

口罩

工作围裙

手套

安全鞋

图 20-1 个人保护装备图

取危险快捷的方式或使用临时制作的危险工具，遇有疑问，应寻求协助和征询意见。

3. 按需要使用个人防护装备，使用后应妥善保管。

4. 如发现任何工具、设备及装置有欠安全或有任何危害健康的情况，应及时报告，或向督导人员、管理工地的人员报告。

5. 遇有任何意外，应立刻向督导人员及时报告。

如发现任何可能导致意外或严重受损情况，应及时向督导人员报告，并实时采取行动。不熟悉安全与健康的标准、指示及程序、无心之失等一律不是疏忽职守的借口。

三、安全员

"安全员"是指根据《工厂及工业经营（安全员及安全督导员）规范》注册，并受雇于承包商，以执行签订的合同和该规定内所有属于安全员职务者。

根据上述规定，当承包商辖下一个或以上的建筑工地雇员总人数达 100 人或以上，便须雇用一名全职安全员。

就环境运输及工务局辖下工程（以下简称"工务工程"）合同而言，如有关工程或合同所雇用的工人总数在 50～200 人，便须雇用一名全职安全员。至于定期合同，则须雇用至少一名全职安全员。承包商必须参阅合同文件内有关提供安全员的具体规定。

安全员的主要工作为：

1. 协助雇主落实安全政策以及有关法规和工程合同内的安全与健康规定，包括《建筑工地安全手册》、《建筑工地安全实务手册》的规定以及其他有关安全与健康的标准和指示。

2. 确保所有装置、机器、设备及工具得到妥善保养，可安全使用。确保承包商派往操作特别装置和设备的人员已经列入有关的登记册。核查有关装置和设备是否全部由指定的合格人员操作。

3. 确保所有消防装置和消防疏散通道得到妥善保养，使性能良好且安全畅通。

4. 确保施工场地的状况符合安全和健康的标准，并管理完善。

5. 检查施工地点、机械装置及现场是否安全，并编写检查报告。

6. 确保员工遵守安全规则和采用安全的作业方法，并协助安全督导员进行监督。

7. 如在工作地点发现任何有欠安全的作业方法和情况，须向工地管理人员报告，并编写报告提交雇主。

8. 评估风险，编写施工安全方法说明书，如有需要，说明书内应包括管制中高风险工作的措施。

9. 调查意外成因和编写调查报告。就所应采取的预防措施提出建议，以免同类事件再次发生。

10. 筹办及举行安全训练课程和研讨会，并撰写训练记录。

11. 筹办安全推广活动。

12. 与劳工处职业安全主任及促进职业安全与健康的机构代表保持联络。

13. 在工地上佩戴写着"安全员"中英文字样的臂章或安全帽，以便识别。

四、安全督导员

根据《工厂及工业经营（安全员及安全督导员）规定》有关安全督导员的规定，当承包商管辖一个或以上的建筑工地雇员总人数达 20 人或以上时，即须雇用一名安全督导员。

承包商一般须雇用至少一名安全督导员，而每多雇用 50 名工人，便须额外聘请一名安全督导员。此外，每份工程合同的总承包商如在进行所负责的工程时雇用 20 人或以上，也须至少提供一名全职安全督导员，以监督、管理工程的安全。至于定期合同，如某工作地点所雇用的工人超过 20 名，则承包商也须至少雇用一名全职安全督导员驻守该处。承包商必须参阅合同文件内有关提供安全督导员的具体规定。

安全督导员主要工作为：

1. 协助安全员及工地管理人员落实关于安全与健康的规定、标准和指示。

2. 熟悉辖下队伍所进行工程的有关法定规例，要求所有员工时刻遵守有关规定，并在意外发生后及时处理。

3. 确保所有员工熟悉有关安全政策，并采取所有切实可行的步骤落实政策。

4. 把安全指示纳入日常工作程序，并确保所有员工认真遵守执行。

5. 采取所有监督步骤，防止工人不按照安全工序工作。

6. 协助安全主任安排新聘员工（特别是缺乏经验的学徒或新入职的工人），接受以工地为本的安全训练，学习采取安全措施。此外，也须为工人举办工地安全讲座。

7. 确保所有员工在需要时，即穿上防护衣物和使用防护装备。

8. 禁止员工在工地嬉戏，并训斥不顾自身和他人安全的员工。

9. 如发现任何装置和设备有问题，应及时报告，并确保员工停止使用任何不安全的装置和设备。

10. 确保所有装置和设备在无人看管时，安全稳妥。

11. 提醒管理人员定期补充急救箱内的物品。

12. 向管理人员及安全员报告有关安全与健康事宜。

13. 在工地上佩戴写着"安全督导员"中英文字样的臂章或安全帽，以便识别。

五、安全代表

1. 安全代表一般由负责某一工种的全职施工员出任。

2. 协助安全员及工地管理人员落实关于安全与健康的规定、标准和指示。

3. 把安全指示纳入日常工作程序，并确保所有员工遵守执行。

4. 采取所有步骤，预防工人不按照安全程序工作。禁止员工在工地上嬉戏，并训斥不顾自身及他人安全的员工。

5. 确保所有员工在需要时即穿上防护衣物和使用防护装备。

6. 向工地管理人员及安全员报告有关安全与健康的事宜。

7. 在工地上佩戴写着"安全代表"中英文字样的臂章或安全帽，以便识别。

六、建筑师/工程师代表及工地督导人员

1. 落实环境运输及工务局的安全政策，以及相关法规、工程合同、《建筑工地安全手册》、《建筑工地安全实务手册》、安全计划（根据个别合同的规定）等文件的安全与健康规定，以及其他有关安全与健康的标准、指示及程序。

2. 进行实地视察，以确保一切工序符合安全与健康的标准、规则和作业方法，有需要时并采取及时行动。

3. 必须保存所有机器、机械装置、设备和工具的维修保养记录，并由合格人员操作装置和设备。

4. 暂停使用/收回所有发现有故障的机器、装置、设备和工具，直到维修妥当为止。

5. 检查所有个人防护装备是否得到妥善的保养，并备有足够数目，随时可供使用，而工人也使用得当。

6. 如发现安全与健康措施有任何不足之处，或发生危险事故应及时报告。

7. 密切监视承包商的工作，如发现任何作业方法或施工方法存在安全隐患，应根据合同所赋予的权力，要求尽快加以改正。

8. 担任工地安全管理委员会主任，以及出席工地安全委员会会议。

9. 就建筑工地安全事宜与劳工处保持密切联络。

10. 进行意外调查，并建议及时采取措施，以免同类意外再次发生。

11. 编制工地意外统计数字报告及承包商安全表现报告。

12. 指派和训练工地人员去执行合同内的安全规定。

13. 参与安全审核，并确保有关人员执行安全审核员在安全审核报告内所提出的建议。

第二节 强制性基本安全训练课程

由 2001 年 5 月 1 日起从事建筑工程和货柜处理作业的雇员，必须修读获劳工处处长

（下称处长）承认的安全训练课程，并持有有效证明书（通常称为"平安卡"）。而建筑工程和货柜处理作业的雇主，只可雇用持有有效证明书的人士从事建筑工程或货柜处理作业。受雇人士于工业经营工作时必须携带该证明书，并在雇主或劳工处的职业安全主任要求下，出示该证明书。

一、雇主的责任

任何建筑工程或货柜处理作业的雇主：

（1）只可雇用持有有效证明书的人员从事建筑工程或货柜处理作业；

（2）须为未能应要求出示所持证明书的人员按处长指明的形式设立及备存记录册。

二、受雇人员的责任

任何受雇人员从事建筑工程或货柜处理作业的人：

（1）工作时携带有关证明书；

（2）在雇主、雇主授权的代理人或劳工处职业安全主任的要求下出示该证明书；

（3）当未能在雇主或其代理人的要求下出示所持证明书时，须在雇主备存的记录册内作出声明；

（4）当未能在职业安全主任要求下出示所持证明书时，须于该主任指明的地点及限期内出示该证明书。

三、证明书

1. 有效期
修读认可安全训练课程而获发给的证明书有效期为1~3年。

2. 遗失或污损等
若遗失证明书或证明书被污损，则有关人士须尽快向处长提出要求补发证明书的申请。

第三节　工厂及工业经营（密闭空间）规定介绍

本节简单概述《工厂及工业经营（密闭空间）规定》的主要条文，使对规定的内容得到初步认识。

《工厂及工业经营（密闭空间）规定》适用于在任何工业经营内，包括：

（1）在密闭空间内进行的工作；

（2）在紧接密闭空间的附近地方进行工作。

1. "密闭空间"
指任何被围封的地方，而基于其被围封的性质，会产生不可预见的危险，"密闭空间"包括任何会产生危险的密室、下桶、坑槽、井、污水渠、隧道、管道、烟道、锅炉、压力容器、舱口、沉箱、竖井或筒仓。

2. "指明危险"
（1）指因发生火警或爆炸而导致任何正在工作的人严重损伤的危险；

（2）指因体温上升而导致任何正在工作的人丧失知觉的危险；

（3）指因气体、烟气、蒸气或空气缺氧而导致任何正在工作的人丧失知觉或窒息的危险；

（4）指因任何液体水平升高导致任何正在工作的人员遇溺的危险；

（5）指因自由流动的固体而导致任何正在工作的人员窒息的危险；

（6）指因陷入自由流动的固体而导致任何正在工作的人员无力达到可呼吸空气的环境的危险。

一、雇主或承包商的责任

1. 危险评估及建议

在进行密闭空间工作前，委托合格人员对密闭空间工作进行危险评估，并就安全及健康措施作出建议。

每当密闭空间的状况或进行的工作有重大改变时，或有理由怀疑可能发生上述改变时，而该改变可能会影响工人的安全及健康，便须委托合格人员重新进行评估和作出建议。

"合格人员"指符合以下条件的人：

（1）年满18岁。

（2）具备以下其中一项资格：

1）已根据《工厂及工业经营（安全员及安全督导员）规定》注册为安全员；

2）持有一份证明书，而发出该证明书的人已获劳工处处长授权发出该项证明书以证明某人有足够能力编写危险评估报告；

3）获注册或证明书后，在对工人于密闭空间工作时的安全及健康作出危险评估方面有至少一年的相关经验。

2. 遵从危险评估报告及发出证明书

在容许工人首次进入密闭空间前，核实合格人员所呈交的危险评估报告及发出证明书。阐明已就危险评估报告指出具危害性的事物采取了所有需要的安全预防措施，以及工人可安全地逗留在密闭空间内的时限。

当危险评估报告内的建议未全部获得执行前，确保没有工人进入密闭空间或在其内逗留。密闭空间内进行的工作完结后，将有关的证明书及危险评估报告保存一年，并在职业安全主任提出要求时，将他们提供给职业安全主任查阅。

"危险评估报告"是一份书面报告，记述合格人员对密闭空间工作的评估和作出的建议。报告须指出可能存在于密闭空间内具危害性的事物，就他们所导致的危险评定危险程度，以及在不局限这些原则上涵盖以下各项：

（1）在工作中会采用的工作方法、工业装置及物料。

（2）是否有具危害性的气体、蒸气、尘埃或烟气存在或有缺氧情况。

（3）发生以下情况的可能性：

1）具危害性的气体、蒸气、尘埃或烟气的进入；

2）可散发其危害性的气体、蒸气、尘埃或烟气的淤泥或其他沉积物的存在；

3）自由流动的固体或液体的涌入；

4）在密闭空间内发生火警或爆炸；

5）因环境温度导致工人体温上升而丧失知觉。

（4）就需要的安全措施作出建议，包括是否需要使用认可的呼吸器具。

（5）工人可在密闭空间内安全地逗留的时间。

（6）如在进行工作的过程中，极有可能出现环境改变以致上述的具危害性的事物的危险性提高时，就所须使用的监视设备作出建议。

3. 安全预防措施

在容许工人首次进入密闭空间前：

（1）切断及锁好可在密闭空间内造成危险的机械设备的电源。

（2）封闭内含物可造成危害的管道。

（3）进行测试，以确保在密闭空间内没有任何其危害性的气体存在以及并无空气缺氧情况。

（4）使密闭空间得到清洗、散热和通风，以确保密闭空间是一个安全的工作场所，提供密闭空间足够可供呼吸的空气及有效的强制通风。

（5）采取有效的步骤以防止其危害性的气体、蒸气、尘埃、烟气、自由流动的固体或液体进入或涌入密闭空间。

（6）当有工作在密闭空间内进行时：

1）确保只有核准工人才可进入密闭空间或在其内工作；

2）确保有人在密闭空间外，与密闭空间内的工人保持联络；

3）将危险评估报告及有关的证明书展示在密闭空间入口的显眼地方；

4）确保所采取的安全预防措施持续有效。

"核准工人"符合以下条件的人：

（1）年满 18 岁；

（2）持有获劳工处处长授权的人发出以证明其有足够能力在密闭空间内工作的证明书。

4. 使用个人防护设备

常用的防护设备包括吹风机、安全带、通信设备、呼吸器、救生绳等（图 20-2）。

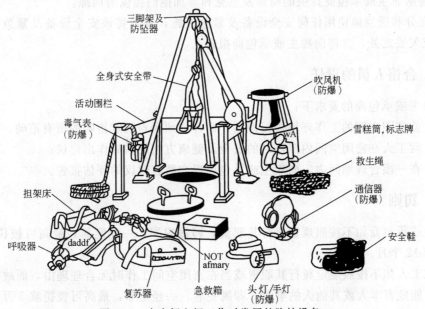

图 20-2　在密闭空间工作时常用的防护设备

确保在以下情况进入密闭空间或在其内逗留的人已佩戴可提供适当保护的认可呼吸器具。

（1）进行地下管道工作；

（2）危险评估报告建议使用认可呼吸器具。

确保使用认可呼吸器具的人也已佩戴安全带，安全带与一条救生绳连接，救生绳的另一端须由一个身处密闭空间外并有能力将该人从密闭空间拉出的人拿着。在密闭空间使用的呼吸器具须为劳工处处长认可的类型。

5. 紧急程序

制订和实施紧急程序，以处理密闭空间内可危及工人的任何严重和迫切的危险。提供足够而状况令人满意的以下器具，并须保持该器具随时可供取用：

（1）认可的呼吸器具；

（2）复苏器具；

（3）储存氧气或空气的容器；

（4）安全带及绳索；

（5）向身在密闭空间外的人示警的音响及视觉警报器。

确保当密闭空间内正在有工作进行时，有足够数目和懂得如何使用安全设备的人在场。

6. 提供资料及指导

向所有密闭空间工作的工人及在外面协助进行工作的工人提供为确保工人的安全和健康而需要的指导、训练及意见。提供一切所需设备以确保工人的安全及健康。

二、核准工人的责任

1. 遵循雇主或承包商实施的紧急程序。

2. 遵从雇主或承包商提供的指导及意见和参加他们提供的训练。

3. 充分和适当地使用任何安全设备及紧急设施，并须将该安全设备及紧急设施的任何故障或欠妥之处，立即向雇主或承包商报告。

三、合格人员的责任

在雇主或承包商的要求下：

（1）就密闭空间的工作环境进行评估，而评估须涵盖规定指明的所有范畴；

（2）就工人在密闭空间内工作时的安全及健康方面的措施作出建议；

（3）在一段合理期间内，向雇主或承包商提交载有建议的评估报告。

四、罚则

雇主或承包商如不按照规定履行其职责，即属犯罪，一经定罪，最高可被罚款 20 万元及监禁 12 个月。

核准工人如不按照规定履行其职责或当在密闭空间工作时无合理理由，而故意作出任何相当可能危害本人或其他人的事情，即属犯罪，一经定罪，最高可被罚款 5 万元及监禁 6 个月。

合格人员如不按照规定履行其职责或作出他知道在任何事项上属虚假的危险评估报告，即属犯罪，一经定罪，最高可被罚款 20 万元及监禁 12 个月。

第四节 水电维修工作安全措施

一、工人应该注意事项

1. 拆除管道前，先检查旧管卡是否有损毁或松脱的情况；
2. 锯钢管前，先将钢管用绳索固定；
3. 在有适当工作台和上下通道的棚架上进行高空工作；
4. 向工长报告任何缺乏足够安全措施的情况及提出意见；
5. 先得到工长的允许和作出了安全上的安排后，才开始电路检查工作；
6. 关上总开关电源后，将总开关锁上及张贴"危险—工作进行中"告示，以防止其他人干扰；
7. 在进行电路检查工作前，先用电表测试，确保电源已被切断；
8. 确实电源已被切断后才进行电力工程；
9. 立即向雇主或工长报告在工作中所发生的意外事故。

二、工长和负责人需注意事项

1. 制订一套拆除大厦外墙水管的安全工作指示；
2. 为工人提供关于拆除大厦外墙水管的安全指示及训练；
3. 把拆除管道工作下方设置屏障围起来，并挂上警告牌；
4. 进行巡视及监督，确保工人遵守有关的安全工作程序；
5. 为进行外墙高空工作提供有工作台和上下通道的棚架；
6. 当在所有情况下都不可能提供工作台时，为工人提供防坠落安全网、安全带，以及系安全带的独立救生绳或其他系稳物；
7. 训练及监督工人遵守安全的施工程序及安全措施；
8. 训练和指示工人正确使用梯子；
9. 制订安全工作制度，以确保电源已被切断才进行电力工程；
10. 为工人提供有关进行电力工程的安全指示及训练；
11. 进行巡视及监督，确保工人遵守安全施工程序及措施；
12. 制订有关电力事故的报告、调查及紧急应变程序；
13. 确保由合格的工人进行有关的电力工程。

第五节 维修工程安全措施

一、个人保护设备

1. 在施工现场内工作，任何时间都要戴好安全帽。

2. 在高于 2m 工作而没有围栏时，需使用安全带。

3. 在高噪声地方工作，需配戴耳罩或耳塞。

4. 在有物品或碎片飞出的地方下工作，需配戴安全眼镜。

5. 在有尘埃或毒气的情况下，需戴上呼吸器。

二、一般公众安全

1. 应在大厦施工周围搭建适当围板或围栏，避免公众擅自闯入。

2. 应在大厦入口处张贴警告告示，提醒公众有关擅闯施工地方的危险。

3. 建筑物料须堆放整齐，以策安全。

4. 易燃及危险物质须妥善储存。

三、高空工作

1. 搭棚架工人及其他危险工作工人，须佩戴降落伞员式安全带（另加适当悬挂绳）且须在工作期间将其扣于一独立的救生绳，或一稳固物及装置上，或一稳固的固定点上。

2. 如未能提供适当工作台或适当围栏的特殊情况下，须提供防止工人坠下受伤的安全带或安全网。

3. 离地面 2m 以上的工作架或工作地方，须装设坚固的围栏，防止工人从高处坠下受伤。

4. 如工作不能安全地在地面或建筑物的一部分进行，提供适当工作架子给工人使用。

四、棚架安全

1. 每个棚架应用坚固材料建造。

2. 每个棚架须稳固支撑，确保平稳。

3. 每个棚架须设置适当安全进出口。

五、防止高空坠落

1. 大厦施工周围须挂设尼龙网。

2. 须于每隔不多于 6 层间距，装设斜排棚。

3. 工作台或斜排棚上的废料须加以清理。

4. 所有物料，工具及其他物体，均不得从高处抛下，倾倒或泻下。

六、电力使用安全

1. 须由合格人员进行一切电力安装，测试及维修的工作。

2. 如电器装置不是双重绝缘设计，而外壳是由金属造成的，该电器装置一定要接妥地线。

3. 电器装置必须在设计、构造及装设方式上，设法防止意外触及带电部分。

4. 电路系统须在适当位置装上漏电断路器，以免引起电力危险。

七、防火措施

1. 合适的灭火器应放置在明显地方。

2. 电焊及气焊、切割工作间应安装适当屏风,与其他工作隔离。

3. 在施工工作地方内提供及保持足够的消防疏散通道。

4. 确保使用易燃物品工序附近没有明火工序(例如:电焊及气焊、切割)进行。

5. 张贴足够告示,提醒工人有关火警危险。

八、防护衣物

1. 提供足够及合适的防护衣物给工人使用,且必须妥为保养。

2. 为工人安排正确使用防护衣物的安全课程。

3. 进行足够的监督工作,确保工人充分使用防护衣物。

九、大厦施工整洁

临时垃圾贮存地方须有良好的构造及妥善的保养,以达到安全收集废料的目的。

十、工人必须遵守安全要点

1. 在维修现场,工人必须任何时间都要戴好安全帽。

2. 在高于 2m 之工作台上工作时,必须使用安全带。

3. 在高噪声地方下工作,必须配戴耳罩或耳塞。

4. 在打石、磨轮、电焊或有需要时,必须配戴安全眼镜。

5. 在操作喷漆、打石或有需要时,必须戴上呼吸器。

6. 未经许可,不得操作或修理任何机械、起重工具或电器系统。

7. 未取得工作许可证,不得进入密闭场地。

8. 工作时间内不准饮酒。

9. 遇有不安全情况,应停止操作及立即向上级报告。

第六节 装修工程安全措施

装修工程所涵盖的工程甚多,而涉及的规模各异,包括新住或已入住大厦的翻新、改装、保养,以及整幢大厦甚至整个屋苑的内外维修等。涉及装修工程的工伤事故,多与进行高空工作、使用工具、电力、易燃物品等有关。

在一般的大型建造工程中,承包商会采用较完善的安全管理制度来处理有关的安全事项。至于一些规模较小的装修工程,工程负责人也须利用劳工处或职业安全健康局的服务采取行动确保其雇员的安全及健康。无论工程大小,所有雇主都有责任在合理可行情况下,确保其雇用人士在工作时的健康及安全。

以下介绍有关一般装修工程中的安全事宜,务请多加留意:

1. 高空工作

高空工作常见于大厦维修的工程,例如外墙修缮、拆除违章建筑物、分体式空调机安装、架设电线及敷设水管等。这些工程应该在设有适当工作平台的棚架上进行。外墙修缮工作由于安全措施不足,容易导致工人下坠的严重意外,这些意外都是因为没有采取适当安全措施所导致。所应做的安全措施包括:

（1）如有需要在房屋外墙工作，必须搭建双层棚架及工作台。

悬空式竹棚架的使用，十分普遍。搭建和使用不适当的悬空式竹棚架会引起致命的工人坠楼意外。因此，装修承包商必须采取适当的安全措施，以保障工人的安全。

（2）高空工作必须配戴安全带并扣在稳固锚点。

2. 防火

（1）使用油漆、胶浆、汽油、防火或防漏材料时，必须保持空气流通及远离火种。

（2）切勿在工作场地吸烟，以免留下火种。

3. 电动工具

电动手工具及焊接机必须合规格及用正规插头连接电源。

4. 个人防护用具

打磨、钻孔及使用射钉枪时，必须戴好护眼罩。

5. 物料搬运

搬运材料应量力而为，大件或笨重物料应两人合力搬运或用机械辅助，切勿弯腰抬举重物。

6. 物料存放

保持工地整洁，工作轻松又愉快。

此外，雇员必须与雇主及其他人员合作，共同遵守各项安全条例及守则，不能做出危害自己或他人之行为。

7. 为确保业主的利益及工人的安全，准备进行装修工程时，应采取下列措施：

（1）在考虑批准维修工程合同时，除考虑工程标价外，也应同时留意承包商是否策划足够施工安全措施；

（2）敦促承包商遵守有关建筑工地安全规定，对保障工人的安全提供适当安排；

（3）如果发现承包商在施工过程中，出现可能危害工人的不安全的情况时，可与劳工处职业安全行动科职员联络。

第七节 电力安全措施

电力如不适当地使用可以构成触电、火警或爆炸意外，导致工人受到严重或永久性的伤残，甚至死亡。触电意外也可能令工人从梯子、棚架或其他工作平台坠下。不良的电力装置或损坏的电器设备所引起的火灾，除危及使用电力的人外，也可能导致其他人受伤，甚至死亡。不过，只要小心地使用和采取适当的预防措施，大部分涉及电力的意外应可避免。

本节旨在概述在工作时要留意的基本电力安全措施，以协助雇主及雇员减低在工作时使用电力的风险。《工厂及工业经营（电力）规定》规定经营工业雇主，须确保当使用电力时采取适当的安全措施。

一、电力可导致的危险

香港供电的电压一般为单相 220V 及三相 380V。此电压的任何电器设备或装置均有一定的危险，如接触到其带电部分可导致触电、烧伤，甚至死亡；损坏的电器设备或装置、超负荷的电线、短路的电器装置等都可造成火灾；在使用或储存大量易燃液体或气体的环境中，例如喷漆房、石油气储存库等，电器设备运行时或操作开关时所产生的火花，可能成为引火源，导致爆炸或火灾。

二、工作环境风险

电力导致受伤或死亡的风险，与在何处使用及如何使用电器设备有极大关系。在恶劣的环境下风险较大，例如：

（1）在潮湿的环境下，没有适当绝缘及保护的设备很容易漏电，导致周围潮湿地方及金属器具也带电；

（2）在户外地方（例如建筑工地），设备容易受潮，而且受损毁的机会也较大；

（3）在狭窄而又布满接地金属物体的地方，例如在金属槽或钢架结构，都容易有触电危险。

部分设备的风险可能较大，例如延长线（拖线）较容易破损。其他可移动的引线，特别是用来连接经常移动设备的引线，也应多加小心和注意。

三、减低风险的方法

1. 确保电力装置安全

（1）固定电力系统装置的维修，要由合格人员（例如注册电气承包商及工程人员）处理。

（2）电力装置和系统须符合法规的要求和有关的标准，并定期维修和保养，以备安全。

（3）提供足够的插座，每一插座尽量只使用一个插头；若使用万能插头时，应避免太多电器共用一个插座电路，以免电路负荷过大，造成火灾。

（4）电力装置要有适当的接地地线。

2. 提供安全和合适的设备

为保障员工的安全，雇主须提供适当和安全的设备。以下是一些安全使用设备的提示：

（1）选用符合工作环境的设备，例如户外的电灯或设备要使用防水型设计；

（2）在恶劣的工作环境下，例如潮湿的地方，应尽量选用气动、油压或手动工具，避免使用电动工具而导致风险；

（3）确保所提供的设备是安全的，并进行适当维修和定期保养，令其经常处于安全的工作状态；

（4）在可移动电线的末端，外层护套应牢牢夹紧于接头内，以防电线（特别是地线）从接头处被拉脱；

（5）使用手提电动工具时，应使用就近的插座，以便在紧急情况下尽快截断电源；

（6）在每台固定的机械附近，应安装容易接触和标示清楚的紧急停止按钮，以便在紧急情况下截断电源；

（7）损坏的电线要立刻更换；

（8）使用适当的连接插头或电线连接器；

（9）除双重绝缘的单线构造外，所有电器设备应有良好的接地地线；

（10）双重绝缘的电器设备通常以"回"符号标明。双重绝缘设备的电源线只须接两条电线，即相线（火线）（棕色）和中性线（蓝色）；

（11）容易破损的电灯泡或其他设备要额外保护，例如加上保护罩；因为破损时暴露的带电部分，会有触电危险；

（12）在有易燃液体或气体的环境中使用的电器设备，其设计应能防止产生火花，以免成为引火源。

3. 提供安全装置

所有插座线路必须装有"电流式漏电保护器"。"电流式漏电保护器"的启动电流值应为 30mA 或以下。

使用漏电保护器的提示：

（1）漏电保护器是非常重要的安全装置，切勿绕过不用；

（2）如果漏电保护器发挥作用而"跳闸"，表示电路已出现故障，在重新使用该电器系统前，必须检查是否有不正常的情况；

（3）如果漏电保护器经常"跳闸"，须由注册电气工程人员检查；

（4）漏电保护器设有测试按钮，以检查是否操作正常。须定期测试（至少每三个月一次）。

4. 工作安全

所有电力设备和装置应由合格人员定期检查、测试、维修和保养，以免发生危险。检查和测试的次数须根据设备的类别、使用的频率程度和使用的环境而定。雇主应确保从事电力工作的人胜任有关的工作。即使简单的工序出错（例如连接软线至插头），也可令整个装置产生危险。根据由机电工程署执行的《电力条例》，固定电力装置的安装、修理、保养、更改、加添、测试、检查等，必须由注册电气工程人员进行。以下是一些应注意的事项：

（1）使用电器设备的雇员应向雇主报告任何损坏或故障情况；

（2）如怀疑设备发生故障，应立即停止使用，并挂上"不得使用"的警告牌，以留待合格人员检查和修理；

（3）先关掉工具或电插座的开关后，才能插入或拔出插头；

（4）先关掉电源或把插头拔出后，才能清洁或调校电动设备。

第八节　电焊工作

进行手工电弧焊接时，慎防触电。虽然电焊机的空载输出电压并不太高，大约只有 60~80V 交流电压，但仍有触电的危险，不能掉以轻心。意外案例显示，因电焊而导致触电的意外时有发生，导致电焊工人受伤，甚至死亡。

本节简介电焊工序的触电危险，常见的意外成因以及减少意外的方法，供电焊工人、工长、雇主及安全人员等参考，以确保电焊工人的安全，防止发生触电意外。

一、焊接触电的成因

1. 意外调查和分析显示，通常发生焊接触电意外的原因包括：

（1）忽略工作环境的潜在危险；

（2）焊接时不小心；

（3）使用不安全的电焊工具。

2. 进行焊接时，电焊机输出端的两极，会经由焊接电缆，分别与焊接工件及焊钳连接，利用焊钳夹着的焊条与工件之间的电压差产生电弧进行焊接。当焊接工人的手或身体的其他部分，直接或间接地跨接电焊机输出的两极，漏电电流就有可能由变压器的一极，经其身体流往另一极，导致该工人触电。

3. 除了电焊机的输出端外，也应小心其输入端。电焊机输入端，通常会有220V或380V的交流电压。直接或间接地接触变压器输入端的带电部分，也可能导致触电意外。

4. 以下情况可导致焊接触电意外，特别是当下雨、焊接场地有积水或焊接工人的手和身体有水，发生意外的机会将会大增：

（1）徒手更换焊钳上的焊条，而事前并没有将电焊机的电源关上；

（2）意外接触焊钳的外露带电金属部分或连接在其上的焊条；

（3）焊接时，坐在或倚靠着焊接工件，例如大型机械、钢制结构、油箱等，而该工件已经和回路焊线连接；

（4）仰卧在地上，为工件的底部焊接；

（5）站在积水中焊接。

二、加强焊接安全，防范触电

1. 为了防止焊接触电意外的发生，以及当不幸发生触电意外时，减少其对工人的危害，以下两点必须遵守：

（1）避免直接接触焊接工具和工件的带电部分，以防触电；

（2）尽量加大整体漏电电路的电阻值，以减少触电时通过受害人身体的漏电电流，将危害减低。

2. 要加强焊接工序的安全，防范触电，应从以下几方面着手：

（1）工作环境；

（2）工作习惯；

（3）焊接工具；

（4）个人防护装备。

三、安全的工作环境

1. 下雨时不要在露天地方焊接。

2. 不要站在水中或在严重积水的场地进行焊接。

3. 如在潮湿或有轻微积水等场地进行焊接时，应站在绝缘地毡、干爽的木板或非导电的台架上。

4. 在密闭场地，例如在油箱或大型机械内焊接务必特别小心，以免触电。

四、安全的工作习惯

1. 避免手或身体直接接触焊钳的外露带电金属部分，与其相连接的焊条，以及焊接工件的外露金属部分。

2. 经常保持手及身体其他部分干爽。

3. 电焊机不应远离焊接场地，以便有需要或当意外发生时，可迅速关上电焊机的开关，切断其电源供应。

4. 当休息、吃饭等而暂停焊接时，应关上电焊机的开关，并将焊钳上残余的焊条除掉。

5. 电焊工人、工长及安全人员，应清楚知道电焊机摆放的位置，而电焊机的开关应有"开"、"关"标志指示。

6. 小心摆放焊钳，特别当夹着焊条时，以避免意外碰触其带电部分。

7. 在高处进行焊接工作，应停留在安全的工作台上进行。否则，就算是轻微的触电，都可能使焊接工人失去平衡而坠下。

8. 更换焊条前，先把电源关上。

9. 工作前先检查电焊工具的防止触电措施是否妥善。

10. 提供安全的工作台及符合安全标准的电焊工具。

11. 避免在雨天进行户外电焊工作。

12. 给工人提供安全使用电焊工具的训练。

五、使用安全的焊接工具

1. 使用安全符合规格及良好的焊接工具。

2. 焊接变压器的金属外壳应接地良好，并应以独立接地线连接至电源。

3. 注意：安装于电源供应的漏电断路保护器（如有的话）只可为发生于电焊机输入端的触电意外提供保护。对发生于电焊机输出端，例如输出端子、焊线、焊钳、焊条、电焊工件相关连的触电意外，该漏电断路保护器并不能在发生触电意外时自行运作将电源供应切断。

4. 小心摆放焊线，以防止其绝缘外层意外地受到损坏导致内层导电的铜芯外露。

5. 如需加长焊线，应使用符合规格的焊线连接插头。

6. 为电焊机安装自动电压调节器，以控制及降低其空载输出电压，减低焊接触电的机会。

7. 经常检查焊接工具，特别是焊线及焊钳。如发现损坏，应立刻修理或更换。

8. 定期找出合格人员为电焊工具进行彻底检查及测试，以确保安全。

六、使用合适的个人防护装备

1. 戴干爽的电焊手套。

2. 穿着具备良好绝缘性能的鞋或靴。

3. 穿着保护性衣物，避免赤身露体。

七、结论

焊接工序有潜在的触电危险，电焊工人们务必要格外小心，慎防触电。案例显示，焊接触电意外，常发生在电焊机的输出端。而漏电断路保护器，并不能有效地为这些触电意外提供保护。为避免焊接时意外触电，有很多细则要注意，大致可归纳为以下四点原则：

（1）保持身体、电焊工具、工件和工作环境干爽，避免水湿；

（2）避免接触焊接电路的外露带电金属部分，包括焊钳、焊条、工件、电焊机接线端等；

（3）穿戴合适的保护性衣物；

（4）经常检查及维修焊接工具。

第九节 气焊工作

一、使用者注意事项

1. 在开始使用气焊前，检查管道及各项安全装置，确保他们运行良好；

2. 适当地调校乙炔和氧气在吹管内的气压；

3. 先得到负责人的批准，才可将空油桶改装为其他用途；

4. 先确定油桶内的易燃物料残渍已被彻底清除才进行切割；

5. 只用符合安全标准的气焊工具进行气焊工作；

6. 使用适当而干爽的个人防护装备；

7. 在安全的工作台上进行工作；

8. 使用合适和完好的个人防护装备。

二、工长工作注意事项

1. 确保气焊设备安装了"防止回火安全阀"及有关安全设备；

2. 经常检查，确保气焊设备状况良好；停用多天的气焊设备更应彻底检查才可恢复使用；

3. 确保年满18岁及持有有效证件的人进行气焊工作；

4. 确保所有工人遵守使用气焊的安全措施；

5. 就空油桶的用途张贴明确指示；

6. 确保所有工人遵守有关使用空油桶的指示；

7. 先清除油桶易燃物料的残渍，才可批准油桶作其他用途；

8. 给工人提供合适和完好的个人防护设备；

9. 进行巡查，确保工人依照安全程序使用气焊工具；

10. 评估工作环境中的潜在危险，并制订安全使用气焊工具的措施；

11. 训练工人有关使用电焊工具的安全措施；

12. 评估工作中导致人体坠落及触电的危险因素，并采取适当的安全措施。

第十节 油漆工作

一、工人应该注意的事项

1. 保持工作地方整齐清洁；

2. 小心使用易燃液体，避免洒在衣服上和弄在地上；

3. 将易燃液体适当地储存；

4. 使用适当工作台进行高空工作；

5. 使用有工作台的双层棚架进行外墙工作；

6. 向工长报告任何工作环境不安全的情况和提出意见。

二、工长和负责人须注意事项

1. 为工人提供油漆工作的安全训练；

2. 进行巡查，确保油漆工作进行时，没有人使用明火或吸烟；

3. 提供可安全处理和储存易燃液体的设备；

4. 保持工作地方空气流通和整齐清洁；

5. 制订油漆工作的安全程序和训练工人；

6. 为进行高空工作的工人提供安全工作台；

7. 训练和指示工人正确使用梯子；

8. 为工人提供使用工作台的安全训练；

9. 制订在假顶棚内工作的安全程序和训练工人；

10. 为工作地方提供足够照明；

11. 提供有足够宽度和护栏的通道给工人使用；

12. 为进行外墙工作的工人提供有工作台的双层脚手架；

13. 为脚手架进行定期维修和保养；

14. 为工人提供使用脚手架和工作台的安全训练；

15. 进行巡查和监督，确保工人遵守安全程序工作。

第十一节 高空作业

一、工人应该注意事项

1. 在有适当工作台和上下通道的脚手架上进行高空工作；

2. 向工长报告任何缺乏足够安全措施的情况及提出意见；

3. 使用适当的工作台从事高空工作；

4. 立即向雇主或工长报告在工作中所发生的意外事故。

二、工长和负责人须注意事项

1. 进行巡视及监察，确保工人遵守有关的安全工作程序；

2. 为进行外墙高空工作提供有工作台和上下通道的脚手架；

3. 当在所有情况下都不可能提供工作台时，为工人提供防坠安全网、安全带，以及系安全带的独立救生绳或其他系稳物（图20-3）；

4. 训练及监管工人遵守施工安全措施；

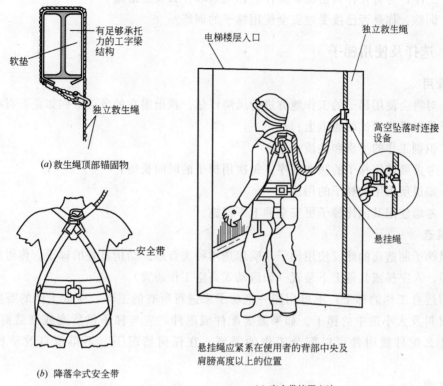

(a) 救生绳顶部锚固物

软垫
有足够承托力的工字梁结构
独立救生绳

(b) 降落伞式安全带

安全带

电梯楼层入口
独立救生绳
高空坠落时连接设备
悬挂绳

悬挂绳应紧系在使用者的背部中央及肩膀高度以上的位置

(c) 安全带使用方法

图 20-3　全身式安全带使用方法

5. 为进行高空工作的工人提供安全的工作台;

6. 训练和指示工人正确使用梯子;

7. 经常巡视及监督,确保工人遵守安全施工措施。

第十二节　梯子及升降工作平台使用安全措施

在高空工作中,梯子及升降工作平台是常用的辅助工具,每年都有不少工人在高空工作时发生意外,会发生严重受伤甚至死亡,详细分析这些意外的原因,是很多使用人员没有使用或不适当地使用这些辅助工具,其实大部分意外是可以避免的。本节介绍一般梯子及升降工作平台的种类、应用及安全要点,希望能提高有关人员对使用梯子及升降工作平台的安全意识,以便减少这方面的意外。

一、梯子

梯子可分为流动梯子及固定梯子,也有直梯、人字梯等种类。在使用梯子前,我们要考虑以下的要点,以确保安全:

(1) 应用:你打算使用梯子做什么工作?

(2) 挑选:你需要哪一种类型的梯子?

（3）工序：你将在什么情况下工作？你应采取什么安全措施？

（4）训练：你是否已接受过安全使用梯子的训练？

二、选择及使用梯子

1. 应用

（1）对将会使用梯子的工作地方进行风险评估，找出潜在的危险（例如是否有电力危险？梯子是否置于繁忙的通道上？）；

（2）识别工作的类别和性质；

（3）考虑要使用梯子的频率程序，每次用梯子的时间长短；

（4）知道所采用的梯子的用途；

（5）考虑使用其他比梯子更安全的上下设施。

2. 挑选

依照梯子制造商的建议使用梯子。确保选用种类合适、结构良好的梯子。你可能需要使用直梯、人字梯或其他上下装置（如流动式高空工作装置）。

选用适合工作的梯子，不可用同一把梯子来进行所有的工作，应就工作的需要，选用不同材料及大小适中的梯子。如果需要配件或附件，应与梯子供货商或制造商联络，找出有什么配件或附件可以配合工作的需要。在任何情况下，不得擅自改动梯子的结构。

3. 工序

雇主须就工作地点内危及安全的情况，向工人提供适当的指示，并须告知工人所需的安全措施。包括：

（1）使用者须阅读和遵守制造商提供有关梯子的资料；

（2）使用梯子时，要留意悬空的对象及电线；

（3）经常妥善储存和保养梯子；

（4）确保梯子稳定、有坚实平坦的立脚处，适当地系稳，甚至用绳索系稳等，也可用人手扶稳梯子；

（5）就直梯而言，梯子的顶部最少要高出其搁置点 1m 以作扶手之用，其底部与高度须保持 1：4 比例的摆放斜度；

（6）保持梯子的底部和顶部的范围畅通无阻；

（7）在使用前检查梯子，日后并作定期检查。应使用事项查核表进行检查。检查记录应由有关人员签署核实；

（8）有关检查和维修需由合格的人员进行。遇有损坏的梯子，应以标签识别并立即移走；

（9）设定救援措施用以处理意外事故，意外事故包括人从梯子上坠落或梯子坠下等事件。

4. 训练

（1）训练可从有关安全资料中学习或由有相关经验的人指导；

（2）训练应针对工作时要使用的设备和要进行的工作；

（3）训练内容要包括正确的爬梯技巧，强调在上下时要面向梯子，保持三点接触的原则；

（4）训练应包括最佳的工作方法与不安全的做法，以作对比；

（5）以上只是安全使用梯子的部分要点。使用者应就自己的工地环境及工序，考虑自己的需要而作出其他安全措施，以作配合。

三、使用梯子时的注意事项

（1）切勿手持重物上下梯子。工具或物料可用吊索吊运到工作地点或由他人传递；

（2）切勿使用代替品，如椅子、圆筒或箱子代替梯子；

（3）切勿把短梯连接成长梯使用；

（4）在梯子两旁切勿过分伸展身体，应移梯就位，把梯子架设在要进行工作的位置上；

（5）切勿尝试拉直或使用已变弯的梯子；

（6）切勿在木梯上涂上有颜色的漆油，以免遮盖梯子的裂痕；

（7）切勿令梯子负荷过重，在一般情况下，应只容许一人在梯子上进行工作。

四、固定攀梯

固定攀梯常用作塔式起重机、建筑工程的架空建筑物（如天桥）、大厦水箱、电梯机房、竖井等的上下装置。如固定攀梯的高度达 3m 或以上，则须注意下列各点：

（1）梯身须设有适当的安全环；

（2）安全环之间的距离不可超过 1m；

（3）最低的安全环应设置在离地不超过 3m 的高度；

（4）最顶的安全环应设在高于出口位 1m 的位置。如出口位为工作平台，则该环应与工作平台的护栏接合。

在每张固定攀梯的梯身，每隔不超过 9m 的距离，设置适当的支承位置或休息平台。支承位置或休息平台须设置有足够强度的适当护栏。最高的一条护栏的高度在 900～1150mm 之间，而中间护栏的高度在 450～600mm 之间。休息平台应设置高度不少于 200mm 高的护板。

五、高空工作装置

高空工作装置的使用日渐普遍。最常见的是用作载人以进行高空工作，如室内顶棚维修、清洁大厦外墙、更换顶棚灯泡等，是大型商场、酒店、机场等场所必备的设备。高空工作装置的种类很多，不同类型的工作装置，其用途也各有差异。

1. 组合式流动高空工作装置

组合式流动高空工作装置结构如图 20-4 所示，它由铝合金管制作而成，使用时根据现场情况搭建。

2. 流动（机械）式高空工作装置

流动式（机械）的高空工作装置结构如图 20-5 所示，工作台可控制升降高度。一般流动式的高空工作装置，其高度（H）与底座最短距离的宽度（W）两者的比例，室内为小于3.5（高）比1（宽），而室外为小于3（高）比1（宽），并须锚定及伸尽所有支架以令其稳固，或按制造商的技术指导加设安全措施。

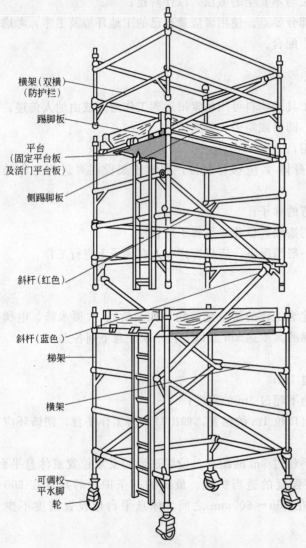

横架（双横）
（防护栏）

踢脚板

平台
（固定平台板
及活门平台板）

侧踢脚板

斜杆（红色）

斜杆（蓝色）

梯架

横架

可调校
平水脚

轮

图 20-4　组合式流动高空工作装置结构图

3. 移动行车式高空工作装置

移动行车式高空工作装置结构如图 20-6 所示，使用时，将工作平台驾驶到工作地点，载人进行高空工作。当移动流动式的高空工作装置时，任何人员均不准许停留在工作台上，除非制造的技术指示指明设计上属可行。

1. 选择合适的升降工作平台时，应考虑以下各点：

（1）所需工作平台的类别和大小；

（2）其载重能力、可提升高度、活动能力及稳定性；

（3）路面或摆放地方的情况及限制，例如是否邻近行车通道；

（4）工作平台在使用时，与邻近对象（如建筑物）应保持的距离；

（5）安全进出工作平台的途径；

（6）所载运物料的种类和性质；

（7）制造商或其代理有否提供维修和操作训练课程。

2. 在使用升降工作平台时，也应注意下列事项：

（1）在每次使用前，彻底检查工作平台。

（2）确保所载的重量不超出制造商所指定的安全操作负荷。

（3）把升降平台停放在平坦和坚实的地方上。

（4）如升降平台设有外伸支架，应将外伸支架尽量伸展。

（5）确保工作平台与架空电缆保持适当的距离。

（6）标明所有操纵按钮的用途及其操作方向。

（7）锁好工作平台的护栏。

（8）员工在工作平台上工作时，不可移动工作平台。

（9）采取措施防止工作平台的操作范围内危及其他人。

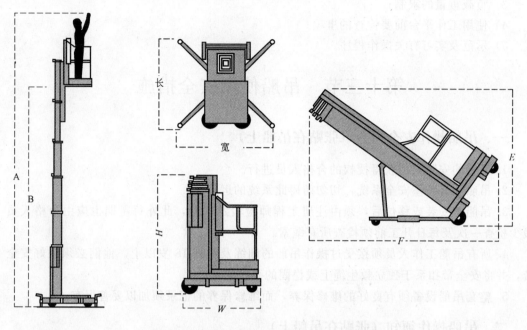

图 20-5　流动（机械）式高空工作装置结构图

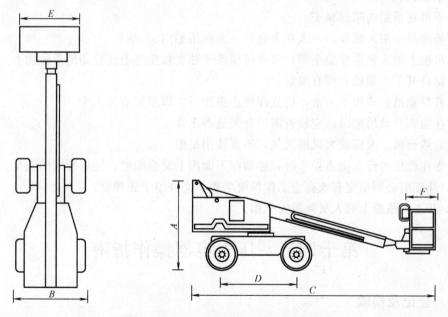

图 20-6　移动行车式高空工作装置结构图

（10）定期检验、测试和保养工作平台及保存有关记录。

（11）雇主在指派员工使用工作平台前，应提供适当的训练和给予足够的指示，其中包括：

1）制造商所指定的安全操作细则；

2）使用工作平台的限制；

3）负载重量的限制；

4）使用工作平台前要检查的事项；

5）示范及实习有关操作程序。

第十三节 吊船使用安全措施

一、吊船操作安全简介（张贴在吊船上）

1. 吊船的安装须由获得授权的合格人员进行。

2. 吊船须有防坠安全系统，切勿妨碍此系统的运行。

3. 吊船于安装或移位后，须由注册工程师检验及试验，此外每星期也应由合格人员最少检查一次及每日开工前须检查所有缆索。

4. 所有吊船工作人员须接受过操作吊船的训练及年满 18 岁以上。他们必须系好安全带，并将安全带扣系于独立救生绳上或稳固的系稳物上。

5. 整套吊船设备须有良好的维修保养，而维修保养的记录须加以妥善保存。

二、吊船操作须知（张贴在吊船上）

1. 不超载。

2. 不可在吊船内架起梯子。

3. 吊船最少两人操作，一人在天台；一人在吊船内。

4. 吊船上的人员系好安全带，安全带须系于独立救生绳上或稳固的系稳物上。

5. 每日开工前须检查所有绳索。

6. 若发觉吊船操作不正常，应立即停止操作及立即通知有关人士。

7. 在检查开动吊船时，应检查限位开关是否正常。

8. 若遇台风、大雨或大风的天气，不要使用吊船。

9. 当在低层的行人街道操作时，必须在下面围上安全围栏，注意行人的安全。

10. 开工前必须呈交有效高空工作保险单副本文件给予管理处。

11. 开工时吊船上的人员须戴安全帽。

第十四节 压力容器操作指南

一、登记及检验

压力容器拥有人须于使用压力容器前 30 日向锅炉及压力容器监督申请登记。所需的文件包括申请表格一份，压力容器制造商发给的制造证明书及由政府认可的检验机构在其制造过程中获发给的检验证明书副本各一份。以上文件须由委任检验师核证后方为有效。

二、登记编号

劳工处为压力容器办理登记后，即会通知拥有人该压力容器的登记编号及其最高可使用压力。登记编号应该印于该压力容器的显眼处，并要时常保持清晰可见。

三、效能良好证明书

压力容器及其配件必须由委任检验师检验，安全阀封锁妥当及获发"效能良好证明书"后才可使用。效能良好证明书由委任检验师签发，一式两份。一份由拥有人保存在安装压力容器的工作场所内，一份送交劳工处锅炉及压力容器科存档。

四、违规与罚则

任何压力容器如储有压缩空气，即属在使用中。压力容器如未备有有效"效能良好证明书"而予以使用，即属违规行为。锅炉及压力容器监督会发出命令禁止其继续使用及可能对拥有人提出检控。

五、使用压力容器应注意的事项

1. 安装位置

压力容器应装置在适当的地基上、容器的底部须离开地面以防止地上积水或湿气令其生锈及腐蚀，周围环境要保持清洁，空气要流通。

2. 停用须知

长期不用的压力容器要排除容器内部的积水，保持清洁，然后存放在干爽的地方。

3. 定期检验

压力容器必须妥善保养，每 26 个月须由委任检验师再次检验及重新签发"效能良好证明书"。

4. 更改地址

拥有人更改地址必须在 7 日内将新地址通知锅炉及压力容器科。

5. 出售或出租

拥有人必须于已登记的压力容器售出或租出后 7 日内以书面通知劳工处锅炉及压力容器科有关买主或租用者的姓名及地址。如该压力容器是属固定装置设计的，拥有人更须说明买主或租用者是否已将上述容器迁移。固定装置的压力容器搬迁后或压力容器大修后，其本身与附件及配件必须由委任检验师复验，以确定该压力容器是否批准再次使用。

除委任检验师外，任何人都不可随意移去安全阀上的铅封，或调整安全阀的安全压力。此举不顾工业安全，并可能导致压力容器承压过高发生爆炸，危害自己及他人生命。

六、所有压力容器装置必须符合下列规定

1. 压力容器的结构足以承受空气压缩机所带来的最高压力，或装一个适当的减压阀，或其他适当的设备以防止超过该压力容器最高可使用压力；

2. 压力容器应具有一个合适的弹簧安全阀，安全阀应直接装置在压力容器上。安全阀如非直接装在压力容器上，则配备一个易熔塞；

3. 一个以公制千帕斯卡（kPa）为计算单位的准确压力表以显示压力容器内的空气压力；

4. 一个用以排泄压力容器内部积水的配备；

5. 适当的孔道或其他配备，以便能彻底清洁容器的内部；

6. 使用数个或以上的压力容器时，所有容器应分别附上辨认标记及保持清晰可见；

7. 空气容器的最高可使用压力及上次检验的日期必须标记于该压力容器的明显处及保持清晰可见。

附　　录

附录一　公共部分的定义

根据《建筑物管理条例》（香港法律第344章）所作的公共部分定义：

1. 外墙及承重墙、地基、柱、梁及其他结构性支承物。

2. 围绕通道、走廊及楼梯的墙壁。

3. 屋顶、烟囱、山墙、雨水渠、避雷针、碟形卫星天线及附属设备、天线及天线电线。

4. 护墙、围栏及边界墙。

5. 两个或多于两个单位共享的通风口。

6. 水箱、水池、水泵、水井、污水管、污水处理设施、排水渠、粪管、废水管、沟渠、水道、雨水渠、导管、下水管、电缆、阴沟、垃圾槽、卸斗及垃圾房。

7. 地窖、洗手间、厕所、洗衣房、浴室、厨房及看守员所用单位。

8. 通道、走廊、楼梯、楼梯平台、光井、楼梯窗框及所装配的玻璃、升降口、屋顶通道及通往屋顶的出口和门闸。

9. 电梯、自动扶梯、电梯井及有关的机械器材和放置机械器材的地方。

10. 照明设备、空调设备、中央供暖设备、消防设备，以及普遍供所有业主使用或为所有业主的利益而设置的装置，以及安装、设置该设备、装置的任何房间或小室。

11. 设置在任何单位内但与建筑物内其他单位或其他部分一起供人使用的固定装置。

12. 草地、花园及游乐场所以及任何其他康乐活动场地。

13. 游泳池、网球场、篮球场、壁球场以及包容或容纳任何运动或康乐活动设施的处所。

14. 会所、健身室、桑拿浴室以及健体或休息设施的处所。

15. 组成或形成任何土地的一部分的斜坡、缓坡及护土墙，包括海堤（如有的话），而该土地与建筑物乃属同一共同拥有权者。

附录二　一般大厦设施维修保养周期表

大厦设施包括建筑部分及机电部分。这些设施均应经常维修保养，下面列出一般大厦设施维修保养周期表供参考。维修保养周期应按照每幢大厦的实际情况及服务指标而决定并可以调整，以适合每幢大厦情况和预期达致的水平。但是，一些影响住户及市民安全的法规规定的维修保养周期则不应延长，例如电力、消防及电梯装置测试等。部分专业设备的维修保养，法律规定必须由专业承包商或工程人员进行，管理人员在安排维修保养时应加以注意。

一般大厦设施维修保养周期表

序号	项 目	工 作 内 容	周 期	承办商要求	备 注
1	供电系统				
	（1）100A 及以上公用电力装置	检查、测试及维修	最少每 5 年一次	注册电气承包商及工程人员	法规规定
	（2）发电机	无负载测试、运行 30min	每月一次	注册电气承包商及工程人员	法规建议
		有负载测试、运行 30min	每年一次		
	（3）防雷接地	检查、测试	每年一次	注册电气承包商及工程人员	
2	给水系统				
	（1）饮水供应	检查及润滑水泵和检查阀门等	每月一次	持证水暖工	
	饮用水水箱	清洗饮用水水箱	每 3 个月一次	专业人员	水务署建议
	（2）咸水供应	检查及润滑水泵和检查阀门等	每月一次	持证水暖工	
	冲厕所水水箱	清洗冲厕所水水箱	每 6 个月一次	专业人员	水务署建议
3	排水系统				
	（1）天台排水	检查和清理排水渠及雨水口	每 2 个星期一次及台风吹袭及暴雨的前后	清洁及管理人员安排	
	（2）地面排水	检查表面排水渠有没有损毁或植物生长	每 2 个星期一次及台风吹袭及暴雨的前后	清洁及管理人员安排	
	（3）地下排水	检查和清理沙井沉积物	每 2 个月一次	清洁人员	
	（4）隔油池	清理	每 3 个月一次或根据情况决定	"核准工人"进行	
	（5）潜水泵	检查及清理	每 3 个月一次或根据情况决定	持证水暖工	
4	空调及通风系统	检查及修理	每月一次	专业技工	
		清洗隔尘网	每月一次	专业技工	
		防火阀	每年一次	注册消防承包商	法规规定
5	消防装置	日常巡视及保养	经常进行	保安员及管理人员	
		彻底检查及修理	至少每年一次	注册消防承包商	法规规定
		检查及测试应急发电机	至少每年一次	注册消防承包商	电业承包商配合
6	电梯及自动扶梯	例行抹油及检查	至少每月一次	注册电梯承包商	法规规定
		彻底检查及大修	每年一次	注册电梯承包商	法规规定
		电梯安全设备满载试验	每 5 年一次	注册电梯承包商	法规规定
7	安防及电视系统	设备保养	最少 3 个月一次	专业承包商	
		大门门禁机更换密码	每 3 个月一次	专业承包商	
8	泳池设备	检查、抹油及调校各水泵,检查阀门	每月一次	专业承包商	
9	停车场设备	检查、抹油及调校	每月一次	专业承包商	
10	气体装置				
	（1）固定气体配件（包括供气管道）	定期检查	至少每 18 个月进行一次	注册气体工程承包商	法规规定
	（2）气体炉灶	定期检查	每 18 个月进行一次	合格技师负责	
	（3）炉具	连接炉具胶管	每 3 年更换一次	合格技师负责	法规规定
	（4）厨房混水烟罩	检查及清洗	每月一次	清洁承包商	可防止火灾发生
11	吊船	检查	使用前 7 天内	合格人员	法规规定
		彻底检验	使用前 6 个月内	合格检验员	法规规定
		负荷测试及彻底检验	使用前 12 个月内	合格检验员	法规规定
12	玻璃幕墙	清洗	每 3 个月一次	清洁人员	使用人员须读吊船作业课程

续表

序号	项 目	工 作 内 容	周 期	承办商要求	备 注
13	斜坡或挡土墙	检查地面排水渠和保护表层	在每年的雨期来临前最少一次及暴雨、台风来临的前后	管理人员安排	
		例行维修检查	每年进行至少一次	一般承包商进行	须在四月雨期来临之前完成
		维修检查	至少每5年进行一次	注册专业岩土工程师	法规规定
14	游乐设施	一般检查	经常进行	管理人员安排	
		安全检查	每年两次	机械技工或专业人员	
15	外墙油漆	重新粉饰	4～5年一次	工程承包商等	
16	外墙饰面	定期检查	每年一次	工程承包商等	
		详细检查	5～6年一次	工程承包商等	
17	内部墙壁	重新修补、粉饰	3年一次	工程承包商等	
18	铁器栏杆	检查锈蚀的窗框、栏杆、楼梯扶手	每月一次	管理人员安排	
		刷漆	每年一次	工程承包商等	
19	其他	防烟门、透光窗等	经常进行	管理人员安排	

附录三 常见设备定期检查测试及签署证书项目表

部分大厦设施,如电梯、自动扶梯、消防系统、公用电力装置等,应聘用认可保养承包商根据现行法规进行定期检查测试。检查测试后需要发出有效证书,证书由管理公司或法团交有关政府部门签署,也可委托保养承包商代为办理,费用由业主承担。管理公司或法团应将证书妥善保存或按规定要求适当张贴,以便有关部门核查。常见设备定期测试检查及签署证书项目表如下:

常见设备定期检查测试及签署证书项目表

序号	系 统	项 目	保养周期	证件签署	备 注
1	供电系统	电力测试	5年一次	机电工程署	管理公司或法团保存
2	电梯	年度检查	每年一次	机电工程署	张贴在电梯轿厢内
3	自动扶梯	年度检查	每年一次	机电工程署	张贴在自动扶梯旁
4	消防设备	年度检查	每年一次	消防处	管理公司或法团保存
5	斜坡	工程师检查	5年一次	建筑署	管理公司或法团保存
6	泳池	牌照更换	每年一次	食物环境卫生署	管理公司或法团保存

附录四 香港房屋署服务标准

香港房屋署服务标准

序号	项 目	服 务 时 间	备 注
1	接报告后:		
	(1)属房屋署负责维修的项目	在接获住户要求后两星期内动工维修	
	(2)不属房屋署负责维修的项目	在5个工作日内,将未能动工的原因告知受影响住户	
2	当电梯发生故障,会在接报后尽快处理		
	(1)如有乘客被困	有关工作人员会在30min内到场处理	
	(2)如无乘客被困	有关工作人员会在1h内到场处理	

续表

序号	项 目	服 务 时 间	备 注
3	如房屋署负责维修的排水渠堵塞	在检查后 24h 内疏通	
4	在接获紧急水电供应中断的报告后,会尽快处理如下:		
	(1)在办公时间内接获紧急饮用水、电力供应中断的报告	1h 内处理;冲厕水供应中断则在 2h 内处理	
	(2)在晚上 11 时前的非办公时间内接获报告	在 2h 内处理	
	(3)在晚上 11 时后接获的紧急报告	在 2h 内处理	如非紧急报告,则在第二天早上处理
	(4)在晚上 11 时后接获水电供应中断报告	如有很多住户受影响,则在 2h 内处理	
	(5)当接获电力和饮水供应中断报告	如属简单维修,会在检查后 24h 内恢复供应	

附录五　香港物业管理经常所涉及的法规、条例、守则

香港物业管理经常所涉及的法规、条例、守则

序号	名 称	香港法律章节	主 要 规 管 内 容
1	业主与租客(综合)条例	7	涵盖业主及租客的权利及责任
2	土地审裁处条例	17	
3	土地(杂项条文)条例	28	
4	政府租契条例	40	
5	气体安全条例	51	规管大厦内的气体装置及其使用情况,常用法律
6	气体安全(气体供应)规定	第 51 章,附属法例	常用法律
7	气体安全(装置及使用)规定	第 51 章,附属法例	常用法律
8	气体安全(杂项)规定	第 51 章,附属法例	常用法律
9	气体安全(气体装置技工及气体工程承办商注册)规定	第 51 章,附属法例	常用法律
10	气体应用守则之六:商业大厦内作供应饮食用途之石油气装置规定		常用法律
11	雇佣条例	57	常用法律
12	工厂及工业经营条例	59	
13	消防条例	95	规管大厦内的消防设备的安装及维修保养事宜,常用法律
14	消防安全(商业处所)条例		常用法律
15	1996 年提供火警逃生途径守则		常用法律
16	1995 年消防和救援进出途径守则		常用法律
17	1996 年耐火结构守则		常用法律
18	水务设施条例	102	规管大厦内供饮用及消防用途的供水工程,常用法律
19	建筑物条例(新界适用)条例	121	
20	建筑物条例	123	常用法律
21	建筑物(管理)规定		
22	建筑物(建造)规定		
23	建筑物(拆卸工程)规定		
24	建筑物(规划)规定		
25	建筑物(私家街道及通路)规定		

续表

序号	名　　　称	香 港 法 律 章 节	主 要 规 管 内 容
26	建筑物(垃圾及物料回收房及垃圾槽)规例		
27	建筑物(卫生设备标准、水管装置、排水工程及厕所)规例		
28	建筑物(通风系统)规定		
29	建筑物(储油装置)规定		
30	土地注册条例	128	
31	土地征用(管有业权)条例	130	
32	城市规划条例	131	
33	公众卫生及市政条例	132	规管公众卫生及市政服务,例如公共下水道、公共排水渠,垃圾或废物等,常用法律
34	泳池规例	第132章,附属法例	常用法律
35	公众娱乐场所条例	172	
36	防止贿赂条例	201	规管负责大厦维修工程及管理工作的人员,防止提供或收受利益,常用法律
37	简易程序治罪条例	228	规管扰乱公众秩序的罪行,例如在公众地方造成阻碍及从建筑物掉下物品等,常用法律
38	雇员补偿条例	282	常用法律
39	强制性公积金计划条例		常用法律
40	危险品条例	295	
41	看守员条例	299	常用法律
42	空气污染管制条例	311	
43	用人法律责任条例	314	规管物业住客的责任
44	工业训练(建造业)条例	317	
45	电梯及自动扶梯(安全)条例	327	规管电梯及自动扶梯的设计、建造、测试及维修保养,常用法律
46	《电梯及自动扶梯设计及建造实务守则》		常用法律
47	《电梯及自动扶梯检验、测试及保养实务守则》		常用法律
48	建筑物管理条例	334	物业管理的主要法规,常用法律
49	2000年建筑物管理(修订)条例		物业管理的主要法规,常用法律
50	废物处置条例	354	
51	水污染管制条例	358	规管香港的水域达致及维持水质指标
52	道路交通条例	374	
53	道路交通(私家路上泊车)规定	第374章,附属法规	常用法律
54	噪音管制条例	400	常用法律
55	电力条例	406	规管大厦的电力装置,以及有关定期检查和签发证明书的规定,常用法律
56	电力(注册)规定	第406章,附属法规	常用法律
57	电力(线路)规定	第406章,附属法规	常用法律
58	电力(线路)规定工作守则		常用守则
59	建筑师注册条例	408	
60	工程师注册条例	409	
61	测量师注册条例	417	
62	床位寓所条例	447	

序号	名　称	香港法律章节	主要规管内容
63	养老院条例	459	
64	保安及护卫服务条例	460	常用法律
65	残疾歧视条例	487	
66	消防安全(商业处所)条例	502	常用法律
67	《业主、物业发展商及产业经理就物业发展提供设施以接驳公共电讯及广播服务的指引》		常用法律
68	《工厂及工业经营(密闭空间)规定》		常用法律

附录六　香港解决有关大厦维修保养问题的政府部门

香港解决有关大厦维修保养问题的政府部门

序号	查询项目	事　项	机构(网址)
1	消防安全巡查表	方便大厦业主自我检查大厦的消防设施	民政事务处 (www. info. gov. hk/had/)
2	大厦安全贷款计划	由屋宇署管理,提供贷款予希望获得资助的各类型私人大厦的业主,以便进行改善其大厦或私人斜坡安全的维修工程	屋宇署 (www. info. gov. hk/bd/)
3	斜坡或护土墙维修责任	(1)查询有关斜坡保养责任的资料; (2)查询注册承包商名单以进行例行保养工程; (3)查询合资格的注册专业岩土工程师名单	地政总署斜坡维修责任信息中心 (www. slope. landsd. gov. hk. smris/) 屋宇署 (www. info. gov. hk/bd/) (www. erb. org. hk)
4	香港斜坡安全	斜坡安全	土力工程署 (www. hkss. ced. gov. hk/)
5	消防安全(商业处所)条例第502章简介	向某些种类的商业处所及商业建筑物的占用人,使用人及访客提供更佳的防火保障	屋宇署 (ww. info. gov. hk/bd/) 消防处 (www. hkfsd. gov. hk/)
6	供电系统、电梯及自动扶梯及气体装置	查询有关定期维修保养要求及有关资料,注册承办商名单等	机电工程署 (www. emsd. gov. hk/)
7	安装及维修广告招牌指引	指引包括屋宇署,机电工程署,民航署,郊野及海洋公园管理局、运输署及海事处对广告招牌的安装及维修指引	屋宇署 (www. info. gov. hk/bd/)
8	拆除常见的违规建筑工程及进行外墙一般维修的指引	提供为安全地清拆常见的违章搭建物及一般外墙维修工程的指引。安全措施包括工作台、斜棚、临时支撑、棚架、保护网、有盖行人通道等	屋宇署 (www. info. gov. hk/bd/)
9	工地意外个案简介	提供及分析真实意外个案的原因,及指出应留意的安全事项	劳工处-职业安全及健康部 (www. info. gov. hk/labour)
10	工地工人安全手册	提供地盘工人安全条例及工作指引包括、临时围板、棚架、起卸装置、噪音及焊接等	劳工处-职业安全及健康部 (www. info. gov. hk/labour)
11	拆除含石棉物料的违章搭建物	有关清拆含石棉物料,违章搭建物所遇到的问题及处理方法	食物环境卫生署 (www. info. gov. hk/epd/)
12	噪声管理制条例简介	法定的管制规定,以限制环境噪音所造成的滋扰,包括建筑工程、通风系统及水泵所发出的噪声。申领(建筑噪声许可证)	食物环境卫生署 (www. info. gov. hk/epd/)
13	大厦管理及维修工作守则	推广各项大厦公用部分的管理及维修准则	民政事务处 (www. info. gov. hk/had/)
14	大厦管理	介绍有关大厦管理的各要点	民政事务处 (www. info. gov. hk/had/)

附录七　楼宇结构及设施常见问题

一、楼宇结构常见问题

序号	常见问题	一般征状	主要原因
1	混凝土爆裂及剥落	(1)混凝土表面呈现"蜂窝状"； (2)混凝土出现裂痕及钢筋外露； (3)混凝土大小碎落及出现裂缝	(1)空气和水分透进混凝土,令钢筋生锈膨胀,挤破混凝土表层； (2)负荷过重； (3)混凝土表面层太薄
2	外墙渗水	墙身表面有水渍	施工不妥善,导致混凝土密度不足,呈现"蜂窝状"
3	混凝土及抹灰剥落	墙身表面出现裂痕或有凸起现象	(1)附着力不够,施工不妥善； (2)长期受风雨侵蚀； (3)底层混凝土剥落； (4)欠缺伸缩缝
4	结构裂缝(墙身)	混凝土表面有裂痕,若裂痕深而宽,问题更加严重(注:勿与结构伸缩缝混淆)	(1)混凝土质量不良,例如水分太高,钢筋不足等； (2)负荷过重； (3)楼宇下陷； (4)钢筋生锈； (5)受化学物侵蚀
5	结构裂缝(横梁及支柱)	横梁及支柱出现裂痕,有下坠的现象,裂痕呈现对角排列	(1)负荷过重,楼宇存放太多重型货物； (2)楼宇受到振荡,一般由于机器运作时产生； (3)私人住宅改作工厂或货仓
6	平台或天面漏水	混凝土顶棚有水渍或渗水、裂痕,甚至爆裂	防水层受损或自然老化

二、楼宇设施常见问题

序号	设施	常见问题	一般征状	主要原因
1	供电系统	停电	(1)总开关跳闸、保险丝烧断 (2)漏电保护跳闸； (3)开关烧毁	(1)负荷过重； (2)电压不稳； (3)接触不良； (4)短路； (5)漏电
2	给水系统	停水(全部或局部)饮用水混浊	(1)系统失灵； (2)水泵不灵； (3)长期漏水； (4)水弱	(1)水压不稳定； (2)入水阀门瘀塞； (3)停电； (4)控制线路出现故障； (5)电机损毁； (6)水泵损毁； (7)水管瘀塞或损毁； (8)水管破裂； (9)水箱出水口瘀塞； (10)没有定期清洗水箱
3	消防系统	缺乏用水救火	(1)消防系统失灵； (2)水弱； (3)消防泵失灵； (4)警钟误鸣； (5)长期漏水	(1)停电； (2)控制线路出现故障； (3)电机损毁； (4)各类阀门堵塞或损毁； (5)水泵损毁； (6)水箱出水口堵塞； (7)报警按钮玻璃破裂； (8)各类管道或阀门严重锈蚀

续表

序号	设　施	常见问题	一般征状	主要原因
4	电梯	停止运作	警钟误鸣	(1)停电； (2)火警； (3)负荷过重； (4)控制线路出现问题； (5)各类控制开关损毁； (6)机件故障； (7)人为破坏
5	空调系统	系统效率低或停止运作	(1)冷度不足； (2)暖度不足	(1)冷气回风的隔尘堵塞； (2)控制线路出现故障； (3)冷冻液流失； (4)设计欠妥当； (5)保温体层损毁； (6)管道堵塞或破损

附录八　大厦常用工程方面标示牌安装方法

序号	地点	标示牌所写"内容"及图纸	设施	安装地点	备注
1	防烟门	"防烟门应保持经常关闭"		所有防烟门内外侧的门上张贴	
2	电梯房	"电梯房"		电梯房门外张贴	
			救生设备	电梯房内放置	
		救生设备使用说明		电梯房内墙上张贴	
			灭火器	电梯房内门边墙上挂装	
3	电梯大堂	"火警发生时切勿使用电梯"		所以电梯门边的墙上张贴	
4	电梯轿厢内	"火警发生时切勿使用电梯"		所以电梯轿厢内壁上张贴	
		"切勿超重运行"			
		"严禁吸烟最高罚款5000元"			
5	总配电房	"总配电房"		配电房门外门上张贴	
		供电系统图及设备平面布置图		墙上镶嵌镜框挂装	
		触电急救挂图		墙上镶嵌镜框挂装	
			配电柜中使用同规格的保险丝(管)	墙上木板上挂装	每种型号最少三支
			灭火器	配电房内门边墙上挂装	
6	发电机房	"发电机房"		发电机房门外门上张贴	
		"不可超负荷运行"		张贴在发电机房控制屏上	
			配电柜中使用同规格的保险丝(管)	墙上木板上挂装	
			灭火器	发电机房室内门边墙上挂装	
		发电机供电系统图		墙上镶嵌镜框挂装	
		触电急救挂图		墙上镶嵌镜框挂装	
		"危险 此发电机受自动控制线路控制,可能随时转动,故此,在检修前,必须关闭电气控制断路器"		墙上张贴	
7	水泵房	"危险 此电机受自动控制线路控制会使电机随时转动,故此,在检修前,必须关闭电气控制断路器"		水泵房内水泵边上的墙上张贴	
		水泵供水系统图		墙上镶嵌镜框挂装	
		水泵供电及电气控制线路图		墙上镶嵌镜框挂装	
			灭火器	室内门边墙上挂装	

续表

序号	地点	标示牌所写"内容"及图纸	设施	安装地点	备注
7	水泵房		与水泵控制屏中使用同规格的保险丝(管)	墙上木板上挂装	每种型号最少三支
8	饮用水水箱	"饮用水水箱容量___公升"	水箱盖上锁	油漆写在水箱盖上或墙壁上	
9	冲厕所水水箱	"冲厕所水水箱容量___公升"		油漆写在水箱盖上或墙壁上	
10	消防水水箱	"消防水箱容量___公升"		油漆写在水箱盖上或墙壁上	
11	喷淋水泵房	"危险 此电机受自动控制线路控制会使电机随时转动,故此,在检修前,必须关闭电气控制断路器"		水泵房内水泵边上的墙上张贴	
		喷淋水泵供水系统图		墙上镶嵌镜框挂装	
		喷淋水泵供电及电气控制线路图		墙上镶嵌镜框挂装	
			灭火器	室内门边墙上挂装	
			与水泵控制屏中使用同规格的保险丝(管)	墙上木板上挂装	每种型号最少三支
			喷淋头	存放在玻璃门木箱内,木箱挂在墙上	
12	消防卷盘	消防卷盘使用说明		消防卷盘旁张贴	
13	停车场	停车场使用守则		停车场入口处墙上挂装	
14	泳池	泳池使用守则		泳池入口墙上张贴	
15	儿童活动场	使用守则		活动场入口墙(支架)上张贴	
16	各类健身器械	器械使用守则		健身器械旁的墙(支架)上张贴	
17	工程部	工作守则 各种机械的安全使用守则		工程部墙上镶嵌镜框挂装	

附录九　大厦维修保养工作常用标示牌介绍

序号	图形	名称[宽×高(mm)]	说明
1	工程 在进行中 Works in Progress 不便之处　敬请原谅 apologize for any inconvienience caused	工程进行中标识牌 (500×350)	张贴在工作地点
2	工作进行中 Work in Progress	工作进行中标识牌 (500×400)	张贴在工作地点

续表

序号	图　形	名称[宽×高(mm)]	说　明
3	维修进行中 Repairing in progress	维修工程进行中标识牌 (500×400)	张贴在工作地点
4	暂停使用 OUT OF SERVICE 修理进行中 UNDER REPAIR	维修工程进行中标识牌 (400×500)	张贴在工作地点
5	高空工作进行中 Overhead Work in Progress	高空工作进行中标识牌 (500×400)	当高空工作进行时,张贴在工作地点的下面
6	高空工作 请小心勿行近 WORK OVERHEAD PLEASE KEEP CLEAR	高空工作进行中标识牌 (500×450)	当高空工作进行时,张贴在工作地点的下面
7	维修进行中请勿接近 不便之处敬请原谅 MAINTENANCE WORKS IN PROGRESS PLEASE KEEP OFF ANY INCONVENIENCE CAUSED IS REGRETTED	维修工程进行中标识牌 (500×400)	挂在工作进行中等处
8	CAUTION-MEN AT WORK 小心-工程进行中	工程进行中标识牌 (500×400)	挂在工作进行的开关箱、机械设备等处
9	CAUTION-EQUIPMENT UNDER REPAIR 小心-器具待修	器具待修标识牌 (500×400)	挂在待修的机械设备上

主要参考文献

1. 建筑物管理条例（香港法律 334 章）

2. 建筑物条例（香港法律 123 章）

3. 电力条例（香港法律 406 章）

4. 水务设施条例（香港法律 102 章）

5. 消防条例（香港法律 95 章）

6. 电梯及自动扶梯（安全）条例（香港法律 327 章）

7. 气体安全条例（香港法律 51 章）

8. 保安及护卫服务条例（香港法律 460 章）

9. 雇佣条例（香港法律 57 章）

10. 泳池规例（香港法律 132 章）

11. 民政事务总署. 大厦管理（2003 年修订版）. 香港：民政事务总署，2003

12. 民政事务总署. 大厦管理及维修工作守则. 香港：民政事务总署，2002

13. 民政事务总署. 有效执行大厦管理. 香港：民政事务总署，2002

14. 民政事务总署. 第一届私人大厦管理区域会议. 香港：民政事务总署，2002

15. 湾仔区议会、湾仔民政事务处. 湾仔区大厦管理手册. 香港：湾仔区议会出版，2002

16. 湾仔区议会、湾仔民政事务处. 湾仔区大厦 162 问答手册. 香港：湾仔区议会出版，1997

17. 深水涉区议会、深水涉民政事务处. 私人楼宇管理守册. 香港：深水涉区议会出版，2002

18. 中西区区议会. 私人楼宇管理手册. 香港：中西区议会出版，2001

19. 葵青区议会. 大厦管理. 香港：葵青区议会出版，2002

20. 东区区议会及东区民政事务处. 东区大厦管理实务手册. 香港：东区区议会出版，2002

21. 屋宇署. 楼宇维修全书. 香港：屋宇署出版，2002

22. 机电工程署. 电力（线路）规例工作守则. 香港：机电工程署，2003

23. 廉政公署、民政事务总署、香港会计师公会编著. 廉洁有效楼宇管理. 香港，2003

24. MR STANLEY SO. 物业管理课程. 香港：香港管理专业协会，2002

25. 邓永喜编著. 大厦管理与保养. 香港：协富国际有限公司出版

26. 香港地产学会编著. 物业管理专业手册. 香港：商务印书馆出版，2005

27. 香港地产学会编著. 中国物业管理探索. 香港：明报出版社有限公司，2002

28. 谢贤程编著. 物业保安专业管理. 香港：香港地产学会出版，2002

29. 关廉豪、陈启荣编著. 业主立案法团的陷阱. 香港：专业牌照顾问有限公司出版，2002

30. 陈荣生编著. 香港物业管理. 香港：陈浩恩出版，1998

31. 陈耀壮律师著. 大厦管理法. 香港：裕而清有限公司出版，2003

32. 黄赐福编著. 水电安装与维修. 香港：利达出版社出版，2003

33. 黄松明编著. 水电及冷气设备的维修. 香港：万里书店出版，1994

34. 油尖旺民生关注会编著. 大厦管理及维修实务手册. 香港：油尖旺民生关注会出版

35. 消防处消防安全总区社区关系科编写, 消防安全大使训练讲义. 香港：香港消防处

36. 劳工处工厂督察科. 吊船操作安全简介. 香港：香港劳工处

37. 渠务署. 保护你的物业免遭水浸损失简易指南. 香港：香港渠务署，2003

38. 环境保护署. 餐馆及食品厂的隔油池. 香港：香港环境保护署，1999

39. 劳工处职业安全及健康部. 通风及通风系统保养指引. 香港：香港劳工处

40. 劳工处. 通风及通风系统保养的参考资料. 香港：香港劳工处，1997

41. 土木工程署土力工程处. 斜坡维修简易指南. 香港：香港土木工程署，2003

42. 房屋及规划地政局. 楼宇管理及维修强制验楼公众咨询. 香港：房屋及规划地政局，2006

43. 民政事务局、民政事务总署. 2005 年建筑物管理（修订）条例草案. 香港：民政事务总署，2005

44. 香港政府及有关机构网页 http：//www. info. gov. hk

45. 香港机电工程署网页 http：//www. emsd. gov. hk

46. 香港消防处网页 http：//www. hksfd. gov. hk

47. 香港民政事务总署网页 http：//www. had. gov. hk

48. 香港屋宇署网页 http：//www. bd. gov. hk

49. 香港水务署网页 http：//www. wsd. gov. hk

50. 香港职业安全健康局（简称职安局）网页 http：//www. oshc. org. hk

51. 香港劳工处网页 http：//www. labour. gov. hk

52. 香港廉政公署网页 http：//www. icac. grg. hk

53. 香港食物环境卫生署网页 http：//www. fehd. gov. hk

54. 香港电讯管理局网页 http：//www. ofta. gov. hk